Rainer Klar u. a.

Messung und Modellierung paralleler und verteilter Rechensysteme

Messung und Modellierung paralleler und verteilter Rechensysteme

Von Dr.-Ing. Rainer Klar
Dipl.-Inf. Peter Dauphin
Dr.-Ing. Franz Hartleb
Dr.-Ing. Richard Hofmann
Dr.-Ing. Bernd Mohr
Dr.-Ing. Andreas Quick
Dipl.-Inf. Markus Siegle

Springer Fachmedien Wiesbaden 1995

Dr.-Ing. Rainer Klar

Geboren 1936 in Standorf/Schlesien. Studium der Physik von 1958 bis 1964 an der Universität Saarbrücken und der TU Berlin. 1965/66 wiss. Mitarbeiter an der TU Hannover und ab 1966 an der Friedrich-Alexander Universität Erlangen-Nürnberg. Dort 1971 Promotion in Informatik. 1974 Akademischer Direktor am Institut für Mathematische Maschinen und Datenverarbeitung. 1980 Visiting Professor an der University of Colorado, Boulder, USA. Seit 1981 Abteilungsleiter am Lehrstuhl für Rechnerarchitektur und Verkehrstheorie (Prof. Herzog) der Universität Erlangen-Nürnberg.

Dipl.-Inf. Peter Dauphin

Geboren 1963 in Dentlein am Forst/Mittelfranken. Studium der Informatik von 1985 bis 1990 in Erlangen. Seit 1990 wiss. Mitarbeiter am Lehrstuhl für Rechnerarchitektur und Verkehrstheorie.

Dr.-Ing. Franz Hartleb, geb. Sötz

Geboren 1963 in Sünching/Oberpfalz. Studium der Informatik von 1983 bis 1988 in Erlangen. Von 1988 bis 1993 wiss. Mitarbeiter am Lehrstuhl für Rechnerarchitektur und Verkehrstheorie. Seit 1993 Mitarbeiter der Firma Siemens im Bereich Anlagentechnik.

Dr.-Ing. Richard Hofmann

Geboren 1958 in Lieritzhofen/Mittelfranken. Studium der Elektrotechnik von 1979 bis 1985 in Erlangen, Promotion im Fachgebiet Rechnerarchitektur 1992. Seit 1986 wiss. Mitarbeiter am Lehrstuhl für Rechnerarchitektur und Verkehrstheorie.

Dr.-Ing. Dipl.-Inf. Bernd Mohr

Geboren 1960 in Schweinfurt. Studium der Informatik von 1981 bis 1987 in Erlangen. 1987 bis 1992 wiss. Angestellter am Lehrstuhl für Rechnerarchitektur und Verkehrstheorie. Seit 1993 Research Associate am Department of Computer and Information Science, University of Oregon, USA.

Dr.-Ing. Andreas Quick

Geboren 1962 in Darmstadt. Studium der Informatik von 1982 bis 1988 in Erlangen. Von 1988 bis 1993 wiss. Mitarbeiter am Lehrstuhl für Rechnerarchitektur und Verkehrstheorie. Seit 1993 Leiter der Software-Entwicklung bei der Firma Eberline Radiometrie, Erlangen.

Dipl.-Inf. Markus Siegle, M.Sc.

Geboren 1964 in Stuttgart. Von 1984 bis 1989 Studium der Informatik in Stuttgart. Von 1989 bis 1990 als Stipendiat der Fulbright-Stiftung an der North Carolina State University, USA. Seit 1990 wiss. Mitarbeiter am Lehrstuhl für Rechnerarchitektur und Verkehrstheorie.

Die Deutsche Bibliothek – CIP-Einheitsaufnahme

Messung und Modellierung paralleler und verteilter Rechensysteme / von Rainer Klar ... –
Stuttgart : Teubner, 1995
ISBN 978-3-519-02144-5 ISBN 978-3-322-99681-7 (eBook)
DOI 10.1007/978-3-322-99681-7
NE: Klar, Rainer

Geleitwort

Parallele und verteilte Rechensysteme gewinnen zunehmend an Bedeutung. War in der Vergangenheit der Datenaustausch zwischen dem Mainframe, den Cluster-Maschinen und den Arbeitsplätzen das Ziel der Vernetzung, so liegt heute der Schwerpunkt des Rechnerverbundes auf dem "resource sharing". Schlag- und Reizwörter wie "Massiv Parallel" und "Client Server-Computing" sind in aller Munde. Im Client Server-Umfeld wird die Realisierung von "variablen Server-Konzepten" mit "load balancing" und "automatischer Rekonfigurierung von Hardware- und Software-Komponenten" von eminentem Interesse sein. Daraus resultieren ständig wachsende Anforderungen an Hard- und Software sowie an das System-Management. Es muß deshalb das vorrangige Ziel sein, Techniken und entsprechende Werkzeuge bereitzustellen, die die "Beherrschung" — in Form von Überwachung, Kontrolle, Analyse, Bewertung und Steuerung — solch komplexer Systeme ermöglichen. Dabei müssen Analyse und Bewertung des Verhaltens sowohl des Gesamtsystems als auch relevanter Komponenten zum integralen Bestandteil von Entwicklung und Betrieb derartiger Verbundlösungen werden. Insbesondere Client Server Architectures zeichnen sich durch Eigenschaften wie Parallelität, räumliche Ausbreitung, Größe der Konfigurationen und vor allem Heterogenität (unterschiedliche Hardware-Architekturen, verschiedene Betriebssysteme, diverse Übertragungsmedien und Netzwerk-Betriebssysteme) aus. Die daraus resultierende Komplexität erschwert die Analyse und Bewertung des Systemverhaltens, und das trifft insbesondere auf Leistungsanalyse und -bewertung zu.

Es existiert zwar eine Vielzahl von Meß- und Analysewerkzeugen auch für parallele und verteilte Systeme, die aber häufig nur Teilaspekte abdecken. Vor allem mangelt es an einem durchgängigen Konzept für umfassende Leistungsanalysen und -bewertungen derartiger Architekturen. Das vorliegende Buch zeigt auf, wie diese Lücken geschlossen werden können, und gewährt einen ausgezeichneten Einblick in Methoden und Werkzeuge zur Leistungsbewertung in parallelen und verteilten Systemen. Dabei fokussiert es ablauforientierte Techniken mit Zielrichtung auf die ursachenorientierte Analyse. Diese Sichtweise entspricht nicht nur der von Hardware- und Software-Entwicklern, sondern unterstützt auch Design und Entwicklung funktional korrekt und effizient arbeitender Systeme.

Dieses Buch ist stark praxisorientiert ausgerichtet und dient als Hilfestellung zur Lösung der oben geschilderten Probleme. Ausgehend von der Behandlung der Problematik der globalen Systemsicht sowie der zeitlich korrekt zuordenbaren Ereignisse in parallelen und verteilten Systemen werden Verfahren und Werkzeuge zur Leistungsmessung und -modellierung vorgestellt. Neben dem Praxisbezug wird dabei besonderes Gewicht auf die Interpretation und Präsentation der Ergebnisse wie auch auf die Integration von Messung und Modellierung gelegt.

Mit Recht beklagen und kritisieren die Autoren die "Selbstisolation der Leistungsbewertung" und die nicht durchgängige Anwendung quantitativer Techniken in allen Phasen der Entwicklung von Rechensystemen. Zwar wurden zur Behebung dieses Mangels in den 80er Jahren vermehrt Anstrengungen unternommen — teilweise sogar mit Unterstützung des Bundesministeriums für Forschung und Technologie — dennoch ist dieser Trend seit Anfang der 90er wieder rückläufig, sicherlich bedingt durch den raschen technologischen Wandel und durch "Argumente" wie "steckbare Leistung". Aber insbesondere in parallelen und verteilten Systemen ist die Notwendigkeit einer umfassenden Leistungsanalyse und -bewertung notwendiger denn je. Dieses Buch wird somit seiner gesteckten Zielsetzung gerecht: "... einen Beitrag dazu zu leisten, die Selbstisolation der Leistungsbewerter zu durchbrechen und die Leistungsbewertung zu einem integralen Bestandteil der Systementwicklung zu machen"; denn einige der hier vorgestellten Verfahren werden bereits bei namhaften Herstellern eingesetzt und sogar weiterentwickelt.

Reinhard Bordewisch

Bezugsquellen

Information/Handbücher

Zusätzliches Informationsmaterial über das Monitorsystem ZM4, die Ereignisspuranalyseumgebung SIMPLE sowie das Modellierungswerkzeug PEPP ist in Form von Zeitschriftenartikeln und internen Berichten über das Internet zugreifbar. Der FTP-Server hat die Internet-Adresse

`faui79.informatik.uni-erlangen.de [131.188.47.79]`

Im Katalog `~ftp/pub/doc` werden Artikel und Dokumentationen in komprimiertem PostScript-Format gehalten.

Dieselben Informationen können auch über das World Wide Web (WWW) abgerufen werden. Das URL lautet

`http://www7.informatik.uni-erlangen.de/tree/IMMD-VII/Research/Groups/MMB/`

Neben den Artikeln und Dokumentationen werden hier die Forschungsgruppe sowie aktuelle Projekte vorgestellt, in denen die in diesem Buch beschriebenen Monitoring- und Modellierungswerkzeuge eingesetzt und weiterentwickelt werden.

Leistungsbewertungssoftware

Die in diesem Buch vorgestellte Ereignisspuranalyseumgebung SIMPLE und das Modellierungswerkzeug PEPP sind in binärer Form vom Lehrstuhl für Rechnerarchitektur und Verkehrstheorie der Universität Erlangen-Nürnberg beziehbar. Für Universitäten ist die Lizenz kostenlos. Anfragen können gerichtet werden an

Universität Erlangen-Nürnberg
Lehrstuhl für Informatik 7 (Prof. Dr. U. Herzog)
Martensstraße 3
91058 Erlangen
email: mmb@immd7.informatik.uni-erlangen.de

Leistungsbewertungshardware

Der Hardwaremonitor ZM4 ist in begrenzter Stückzahl über obige Adresse erhältlich.

Diese Arbeit wurde von der Deutschen Forschungsgemeinschaft im Rahmen des Sonderforschungsbereiches 182 (Teilprojekt "Messung, Modellierung und Bewertung von Multiprozessoren und Rechnernetzen") gefördert.

Inhalt

1 Einleitung

Die Entwicklung von Rechensystemen in Hard- und Software ist seit den sechziger Jahren stets von Leistungsmessungen und Leistungsmodellierung begleitet gewesen. Dennoch muß man bis heute feststellen, daß nur ein Bruchteil der Forschung auf dem Gebiet der Leistungsbewertung fruchtbare Anwendung findet. Ferrari spricht selbstkritisch von der Selbstisolation der Leistungsbewertung innerhalb der Informatik: *"The study of performance evaluation as an independent subject has sometimes caused researchers in the area to lose contact with reality"* [Fer86].

Ferraris Feststellung ist vielleicht für mathematische Modellierungsmethoden nachzuvollziehen, weil deren anspruchsvolle theoretische Fundamente manchem Praktiker als zu hohe Hürde erscheinen mögen. Warum aber sind auch Messungen an Rechensystemen als ein selbstverständlicher und integraler Bestandteil der Systementwicklung eher die Ausnahme?

Ein Grund dafür liegt darin, daß für die Entwickler die Erstellung funktional richtiger Systeme — eine durchaus anspruchsvolle Aufgabe — eine zwingende Pflicht darstellt, die Leistungsbewertung aber eher eine optionale Ergänzung. Diese verbreitete Praxis resultiert nicht zuletzt daraus, daß es die nun schon seit Jahrzehnten sehr schnell steigende Leistung der Prozessoren und Speicher dem Programmierer häufig erspart, die Leistungsaspekte bei der Software-Entwicklung gründlich zu untersuchen.

Es gibt aber auch systematische Schwierigkeiten, einem Rechensystem genauso eindeutig wie z.B. einem Motor eine Leistung zuzuordnen. In der Informatik läßt sich der Leistungsbegriff anders als in der Physik schwer präzisieren, denn abhängig von der Interessenlage des Systementwicklers oder des Benutzers variiert die Art der angestrebten Leistung. Sehr kontroverse Beispiele dafür sind Leistungsziele wie *"kurzer Software-Entwicklungszyklus"*, *"hoher Durchsatz"* oder *"hohe Zuverlässigkeit"*.

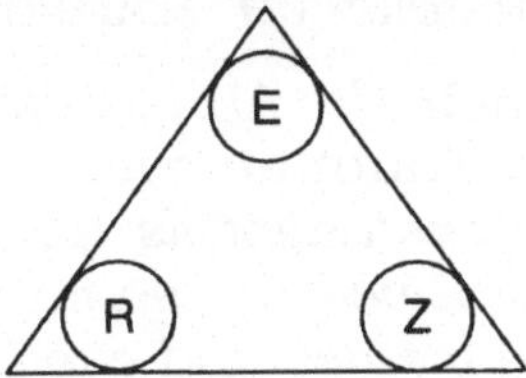

Man kann diese divergierenden Ziele als Ecken eines magischen Dreiecks darstellen. Der gerade relevante Leistungsbegriff befindet sich interessenabhängig jeweils an einer spezifischer Stelle des von reiner Rechenleistung (R), Zuverlässigkeit (Z) und guter Entwicklungsumgebung (E) aufgespannten magischen Dreiecks.

Während ausgetestete hochrechenintensive Programme bei ihren Produktionsläufen auch ohne eine gute Entwicklungsumgebung auskommen, wenn nur die Rechenleistung stimmt, und sicherheitskritische Anwendungen vorrangig höchst zuverlässige Rechensysteme verlangen, hat bei der Software-Entwicklung eine formal untermauerte mit guten Testhilfsmitteln ausgestattete Entwicklungsumgebung höchste Priorität. Ganz offensichtlich gibt es für Rechensysteme kein eindeutig definiertes Leistungsmaß.

Die Literatur legt beredt Zeugnis ab, wie schwer sich die Informatik mit der Definition eines gültigen Leistungsmaßes tut. So zitiert Svobodova [Svo76] Definitionen von Doherty (1970) und Graham (1973):

Doherty (1970): *"Performance is the degree to which a computing system meets the expectations of the person involved with it."*

Graham (1973): *"Performance ... is the effectiveness with which the resources of the host computer system are utilized toward meeting the objectives of the software system."* oder *"How well does the system enable me to do what I want to do?"*

Ferrari definiert Leistung in seinem Buch *Computer Systems Performance Evaluation* [Fer78] wie folgt: *"We use the term 'performance' to indicate how well a system, assumed to perform correctly, works."*.

Osswald stellt in seinem Buch *Leistungsvermögensanalyse von Datenverarbeitungsanlagen* [Oss73] fest: *"Leistungsvermögen eines Computersystems darf nicht mit dem physikalischen Begriff der Leistung verwechselt werden. Dieser gilt bestenfalls für einzelne Komponenten, wie z.B. für einen Drucker."*

Ein wichtiger Beitrag kommt vom Deutschen Institut für Normung (DIN) mit dem 1991 erschienenen und von Dirlewanger in seinem Buch *Messung und Bewertung der DV-Leistung* [Dir94] ausführlich diskutierten Teil 1 der DIN-Norm 66273 [DIN91]. Die DIN-Norm betrachtet ein Rechensystem als Black-Box und *"... baut die Messung und Bewertung der Schnelligkeit ausschließlich auf das Verhalten der Datenverarbeitungsanlage an der vom Anwender sichtbaren Schnittstelle auf"* [Dir94].

Jain lehnt sich in seinem Buch *The Art of Computer Systems Performance Analysis* [Jai91] bewußt an Knuth an, wenn er konstatiert: *"Contrary to common belief, performance evaluation is an art. ... Like an artist, each analyst has a unique style. Given the same problem, two analysts may choose different performance metrics and evaluation methodologies"*.

Nichtsdestoweniger hat die Informatik — wie andere ingenieurwissenschaftliche Disziplinen auch — den Anspruch, die Leistung ihrer Produkte quantifizierbar zu machen, und zwar nicht nur bezüglich der Hardware, wo selbstverständlich Zykluszeiten, Megaflops oder die Ausführungszeit von Kernprogrammen, Benchmarks etc. angegeben werden. Auch für die Software gilt dies, wie die IEEE-Definition des Begriffes Software-Engineering zeigt: *"The application of systematic, disciplined, quantifiable approach to the development, operation and maintenance of software; that is, the application of engineering to software"* [IEE90].

Für parallele und verteilte Rechensysteme mit hohen Knotenzahlen kann man sich nicht auf eine Ecke des magischen Dreiecks konzentrieren, denn eine gute Rechenleistung ist ohne zuverlässigkeitssichernde Redundanz in Rechenknoten und Verbindungssystem, ohne erprobte Entwurfs- und Testmethoden für den Entwurf leistungsfähiger Interprozessorkommunikation und Mehrrechnerbetriebssysteme überhaupt nicht denkbar.

Mit dem steigenden Kostenanteil der Software an den Gesamtkosten eines Rechensystems gewinnen die Leistungsziele *gute Software* und damit *gute Software-Entwicklungssysteme* (E) im magischen Dreieck sehr an Bedeutung. Denn gerade bei verteilten und parallelen Rechensystemen hängt die Gesamtproduktivität der Rechnerentwicklung, d.h. ein technisch einwandfreier Entwurf sowie dessen termingerechte, wirtschaftliche und zuverlässige Realisierung entscheidend von einer guten Entwicklungsumgebung ab. Angesichts scharfen Wettbewerbs sind diese Zielsetzungen heutzutage dringlicher denn je [HF89].

Tatsächlich wird die funktionale Spezifikation aber in den frühen Phasen der Systementwicklung fast immer von der leistungsbezogenen Systementwicklung getrennt. Offensichtlich hat dies den Nachteil, daß eine schließlich doch noch nötig werdende Leistungsbewertung nur noch zu Verbesserungen im Rahmen einer längst festgelegten Systemkonzeption führen kann. Interessant ist in diesem Zusammenhang Ferraris Auffassung, daß sich die Trennung von Funktionalität und Leistung auch nachteilig auf die Mentalität der Informatiker auswirke: *"the separation between performance and functionality concerns has contributed to the establishment of what I would call a distorted mentality among computer scientists"* [Fer86].

Die Herausforderung an Informatiker, die sich der Erarbeitung moderner Leistungsbewertungsmethoden widmen, ist es also, dafür zu sorgen, daß die Leistungsbewertung von Anfang an in den Systementwurf von Hard- und Software eingebunden wird. Aus einer werkzeugorientierten Sicht geht es insbesondere um eine die Funktionalität und Leistung gleichermaßen unterstützende Software-Entwicklungsumgebung.

Dieses Buch will einen Beitrag dazu leisten, die Selbstisolation der "Leistungsbewerter" zu durchbrechen und die Leistungsbewertung zu einem integralen Bestandteil der Systementwicklung zu machen. Die Wirklichkeit ist aber noch weit von der Idealvorstellung entfernt, daß Systeme ausgehend von einer funktionalen *und* leistungsbezogenen Spezifikation entworfen und implementiert werden. Außerdem *"...muß sich der Programmiertechniker in der Praxis hauptsächlich mit der Weiterentwicklung und Aufarbeitung bestehender Software beschäftigen, deren Entwicklungsmethodik er nicht kennt und die nur mangelhaft dokumentiert ist."* [Goo94]. Dieser Situation wird insoweit Rechnung getragen, als wir Methoden vorstellen, die auch dann erfolgreich eingesetzt werden können, wenn es erst a posteriori zu einer Leistungsanalyse kommt. Da es uns wichtig ist, daß die Meß- und Modellierungsmethoden bei den Systementwicklern Akzeptanz finden, sind neben der Methodik auch unterstützende Hard- und Softwarewerkzeuge behandelt. Um dem Leser ein Gespür für Aufwand und Vorgehensweise bei konkreten Messungen zu vermitteln, vertiefen wir Meß- und Auswerteaspekte mit breit angelegten Beispielen. Bei der Hardware handelt es sich um die Abschnitte 3.6 bis 3.8, die mit vielfältigen Interfaces zeigen, wie ein Hardwaremonitor an einen zu beobachtenden Rechner angeschlossen wird. Bei der Auswertung zeigt die Fallstudie eines ISDN-Testsystems (Abschnitt 4.2.4) mit vielen aufeinander aufbauenden Beispielen, wie man eine Ereignisspur beschreibt und auswertet.

Jains Sicht der Leistungsbewertung *(... is an art)* kann nicht uneingeschränkt zugestimmt werden. Wir betonen bewußt *systematische* Verfahren zur Leistungsbewertung, die ihre Qualität keinesfalls allein *künstlerischen* Fähigkeiten verdanken, teilen aber Jains Auffassung, daß der Leistungsbewerter *(analyst)* sowohl intime Kenntnisse über das zu bewertende Rechensystem als auch klare Vorstellungen über die jeweils relevanten Leistungsmaße haben muß.

1.1 Von summarischer zu ablauforientierter Leistungsbewertung

Leistungsbewertung ist sowohl in summarischer als auch in ablauforientierter Weise möglich. Typische Beispiele für summarische Verfahren sind zeitgesteuerte Messungen oder Benchmarks und für ablauforientierte Verfahren ereignisgesteuerte Messungen oder Modellrechnungen mit stochastischen Graphmodellen oder Petri-Netzen. Der Vorteil summarischer Verfahren liegt darin, daß das zu bewertende Rechensystem relativ global betrachtet wird, bis hin zu seiner Betrachtung als *Black-Box-Modell* und daß die Leistungsaussagen entsprechend kompakt sind. Der Vorteil ablauforientierter Verfahren liegt darin, daß sie die Programmabläufe im Rechensystem zum Gegenstand der Bewertung machen, sich also in ihrer Vorgehensweise in der Nähe des *Debugging* befinden. Damit ist es möglich, Leistungsaussagen unmittelbar den Programmstellen zuzuordnen, aus denen sie abgeleitet wurden. Offensichtlich sind ablauforientierte Messungen und Modellierungsmethoden eher geeignet, die Ursachen beobachteter oder modellierter Leistungseigenschaften zu ermitteln, als summarische Leistungsbewertungsmethoden. Ihre Ergebnisse sind eine wichtige Voraussetzung für konkrete Verbesserungsvorschläge zur Leistungssteigerung.

Betrachten wir zunächst einige praktisch verwendete summarische Leistungsmaße. Die eingangs erwähnten Definitionsversuche für die

Leistung eines Rechensystems sind zumeist wenig befriedigend. In der praktischen Leistungsbewertung ist man glücklicherweise nicht so unverbindlich geblieben und verwendet Leistungsmaße, die den Vorteil haben, genaue Zahlenwerte zu liefern. Sie haben aber auch den Nachteil, daß die gemessenen Werte sehr sorgfältig interpretiert werden müssen, um Aussagekraft zu haben. Fünf häufig verwendete summarische Leistungsmaße sind *Timings*, *Befehlsmixe*, *Kernels*, *Leistungsindizes* und *Benchmarks*. Unter der Bezeichnung *Timings* faßt man Leistungsmaße wie Zykluszeit, Addierzeit, Zahl der pro Sekunde ausgeführten Befehle (MIPS), Zahl der pro Sekunde ausgeführten Gleitpunktbefehle (MFLOPS) oder andere Kenndaten zusammen.

Befehlsmixe sind ein Ansatz, Lasteigenschaften in summarische Leistungsmaße einzubeziehen. Man definiert zunächst eine lastabhängige Standardoperation. Das verwendete Leistungsmaß ist die Dauer einer Standardoperation. Der bekannteste Vertreter von Befehlsmixen ist der Gibson-Mix [Gib70]. Er verwendet eine Standardoperation, die sich aus 13 Operationen O_i mit den Ausführungszeiten T_i und den Gewichten g_i zusammensetzt. Die Operationen sind in der Regel Repräsentanten ganzer Befehlsklassen, wie z.B. der Klasse der Gleitpunktbefehle, was Leistungsvergleiche zwischen verschiedenen Rechnerarchitekturen ermöglicht. Ein Problem ist natürlich stets die Frage der Gewichtung der Befehlsklassen. So ergab die mit einem Hardwaremonitor in wissenschaftlichen Rechenzentren gemessene Befehlshäufigkeit einen deutlich zuungunsten von Numerikbefehlen veränderten, den sog. Uni-Mix [Sch78].

Über die isolierte Betrachtung einzelner Befehle/Befehlsklassen gehen *Kernprogramme*, sog. *Kernels* hinaus. Sie definieren ein lastabhängiges Standardprogramm, das den algorithmisch repräsentativen Kern einer Last wiedergibt, z.B. GAMM-Mix [WD79]. Leistungsmaß ist die Ausführungsdauer des Kernels auf dem zu bewertenden Rechensystem.

Einen summarischen Einblick *in* ein Rechensystem geben *interne Leistungsindizes* (z.B. CPU-Auslastung, Anzahl aktiver Programme, Überlappung von CPU- und E/A-Aktivitäten) [FSZ83].

Von Kerben in der Werkbank, die früher dem Handwerker überschlägige Längenmessungen ermöglichten, kommt der Begriff *Benchmark*. In der Informatik versteht man unter einem Benchmark die Definition eines lastabhängigen, besser lasttypischen Auftragsstapels, dessen Ausführungsdauer gemessen wird. Da dem zu bewertenden Rechensystem nicht nur ein einzelner Auftrag übergeben wird, kann so nicht nur die Leistungsfähigkeit der Hardware, sondern auch die der Systemsoftware getestet werden. Benchmarks können reale oder synthetische Programme sein. Ein Beispiel für einen Benchmark aus realen Programmen der linearen Algebra ist der Linpack-Benchmark [Don90a, Don90b], während die berühmten Whetstone- und Dhrystone-Benchmarks [CW76, Wei84] synthetische Programme sind.

In diesem Buch wird auf Benchmarks nicht weiter eingegangen, da es sich auf ablauf- und ereignisorientierte Messungen konzentrieren will. Das bedeutet aber keineswegs, daß Benchmarks bei der Bewertung paralleler und verteilter Rechensysteme bedeutungslos wären. Vielmehr stellen Benchmarks das wichtigste der fünf hier zusammengestellten summarischen Leistungsmaße dar. Es sei insbesondere auf moderne Benchmarks, wie den SPEC-Benchmark, den vier Rechnerhersteller mit der sog. *System Performance Evaluation Cooperative* (SPEC) initiierten [Dix90, Dix91], hingewiesen. Diese differenzieren stärker als klassische Benchmarks und liefern einen ganzen Kenndatensatz, z.B. SPECmark. Auch von Anwenderseite, insbesondere Nutzern von Supercomputern, wurden repräsentative Benchmarks entwickelt. Zu erwähnen ist insbesondere der sog. *Perfect Club* (Performance Effective Transformations), der etwa ein Dutzend großer Anwendungsprogramme aus dem Bereich der Strömungsmechanik, der Schaltkreissimulation und der Finiten Elemente mit rund 60.000 Zeilen Fortran Code zu einem Benchmark zusammenstellte [B+89]. Der *Perfect Club* nimmt diese Anwenderinteressen inzwischen als *High Performance Computing Group* in SPEC wahr. In den letzten Jahren fand zudem der NAS (Numerical Aerodynamic Simulation) Benchmark der NASA als Leistungsmaß paralleler Rechensysteme mehr und mehr Beachtung [B+91]. Eine gute Übersicht über Benchmarks findet sich in dem von Dongarra und Gentzsch herausgegebenen Sonderheft von *Parallel Computing* [DG91] und bei Weicker [Wei91a, Wei91b].

Dieses Buch konzentriert sich auf ablauforientierte Methoden und Bewertungswerkzeuge und wählt eine ereignisgesteuerte Sicht auf das zu bewertende Rechensystem. Dahinter verbirgt sich ein Abstraktionsgedanke: der Leistungsbewerter abstrahiert die schier unermeßliche Fülle der Vorgänge in einem Rechensystem auf wesentliche, interessant erscheinende Ereignisse. Beschränkt man sich nicht auf statistische Aussagen über Häufigkeit etc. von Ereignissen, sondern betrachtet Ereignisfolgen, so ist eine ablauforientierte Sicht gegeben. Bates/Wileden sprechen von *"behavioral abstraction"* [BW82] und wollen das vollständige dynamische Ablaufgeschehen auf eine Verhaltensabstraktion reduzieren.

Solange man sich auf die Darstellung reiner Ereignisfolgen beschränkt, lassen sich zwar funktionale Aussagen ableiten, jedoch keine Leistungsaussagen. Letztere sind dann möglich, wenn jedem Ereignis auch der Zeitpunkt zugeordnet ist, an dem es auftritt.

Der Begriff *Ereignis* erscheint auf den ersten Blick unmittelbar verständlich. Es überwiegen in der Literatur jedoch eher vage Definitionen, wir nennen exemplarisch drei Vorschläge. Lazzerini et al. definieren: *"Events represent important types of system behavior"* [LP88]. Ferrarri et al. [FSZ83] definieren ein Ereignis als Zustandsübergang: *"An event is a change of the system's state"* und Haban et al. definieren: *"We define an event as a special condition that occurs during normal system activity"* [HW86].

Insbesondere für Messungen erscheint es richtig, die Ereignisdefinition daran zu orientieren, welche Funktion ein Ereignis im Kontext einer Einsicht bietenden Messung hat. Wir betrachten daher den Ereignisbegriff aus der Sicht jener Beobachtungsstützpunkte im Programm oder im Modell, die es gestatten, das vollständige dynamische Ablaufgeschehen auf die gewünschte Verhaltensabstraktion zu reduzieren. Das könnte z.B. eine Abstraktion auf die Folge aller Prozeduraufrufe oder aller Interprozessorkommunikationen sein. Da die Beobachtungsstützpunkte die Stellen sind, an denen Ereignisse entstehen können, werden sie als *potentielles Ereignis* bezeichnet. Die Menge aller potentiellen Ereignisse ist so zu wählen, daß eine Messung eine ausreichende Sicht auf das interessierende System bietet. Die Festlegung potentieller Ereignisse ist insofern ein Abstraktionsvorgang als aus der Fülle aller möglichen Beobachtungsstützpunkte die i.a. sehr kleine Zahl jener ausgewählt wird, welche ausreichen, um die den Leistungsbewerter interessierenden Fragen beantworten können.

Als *Ereignis* bezeichnen wir das Durchlaufen eines potentiellen Ereignisses im Programmlauf. Aus dem vollständigen dynamischen Ablaufgeschehen entsteht so als dessen reduziertes Bild eine Folge von Ereignissen, eine sog. Ereignisspur. Bezogen auf den gewählten Abstraktionsgrad repräsentiert eine Ereignisspur eine vollständige Ablaufgeschichte, allerdings betrachtet durch die Brille der gewählten Ereignisdefinition.

Zur Klärung des Begriffs *Ereignis* sei vermerkt, daß wir das Auftreten eines Ereignisses als zeitlosen Vorgang betrachten. Wird einem Ereignis dennoch eine Zeitangabe zugeordnet, dann ist dies der Zeitpunkt, an dem es auftrat. Hingegen sprechen wir von *Aktivitäten*, wenn ein andauernder Zustand oder ein Rechenprozeß endlicher Dauer vorliegt. Zeitbehaftete Ereignisse dienen somit dazu, Beginn und Ende interessierender Aktivitäten zu kennzeichnen.

Zusammenfassend stellen wir fest, daß der von uns zur Leistungsbewertung verteilter und paralleler Systeme gewählte Weg dadurch charakterisiert ist,

- daß die bei parallelen und verteilten Rechensystemen besonders wichtige Methode der *Gewinnung von Einsicht in das dynamische Ablaufgeschehen* in den Mittelpunkt des Interesses gerückt wird und zwar sowohl aus funktionaler wie aus leistungsorientierter Sicht,
- daß Meßmethoden favorisiert werden, deren Konzeption dem Software-Entwickler von der Fehlerbeseitigung (*debugging*) her vertraut sind,
- daß Messung und Modellierung nicht mehr isoliert und einzeln, sondern sich wechselseitig ergänzend und befruchtend eingesetzt werden (*Integration von Messung und Modellierung*),
- daß die Integration von Messung und Modellierung nicht nur zur Leistungsbewertung, sondern auch zur Klärung funktionaler Fragen herangezogen wird, wie der Ermittlung korrekter Programmabläufe durch wechselseitige *Validierung* von Meßspuren und Modellen.

1.2 Zur Gliederung des Buches

Moderne parallele und verteilte Systeme verwenden asynchron arbeitende Rechenknoten. Dies erschwert es, lokal an den einzelnen Knoten beobachtete Ereignisse in global korrekte zeitliche und kausale Relation zu setzen. Das folgende Kapitel behandelt diese Problematik und gibt Verfahren zur Gewinnung global gültiger zeitlicher und kausaler Aussagen aus dezentralen Messungen an.

Kapitel 3 widmet sich der Frage, wie Hardwaremessungen an parallelen und verteilten Systemen konzipiert sein müssen und betont die Bedeutung *ereignisgesteuerter* Messungen. Exemplarisch wird ein verbreiteter Hardwaremonitor vorgestellt und eine knappe Übersicht über weitere wichtige Hardwaremonitore für parallele und verteilte Systeme gegeben.

Die Interpretation der Meßergebnisse ist nicht trivial. Wegen der angestrebten Akzeptanz bei den Systementwicklern sind Analysemethoden erforderlich, die eine Diskussion der Ergebnisse in problemorientierter Sicht mit den in den Programmen verwendeten Bezeichnern erlauben. Kapitel 4 ist derartigen Analysemethoden gewidmet. Exemplarisch wird ein erfolgreiches Analysesystem vorgestellt, das gleichermaßen zur Analyse von Hardware- und Softwaremeßspuren wie von Simulationsspuren eingesetzt werden kann.

Kapitel 5 behandelt Methoden zur Leistungsbewertung mit Modellen und ihre Implementation in Modellauswertewerkzeugen. Am Beispiel stochastischer Graphmodelle wird dargestellt, daß der Modellierer aus einer Palette verschiedener Auswerteverfahren ein der vorliegenden Modellkomplexität entsprechendes auswählen kann.

Das letzte Kapitel befaßt sich mit der Frage, wie man Messung und Modellierung zu einer integrierten Analyseumgebung zusammenführt. Es diskutiert mögliche Wechselwirkungen zwischen Modell und Messung und stellt systematische Verfahren zur Vorbereitung, Durchführung und Auswertung von Messungen an parallelen und verteilten Systemen vor.

Literatur

[B+89] M. Berry et al. The Perfect Club Benchmarks: Effective Performance Evaluation of Supercomputers. *Int. J. of Supercomputer Applications*, 3(3):5–40, 1989.

[B+91] D.H. Bailey et al. The NAS Parallel Benchmarks. RNR Technical Report RNR–91–002, NASA Ames Research Center, Jan. 1991.

[BW82] P.C. Bates and J.C. Wileden, editors. *A Basis for Distributed System Debugging Tools*, Hawaii, 1982. Hawaii International Conference on System Sciences 15.

[CW76] H. J. Curnow and B. A. Wichmann. A Synthetic Benchmark. *Computer Journal*, 19(1):43–49, 1976.

[DG91] J. Dongarra and W. Gentzsch. Benchmarking of high performance computers. *Parallel Computing*, 17(10&11):1067–1069, Dec. 1991. Guest Editorial.

[DIN91] DIN. *Messung und Bewertung der Leistung von DV-Systemen, Deutsche Norm DIN 66273 Teil 1*. Normausschuß Informationsverarbeitungssysteme (NI) im DIN, Deutsches Institut für Normung e.V., Beuth Verlag GmbH, Berlin, November 1991.

[Dir94] W. Dirlewanger. *Messung und Bewertung der DV-Leistung auf der Basis der Norm DIN 66273*. Hüthig Buch Verlag, Heidelberg, 1994. ISBN 3-7785-2147-0.

[Dix90] K. Dixit. SPECulations. Defining the SPEC Benchmark. *SunTech Journal*, pages 53–65, Dec. 1990.

[Dix91] K. M. Dixit. The SPEC benchmarks. *Parallel Computing*, 17(10&11):1195–1209, Dec. 1991.

[Don90a] J.J. Dongarra. Performance of Various Computers Using Standard Linear Equations Software. *Comp. Architecture News*, 18(1):17–31, March 1990.

[Don90b] J.J. Dongarra. *The Linpack Benchmark. An Explanation*, pages 1–21. Chapman and Hall, London, 1990.

[Fer78] D. Ferrari. *Computer systems performance evaluation*. Prentice Hall, Englewood Cliffs, 1978.

[Fer86] D. Ferrari. Considerations on the Insularity of Performance Evaluation. *IEEE Transactions on Software Engineering*, SE–12(6):678–683, June 1986.

[FSZ83] D. Ferrari, G. Serazzi, and A. Zeigner. *Measurement and Tuning of Computer Systems*. Prentice Hall, Inc., Englewood Cliffs, 1983.

[Gib70] J.C. Gibson. The Gibson mix. Technical Report, IBM, rep. 00.2043, 1970.

[Goo94] G. Goos. Programmiertechnik zwischen Wissenschaft und industrieller Praxis. *Informatik Spektrum*, 17(1):11–20, February 1994.

[HF89] F. Haist und H. Fromm. *Qualität im Unternehmen, Prinzipien, Methoden, Techniken*. Carl Hanser Verlag, Wien, 1989.

[HW86] D. Haban and D. Wybranietz. Hardware Supported Monitoring in Distributed Computer Systems. Technical Report 23/86, Universität Kaiserslautern, Fachbereich Informatik, February 1986.

[IEE90] IEEE. Standard Glossary of Software Engineering Terminology. IEEE Standard 610.12-1990, 1990.

[Jai91] Raj Jain. *The Art of Computer Systems Performance Analysis*. J. Wiley, New York, 1991. I: Overview, II: Measurement, III: Probability, IV:Experimental Design, V: Simulation, VI: Qeuing Models.

[LP88] B. Lazzerini and C.A. Prete. Event–driven Debugging for Distributed Software. *Microprocessing and Microprogramming*, 12(1):33–39, January/February 1988.

[Oss73] B. Osswald. *Leistungsvermögensanalyse von Datenverarbeitungsanlagen*. Toeche-Mittler, Darmstadt, 1973.

[Sch78] H. Schreiber. *Hardware–Messung und Analyse des Ablaufgeschehens in Rechnerkernen*. Dissertation, Universität Erlangen–Nürnberg – Arbeitsberichte des Instituts für Mathematische Maschinen und Datenverarbeitung, Erlangen, 1978.

[Svo76] L. Svobodova. *Computer Performance Measurement and Evaluation Methods: Analysis and Applications*. Elsevier, New York, 1976.

[WD79] B. A. Wichmann and J. DuCroz. A program to calculate the GAMM measure. *The Computer Journal*, 22(4):317–322, 1979.

[Wei84] R. P. Weicker. DHRYSTONE: A Synthetic Systems Programming Benchmark. *Comm. ACM*, 27(10):1013–1030, October 1984.

[Wei91a] R. P. Weicker. A detailed look at some popular benchmarks. *Parallel Computing*, 17(10&11):1153–1172, Dec. 1991.

[Wei91b] R. P. Weicker. Benchmarking: Status, Kritik und Aussichten. In F. Lehmann A. Lehmann, Hrsg., *Messung, Modellierung und Bewertung von Rechensystemen*, Seite 259–277, Berlin, Sept. 1991. GI, ITG, Springer. Informatik- Fachberichte Bd. 286.

2 Kausalität in Computersystemen

Um die Leistungsfähigkeit paralleler und verteilter Systeme wirklich nutzen zu können, muß man die komplizierten Interaktionen zwischen kooperierenden Prozessen verstehen. Dies erfordert unter anderem die Analyse von Kausalbeziehungen, welche ihrerseits den Rahmen für die möglichen zeitlichen Reihenfolgen aller Ereignisse in einem parallelen und verteilten System bilden.

Dieses Kapitel beschäftigt sich zuerst mit der in Computersystemen eingesetzten Kommunikation, welche die Basis für alle kausalen Abhängigkeiten zwischen Ereignissen bildet. Danach werden Ordnungsrelationen für eine mengentheoretisch fundierte Betrachtung von Ereignismengen besprochen, und es wird gezeigt, daß nicht eine lineare Ordnung, sondern die kausale Halbordnung die angemessene Ereignisordnung für parallele und verteilte Systeme darstellt. Am Schluß dieses Kapitels werden Forderungen hergeleitet, die ein reales Monitorsystem erfüllen muß, damit es die richtige Ereignisordnung bei beliebigen Meßobjekten erfassen kann.

2.1 Kausalität und Kommunikation

2.1.1 Basis-Kommunikationsmechanismen

Mehrere an einer Aufgabe arbeitende kooperierende Prozesse bilden ein Prozeßsystem. Alle zu einem solchen Prozeßsystem gehörenden Aktivitäten lassen sich unabhängig von der Zuordnung einzelner Prozesse zu Prozessoren eindeutig einem Prozeß zuordnen. Aus diesem Grund werden in diesem Kapitel allgemeine Überlegungen stets auf der Ebene der Prozesse geführt; die Abbildung von Prozessen auf Prozessoren wird jedoch nötigenfalls berücksichtigt, z.B. wenn quantitative Aussagen erforderlich sind.

Damit die Prozesse eines Prozeßsystems zusammenarbeiten können, müssen sie miteinander kommunizieren. Dazu gibt es zwei Mechanismen, nämlich die Kommunikation über gemeinsame Variable (auch als Read/Write-Kommunikation bezeichnet) und die nachrichtenorientierte Kommunikation (bzw. Send/Receive-Kommunikation). Jeweils einer dieser elementaren Mechanismen liegt allen programmiersprachlichen Konstrukten zur Interprozeßkommunikation zugrunde, denn auf der Hardware-Ebene, wo die Prozesse ausgeführt werden, gibt es nur diese beiden Basismechanismen.

Read/Write-Kommunikation zeichnet sich dadurch aus, daß ein Datenbereich mehreren Prozessen gemeinsam ist, und darin allokierte Variablen von diesen geschrieben und gelesen werden. Damit alle beteiligten Prozesse stets konsistente Daten vorfinden, müssen Zugriffe auf solche gemeinsamen Daten unter gegenseitigem Ausschluß erfolgen. Damit wird sichergestellt, daß kein Leser Daten erhält, die ein Schreiber erst teilweise mit einem neuen Wert versehen hat. In der Regel gewährleistet die Hardware eines Multiprozessors den gegenseitigen Ausschluß für elementare Speicherzugriffe (Integer-Variable). Für komplexere Objekte bedarf es zusätzlicher Software-Konstrukte, z.B. *Spin-Locks* oder *Semaphore* für den wechselseitigen Ausschluß bei Datenzugriffen. Der wechselseitige Ausschluß von Prozeßteilen, sogenannten *kritischen Bereichen*, ist erforderlich, wenn diese auf gemeinsame Betriebsmittel zugreifen; er wird mit ähnlichen Konstrukten sichergestellt. Dadurch muß ein Prozeß, der auf eine bereits in Verwendung befindliche Ressource zugreifen will, mindestens solange warten, bis diese wieder freigegeben wird.

Im Gegensatz zur Read/Write-Kommunikation, wo ein Prozeß unmittelbar auf Ressourcen eines anderen Prozesses durch Schreiboperationen in den gemeinsamen Speicher einwirken kann, zeichnet sich *Send/Receive*-Kommunikation durch den Austausch von Nachrichten zwischen Prozessen aus. Der Sendeprozeß verschickt eine Nachricht (also eine Menge von Daten) an den Empfangsprozeß. Erst dann, wenn der Empfangsprozeß die Nachricht liest, erhält er Kenntnis von deren Inhalt. Bei synchroner Send/Receive-Kommunikation dauert der Aufruf der Send-Operation so lange, bis der Empfänger die Nachricht auch wirklich gelesen hat. Asynchron ist die Send/Receive-Kommunikation genau dann, wenn zwischen den kommunizierenden Prozessen Puffer vorhanden sind, die Nachrichten so lange aufbewahren, bis sie vom Empfänger gelesen werden. Sowohl bei synchroner als auch bei asynchroner Send/Receive-Kommunikation findet der Beginn des Sendevorgangs einer Nachricht zeitlich vor dem Ende des Empfangsvorgangs derselben Nachricht statt. Das bedeutet, Sende- und Empfangsvorgänge einer Nachricht treten immer in derselben Reihenfolge auf.

Neben der primären Aufgabe der Kommunikationsmechanismen, dem Austausch von Daten, dienen diese auch zur Synchronisation von Prozessen. *Synchronisation* dient der Erzwingung einer festgelegten Reihenfolge. Wenn Prozeß C auf die Ergebnisse von Prozeß A und B warten muß, bevor er weiterarbeiten kann, dann muß er sich einer *Synchronisationsoperation* bedienen. Diese blockiert ihn dann so lange, bis die beiden anderen Prozesse ihrerseits mitgeteilt haben, daß die geforderten Ergebnisse bereitstehen. Synchronisationsoperationen sind bei Send/Receive-Kommunikation implizit enthalten, wenn man den synchronen Typ auswählt, denn dies läßt einen Sendeprozeß erst dann weiterarbeiten, wenn der Empfangsprozeß eine von ihm zu Synchronisationszwecken ausgesandte Nachricht empfangen hat. Andererseits kann selbst mit asynchroner Send/Receive-Kommunikation erreicht werden, daß ein Prozeß erst dann weiterarbeitet, wenn alle benötigten Nachrichten eingetroffen sind. Bei Read/Write-Kommunikation stehen zu diesem Zweck ebenfalls programmiersprachliche Konstrukte, z.B. *Barrieren* oder *Spin-Locks* zur Verfügung.

2.1.2 Bedeutung und Problematik der Kommunikation

Die Art und Weise, wie mit den für die Programmierung jeweils verfügbaren Kommunikationsmöglichkeiten umgegangen wird, hat gewichtige Konsequenzen sowohl für die Korrektheit von Programmen als auch für deren dynamisches Verhalten. In der Literatur über Monitoring und Debugging von Multiprozessoren und verteilten Systemen wird mit Nachdruck darauf verwiesen, daß gerade Kommunikationsaktivitäten eine Quelle häufiger und vor allem schwer zu lokalisierender Fehler darstellen (vgl. z.B. [MH89, JLSU87, TFC90]). Dies hat mehrere Gründe:

1. Mit Ausnahme von Synchronisationsoperationen ist die globale Reihenfolge der Ereignisse in einem System mit mehreren Prozessen nichtdeterministisch. Dadurch hat jeder Programmlauf die Möglichkeit, eine andere globale Ereignisreihenfolge zu liefern. Dennoch muß jeder korrekte Programmlauf das gleiche Ergebnis produzieren. Dies erfordert eine Programmierung, die eine korrekte Reihenfolge der Abarbeitung einer definierten Aufgabe im Gesamtsystem sicherstellt.
2. Quelltexte von Programmen spezifizieren explizit nur das funktionale Verhalten von Prozessen. Das zeitliche Verhalten von Prozessen wird zwar durch das Programm auch spezifiziert, aber weil dies nur implizit erfolgt, bleibt es dem Programmierer verborgen. In Verbindung mit der notwendigen Interaktion zu anderen Prozessen mit ebenfalls eigener Dynamik sind die zeitlichen Verhältnisse deshalb nicht überschaubar.
3. Diese Unüberschaubarkeit führt immer wieder zu fehlerhaften Anwendungen der Kommunikationsdienste. Hierunter fallen neben fehlerhaft transferierten Daten vor allem das Vergessen nötiger Synchronisationspunkte oder ihre Anwendung in falscher Reihenfolge. Wird ein Synchronisationspunkt vergessen, so sind sogenannte *race conditions* die Folge: Je nachdem, welcher Prozeß zuerst fertig wird, erreicht dieser oder jener die von beiden benötigte Ressource. Daraus resultieren zwei Alternativen: Entweder erscheint der weitere Programmverlauf trotz des Synchronisationsfehlers korrekt, oder der Fehler wirkt sich aus und wird sichtbar. Falsche Reihenfolge von Synchronisationsprimitiven kann unter bestimmten Randbedingungen einen *Deadlock*[1] auslösen. Auch hier hängt es von der Dynamik der Partner-Prozesse ab, ob sich der Programmierfehler auswirkt oder nicht.

Eine wichtige Gemeinsamkeit weisen sequentielle und parallele Programme auf: Jedem Prozeß kann sein eigener Ereignisstrom zugeordnet werden. Der Ereignisstrom ist die linear nach der Reihenfolge des Eintretens geordnete Menge aller Ereignisse eines Prozesses. Aus der lokal begrenzten Sicht eines Prozesses sind die Aktivitäten, die er in der Zukunft auszuführen hat, abhängig von Prädikaten aus der Vergangenheit und der

[1] Ein Deadlock entsteht z.B., wenn ein Prozeß Betriebsmittel besitzt, ohne die ein anderer Prozeß, der seinerseits vom ersten Prozeß benötigte Betriebsmittel besitzt, nicht weiterarbeiten kann. Dadurch werden beide Prozesse am Fortschreiten gehindert und können ihre Betriebsmittel nicht freigeben.

Gegenwart. Die kausalen Zusammenhänge von Ursache (also den Prädikaten) und Wirkung (den Aktionen) unterscheiden sich nur hinsichtlich der Zusammensetzung der Prädikate. Können bei einem einzigen Prozeß nur lokale Prädikate bewertet werden, so kommen durch die Hinzunahme weiterer Prozesse Prädikate hinzu, die das Zusammenwirken der Prozesse untereinander reflektieren.

Unter dieser lokalen Sichtweise könnte man Kausalbeziehungen anhand der lokalen Prädikate und der Kommunikationsbeziehungen analysieren. Allerdings hätte dies denselben Nachteil wie die Betrachtung des dazugehörigen Programmteils, nämlich die Beschränkung auf einen einzigen Prozeß. Das Konzept muß daher auf die Betrachtung des Zusammenwirkens mehrerer Prozesse erweitert werden. Kommunikationsbeziehungen sind das Medium für die Weitergabe kausaler Wirkungen über Prozeßgrenzen hinweg: Erst wenn der Prozeß B über die Information vom Eintreten des Ereignisses α auf Prozeß A verfügt, kann α auf den Ablauf von Prozeß B kausal einwirken.

Für die Definition von Ereignissen in parallelen Programmen resultiert aus der vorhergehenden Diskussion, daß die Aufrufe von Kommunikationsdiensten das globale Gerüst für die Analyse von Kausalbeziehungen darstellen. Sie sind eine wichtige Quelle von Information und können die Einordnung Prozeß-lokaler Ereignisse in den Gesamtablauf wesentlich erleichtern. Neben dem hier vorgestellten und im folgenden ausschließlich verwendeten Kausalitätsbegriff gibt es in der Wissenschaftstheorie eine Reihe weiterer Definitionen. Näheres hierzu findet sich z.B. in der Enzyklopädie von Mittelstraß [Mit84].

Im Hinblick auf die Analyse von Systemen mit mehreren Prozessoren läßt sich das Gesagte wie folgt zusammenfassen:

> Kommunikationsbeziehungen sind das Medium für die Weitergabe kausaler Wirkungen über Prozeßgrenzen hinweg. Sie sind aufgrund dieser Schlüsselposition so aufschlußreich wie problematisch.

2.2 Ordnungsrelationen

Die Art und Weise, wie man ein System analysiert, bestimmt die Aussagekraft der Analyse. Wichtige Einflußfaktoren sind zum einen die Genauigkeit der Meßdaten und zum anderen die Ordnungsrelation, die man der Menge der Meßdaten aufprägt. Diese Thematik wird im folgenden für verschiedene Ordnungsrelationen von Ereignismengen diskutiert.

Sei $\mathcal{E}$ die Menge aller Ereignisse im beobachteten System[2] und $e_i, e_j \in \mathcal{E}$ zwei beliebig herausgegriffene Ereignisse. Dann stehen diese, sofern sie

---

[2] Die Ereignisse seien so gewählt, daß sie das Systemverhalten ausreichend charakterisieren. Die später in diesem Abschnitt erläuterte Kausalordnung macht diesbezüglich einige Voraussetzungen, aus denen Auswahlkriterien hergeleitet werden können.

in ein und demselben Prozeß stattfanden, in einer kausalen Vorgänger-Nachfolger-Beziehung. Sie heißt *wirkt kausal auf* und wird dargestellt durch das Symbol $\mapsto$.

Die Aussage, Ereignis e_i *wirkt kausal auf* e_j lautet demnach formal

$$e_i \mapsto e_j.$$

Dies drückt zwar primär die zeitliche Reihenfolge zwischen den betrachteten Ereignissen aus, beschreibt aber aufgrund der kausalen Natur realer Systeme auch den Wirkungszusammenhang zwischen den betrachteten Ereignissen: Es ist z.B. unmöglich, daß e_j stattfindet, wenn e_i nicht stattfinden kann, denn bei Abläufen in nur einem Prozeß ist die beobachtete Reihenfolge zweier Ereignisse zugleich mit der Aussage verbunden, daß das Eintreten eines Ereignisses erst das Eintreten des nachfolgenden ermöglicht. Dieser Zusammenhang ist transitiv und damit für die gesamte Ereignismenge eines einzelnen Prozesses gültig.

2.2.1 Chronologische Totalordnung

Die aus $\mapsto$ sich ergebende Ordnungsrelation für Ereignisse auf einem Prozeß ist eine lineare (oder totale) Ordnung. Mit ihrer Hilfe ist man in der Lage, einen vermuteten Kausalzusammenhang zwischen e_i und e_j zu verifizieren oder auszuschließen, denn die Ordnungsrelation $\mapsto$ ist transitiv und irreflexiv. Es liegt nahe, diese totale Ordnung auch auf Systeme mit mehreren Prozessen auszudehnen. Unabhängig von einer evtl. späteren Realisierung kann man sich einen idealen Beobachter definieren, der — einem Dämon ähnlich — zeitgerecht über alle Informationen im Gesamtsystem verfügt.

Aufgrund der endlichen Ausbreitungsgeschwindigkeit von Information ist diese Idealvorstellung in der Realität grundsätzlich nicht erreichbar. Dies gilt um so mehr innerhalb von verteilten Systemen, wo Information nur über den Austausch von Nachrichten mit Hilfe von Software-Diensten transferiert werden kann. Dennoch ist eine solche Idealvorstellung sinnvoll, denn unter bestimmten Bedingungen liefert ein realer Beobachter (das Monitorsystem) dieselben Aussagen wie das idealisierte Modell. Sind diese noch näher zu definierenden Voraussetzungen erfüllt, so steht mit dem idealen Beobachter ein von der Realität abstrahiertes Modell eines realen Beobachters zur Verfügung, das alle für eine korrekte Beobachtung wesentlichen Eigenschaften aufweist, Details aber verbirgt.

Ein solcher idealer Beobachter sei an das in Abb. 2.1(a) dargestellte System angeschlossen; dabei symbolisieren die Kreise drei Prozesse A, B und C und die Pfeile stehen für direkte Kommunikationspfade. Abb. 2.1(b) zeigt exemplarisch einen Ausschnitt aus der vom Beobachter aufgezeichneten Ereignisspur, deren Ereignisdarstellung folgenden Aufbau habe:

- Jedes Ereignis beginnt mit der Prozeß-Identifikation, gefolgt von einem Doppelpunkt.

- Darauf folgt $\text{Send/Rec}(Nachricht_{Nummer\ SenderId},\ Partner)$, wenn es ein Kommunikationsereignis ist, oder
- int. $E_{Nummer\ Prozess}$ bei einem internen Ereignis des Prozesses.

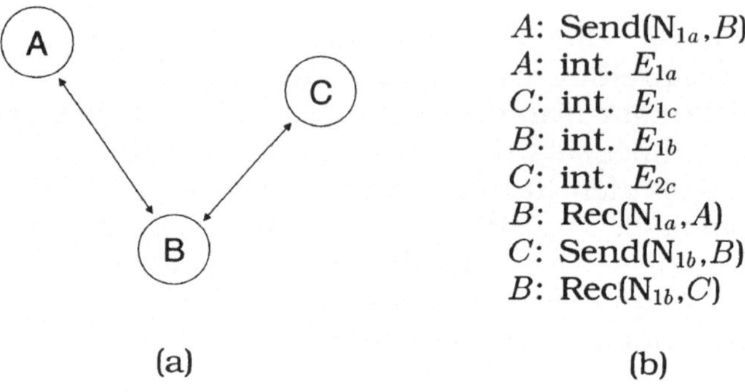

Abbildung 2.1: Beispiel einer linearen Ereignisordnung

Diese Ereignisspur bildet eine total geordnete Menge bezüglich der chronologischen Abfolge der Ereignisse. Aus diesem Grund erhält diese Ordnungsrelation die chronologisch motivierte Bezeichung *ist Vorgänger von* mit dem zugeordneten Symbol $\prec$. Aufgrund der Eigenschaft des idealen Beobachters, Ereignisse e_i, e_j mit $e_i \mapsto e_j$ in der Reihenfolge ihres Eintretens zu ordnen, gilt die Implikation

$$e_i \mapsto e_j \;\Rightarrow\; e_i \prec e_j \tag{1}$$

Das in Abb. 2.1 dargestellte Beispiel zeigt aber, daß die so erzeugte lineare Ordnungsrelation nicht mit der bei einem einzigen Prozeß stets gültigen Ordnung *wirkt kausal auf* übereinstimmen kann: Die internen Ereignisse in A, B und C zwischen dem ersten Ereignis <A: Send(N_{1a},B)> in der Spur und dem korrespondierenden sechsten Ereignis <B: Rec(N_{1a},A)> "wissen" überhaupt nichts voneinander, so daß ein direkter Wirkungszusammenhang fehlt. Damit ist bereits bewiesen, daß die Umkehrung nicht zutrifft:

$$e_i \prec e_j \;\not\Rightarrow\; e_i \mapsto e_j \tag{2}$$

In Mehrprozeßsystemen bedeutet die Vorgänger-Nachfolger-Beziehung zwischen Ereignissen in der chronologischen Totalordnung nicht automatisch, daß auch kausale Abhängigkeiten zwischen diesen Ereignissen vorliegen. Ursächlich für diesen Verlust in der Aussagekraft der chronologischen Totalordnung beim Übergang von einem Prozeß auf mehrere Prozesse ist die Zusammenfassung linear geordneter Ereignismengen einzelner Prozesse zu einer linear geordneten Gesamtmenge. Bei dieser Zusammenfassung aber geht zwangsläufig die Strukturinformation verloren, welche aus den Querbeziehungen der ursprünglichen jeweils für sich linear geordneten Ereignismenge jedes einzelnen Prozesses bestand[3].

Welche Aussagen lassen sich nun über die reine Reihenfolgeaussage hinaus treffen, bzw. wie ist diese zu interpretieren? Aus der Negation von Gl. (1)

$$e_i \not\mapsto e_j \;\Rightarrow\; e_i \prec e_j \vee e_j \prec e_i \tag{3}$$

folgt, daß kausal unabhängige Ereignisse in beliebiger Reihenfolge auftreten können. Da die Aussage $e_i \prec e_j$ sowohl aus $e_i \mapsto e_j$ als auch aus $e_i \not\mapsto e_j$ abgeleitet werden kann, bestätigt diese formale Relation nur die aus obigem Beispiel gewonnene Aussage. Für $e_j \prec e_i$ folgt aber umgekehrt die Implikation

$$e_j \prec e_i \;\Rightarrow\; e_i \not\mapsto e_j \tag{4}$$

denn $e_j \prec e_i$ kann nur von der Relation $e_i \not\mapsto e_j$ aus Gl. (3) stammen. Vermutete Kausalbeziehungen können demnach mit Hilfe der Gl. (4) sicher ausgeschlossen werden. Dies entspricht in wesentlichen dem Alibi-Prinzip, welches aussagt, daß ein Ereignis a ein Ereignis b nicht mehr beeinflussen kann, wenn die Kenntnis von a erst am Ort von b eintrifft, nachdem b bereits eingetreten ist.

Damit läßt sich die chronologische Totalordnung in Mehrprozeßsystemen wie folgt charakterisieren:

> Die chronologische Totalordnung $\prec$ erlaubt Alibi-Aussagen und damit den Ausschluß vermuteter Kausalbeziehungen. Da bei ihrer Herleitung keine Voraussetzung bezüglich der Kommunikationsbeziehungen gemacht wurden, ist eine Kenntnis derselben entbehrlich.

2.2.2 Chronologische Halbordnung

Vollzieht man nun den Übergang von einem idealen Beobachter zu einem realen, der beobachtete Reihenfolgen nur mit einer gewissen Unschärfe auflöst, so kann es vorkommen, daß Ereignisse in der Ereignisspur in einer andere Reihenfolge auftreten, als dies beim realen Ablauf der Fall war. Diese Unschärfe bedingt, daß die nach wie vor total geordnete Ereignismenge nicht mehr als ein korrektes Abbild des realen Ablaufs gelten kann. Mit dieser willkürlichen[4] Ordnungsrelation lassen sich ohne weitere Voraussetzungen keine Kausalaussagen mehr treffen.

Erst wenn es gelingt, die Unschärfe in der Einordnung von Ereignissen zu quantifizieren, können die von einem realen Beobachter aufgezeichneten Meßdaten wieder für die Ermittlung von Reihenfolge- und auch Kausalaussagen eingesetzt werden. Bei der Quantifizierung der Unschärfe in

---

3 Natürlich läßt sich aus der Abb. 2.1(b) die Strukturinformation noch ablesen. Damit nutzt man jedoch genau diese Strukturinformation aus und verwendet eine andere Ordnungsrelation. Obige Aussage bezieht sich auf die alleinige Verwendung der Ereignisreihenfolge

4 Die entstehende Ordnungsrelation hängt vom Monitorsystem ab, und es ist meist nicht spezifiziert, für welche Ereignispaare die entstandene lineare Ordnung tatsächlich zutrifft oder ob sie nur zufällig richtig oder auch falsch ist.

der Einordnung von Ereignissen treten zwei Fälle auf: Im Normalfall liegen zwei betrachtete Ereignisse soweit auseinander, daß ihre Reihenfolge korrekt angegeben werden kann. Im Problemfall liegen diese Ereignisse so nahe beieinander, daß keine Reihenfolgeaussage gemacht werden kann.

Diese Unterscheidung in Ereignispaare, die hinsichtlich ihrer Reihenfolge vergleichbar sind, und solche, die es nicht sind, prägt der Ereignismenge eines realen Beobachters mit einer bestimmten zeitlichen Auflösung eine Halbordnung auf. Diese trage den Namen *chronologische Halbordnung* und sei ebenfalls bezeichnet als *ist Vorgänger von* mit dem Symbol $\prec$. Die chronologische Halbordnung ist irreflexiv, da ein Ereignis nie vor sich selbst eintreten kann, und transitiv.

Der einzige Unterschied im Vergleich zur Verwendung der chronologischen Totalordnung liegt in der Schärfe der Auflösung: Während man bei der Totalordnung für alle Ereignispaare eine Reihenfolgeaussage machen kann, werden bei der *chronologischen Halbordnung* zu nahe beieinanderliegende Ereignisse von der Betrachtung ausgeschlossen. Falls der reale Beobachter alle in einer Kausalbeziehung stehenden Ereignispaare hinsichtlich ihrer Reihenfolge auflösen kann, läßt die von ihm gebildete chronologische Halbordnung dieselben Alibi-Aussagen zu wie der ideale Beobachter, denn kausal unabhängige Ereignisse können in beliebiger Reihenfolge eintreten und dargestellt werden; alle abhängigen aber werden korrekt dargestellt. Für die Alibi-Aussage, also den Ausschluß einer kausalen Abhängigkeit, gilt daher Gl. (4) unverändert weiter. Damit läßt sich die chronologische Halbordnung wie folgt charakterisieren:

> Die chronologische Halbordnung $\prec$ erlaubt Alibi-Aussagen und damit den Ausschluß vermuteter Kausalbeziehungen. Sie setzt die Kenntnis der Genauigkeit in der Auflösung von Reihenfolgen beim verwendeten Beobachter voraus, nicht jedoch die Kenntnis der Kommunikationsbeziehungen im beobachteten System.

2.2.3 Kausale Halbordnung

Bei den vorausgegangenen Betrachtungen fand ein Übergang statt von der chronologischen Totalordnung (idealer Beobachter) zur chronologischen Halbordnung (realer Beobachter). Beide Ordnungsrelationen liefern für vergleichbare Ereignisse entweder keine Aussage oder den Beweis für das Fehlen einer Kausalbeziehung zwischen diesen. Wünschenswert jedoch ist eine Ereignisordung, die darüber hinaus auch den Beweis für die Existenz einer Kausalbeziehung zwischen Ereignissen zu führen gestattet.

Abstrahiert man die Aktivitäten in jedem Prozeß auf die Abfolge der darin interessierenden Ereignisse, so kann man die Ereignisse jedes Prozesses auf einer Zeitachse in ihrer realen Abfolge auftragen. Abb. 2.2 zeigt exemplarisch ein Diagramm, das den in Abb. 2.1(b) gezeigten Verlauf nach den drei beteiligten Prozessen getrennt veranschaulicht.

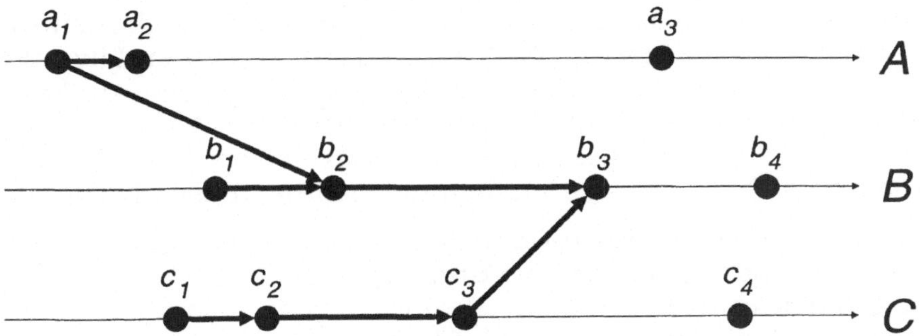

Abbildung 2.2: Drei Ereignisströme im Hasse-Diagramm

Es enthält für jeden Prozeß einen lokalen Ereignisstrom. Großbuchstaben symbolisieren den Prozeß und dessen Ereignismenge und mit Indizes für die Reihenfolge versehene Kleinbuchstaben die einzelnen Ereignisse. Zwischen je zwei aufeinanderfolgenden Ereignissen zeigt ein Pfeil in die Richtung der kausalen Abhängigkeit. Damit ist ein Pfeil im Bild gleichbedeutend mit dem Symbol für die Kausalordnung $\mapsto$ zwischen Ereignissen.

Da kausale Abhängigkeiten nur über Kommunikation weitergegeben werden können, symbolisieren die Pfeile zwischen zwei Ereignisströmen die Weitergabe kausaler Wirksamkeiten von einem Ereignisstrom zum anderen: Erst wenn z.B. das Ereignis b_3 eingetreten ist, kann im Ereignisstrom B der weitere Ablauf von Ereignissen beeinflußt werden, die *vorher* (bis c_3) im Ereignisstrom C eingetreten waren. Ereignisse im Ereignisstrom C, die auf c_3 folgen, können auf die Ereignisse nach b_3 solange nicht mehr einwirken, bis ein erneuter Informationsfluß von C nach B stattfindet. Dieser Informationsfluß kann eine direkte Nachricht von B nach C sein oder über Zwischenstationen stattfinden.

Mit anderen Worten: Es gibt aufgrund der Transitivität der Ordnungsrelation $\mapsto$ und der Existenz mehrerer paralleler Ereignisströme Ereignispaare e_i und e_j für die gilt

$$e_i \mapsto e_j$$

und andere, für die dies nicht gilt. Aus der graphischen Darstellung läßt sich eine Aussage über Kausalbeziehungen ableiten, indem man überprüft, ob ein Pfad zwischen e_i und e_j in Pfeilrichtung vorhanden ist oder nicht. Ist kein Pfad vorhanden, so sind die betreffenden Ereignisse sicher kausal unabhängig, d.h. es gilt

$$e_i \not\mapsto e_j \wedge e_j \not\mapsto e_i \equiv e_i \| e_j \,. \tag{5}$$

Die in Gl. (5) durch das Fehlen einer Kausalbeziehung definierte Relation heißt *ist unabhängig von.* Sie ist irreflexiv, aber nicht transitiv.

Es wäre sehr mühsam, müßte man zur Analyse von Kausalbeziehungen jedesmal dieses Beziehungsgeflecht graphisch aufbereiten und manuell auswerten. Diese Analyse kann aber rechnergestützt erfolgen, und im nächsten Abschnitt werden in der Literatur beschriebene Methoden hierzu gezeigt und analysiert. Die wesentlichen Aussagen über kausale Abhängigkeiten lassen sich jedoch sehr einfach mengentheoretisch formulieren[5].

Ziel des Vorgehens ist es, von einem Ereignis ausgehend entweder alle Ereignisse zu finden, die von ihm abhängen, oder alle Ereignisse zu finden, von denen es selbst abhängt. Damit ist man in der Lage, von einer interessanten Stelle im Systemablauf beginnend gezielt alle Ereignisse zu selektieren, die kausal relevant sind. Das ergibt für die nähere Umgebung des betrachteten Ereignisses eine erhebliche Reduktion in der Menge der zu betrachtenden Ereignisse. Außerdem fällt ganz nebenbei die Aussage mit ab, ob zwischen dem Ausgangsereignis und einem beliebigen anderen Ereignis die Relation $\mapsto$ oder $\|$ besteht.

Sei $\mathcal{E}$ die Gesamtmenge aller Ereignisse und $\mapsto \ \subseteq \mathcal{E} \times \mathcal{E}$ die bereits eingeführte Kausalrelation. Dann wird durch

$$\bullet e_i ::= \{e_j \,|\, e_j \mapsto e_i\} \tag{6}$$

der *Vorbereich* von e_i und durch

$$e_i\bullet ::= \{e_j \,|\, e_i \mapsto e_j\} \tag{7}$$

der *Nachbereich* von e_i definiert. Damit ist der Vorbereich eines Ereignisses identisch mit der Menge aller Ereignisse, die auf dem Weg zu seinem Eintreten liegen, und der Nachbereich ist identisch mit der Menge aller Ereignisse, die von ihm beeinflußt werden können.

Mit dieser Aufteilung der Ereignis-Gesamtmenge in den Vorbereich eines Ereignisses, den Nachbereich und den *Nebenbereich*

$$|e_i| ::= \overline{\bullet e_i} \cap \overline{e_i \bullet} \equiv \{e_j \,|\, e_i \| e_j\}$$

eines Ereignisses, der alle von diesem Ereignis unabhängigen Ereignisse umfaßt, steht ein praktikables Instrumentarium für die Analyse von Kausalbeziehungen zur Verfügung. Ein Werkzeug, das diese Analyse durchführen kann (HASSE), ist in Abschnitt 4.4.4 dargestellt.

Abb. 2.3 zeigt den Vor- und Nachbereich des Ereignisses b_2 grau unterlegt und den Nebenbereich schraffiert. Dort ist $\bullet b_2 = \{a_1, b_1\}$, $b_2\bullet = \{b_3, b_4\}$ und

[5] Die Analogie zwischen der graphischen Darstellung von Kausalbeziehungen zwischen Ereignisströmen und der Darstellung halbgeordneter Mengen im Hasse-Diagramm legt es nahe, dies zu versuchen. Die in Abb. 2.2 durch Pfeile verbundenen Punkte bilden zusammen mit den Pfeilen ein Hasse-Diagramm, das die Ereignisfolge in Abb. 2.1(b) repräsentiert.

$|b_2| = \{a_2, a_3, c_1, c_2, c_3, c_4\}$. Zwischen $\bullet b_2$ und b_2 und zwischen b_2 und $b_2\bullet$ gilt die Relation $\mapsto$, während die Elemente von $|b_2|$ unabhängig von b_2 sind.

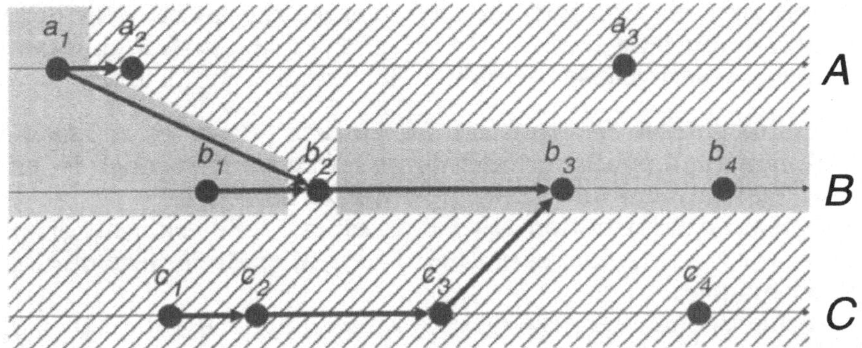

Abbildung 2.3: Vor-, Nach- (grau) und Nebenbereich (schraffiert) des Ereignisses b_2

Wollte man für alle Ereignispaare ermitteln, ob zwischen ihnen die Relation $\mapsto$ oder $\|$ zutrifft, so ergäbe dies eine Menge der Mächtigkeit $\mathcal{E}^2$, die für praktische Belange völlig unbrauchbar ist. Außerdem hat die hier vorgestellte Lösung den Vorteil, daß der Rechenaufwand genau an den Stellen anfällt, die gerade analysiert werden. Man kann sich leicht überlegen, daß bei der Ermittlung des Vor- und Nachbereichs natürlich nicht alle Beziehungen betrachtet werden müssen, und daß die Analyse nur soweit in die Vergangenheit bzw. Zukunft reichen muß, bis wieder alle Ereignisströme zum Vorbereich bzw. Nachbereich gehören. Eine weitere Erleichterung besteht darin, die Analyse auf Ereignisse zu beschränken, die zu Kommunikationsbeziehungen zwischen den Prozessen gehören, da die interne Ereignisstruktur trivialerweise linear ist. Damit fällt der Rest eines Ereignisstroms in Richtung steigender Indizes in den Nachbereich, wenn er eine Nachricht aus dem Nachbereich erhält, bzw. in Richtung fallender Indizes in den Vorbereich, wenn er der Sender einer Nachricht in denselben Vorbereich ist.

Die kausale Halbordnung $\mapsto$ ist die natürliche Ereignisordung. Sie deckt alle Kausalbeziehungen auf und erfordert die Kenntnis der Kommunikationsbeziehungen.

2.3 Ordnungsmechanismen

In diesem Abschnitt soll untersucht werden, welche Mechanismen in der Literatur zur Einordnung von Ereignissen beschrieben sind, und welche Ordnungen von ihnen erzeugt werden. Die Diskussion der vorgestellten Konzepte erfolgt anhand deren Leistung, Aufwand und Breite der Anwendbarkeit. Sie bildet dann die Grundlage für das Konzept eines universellen Beobachters, der die Aussagefähigkeit aller im vorigen Abschnitt vorgestellten Ereignisordnungen in sich vereinigt.

2.3.1 Zentrale Monitorsysteme

Ein naheliegender Ansatz für die Realisierung eines Beobachters ist der, ihn als eine zentrale Komponente aufzubauen; die Architektur des realen Beobachters entspricht dann direkt dem Gedankenmodell, daß *genau ein* Beobachter existiert. Dieses Vorgehen hat erhebliche Vorteile:

- Die Architektur des Beobachters ist einfach, denn es müssen weder Maßnahmen zur Aufgabenaufteilung getroffen werden, noch ist es nötig, dezentral gesammelte Information wieder zu sammeln.
- Da die gesamte Information zentral an einer Stelle erkannt, erfaßt und verwaltet wird, ist die korrekte Einordnung aller Ereignisse ohne großen Aufwand möglich.
- Der zentrale Beobachter erzeugt eine Ereignisspur, die total geordnet ist. Läßt die Ereignisdefinition eine Ermittlung korrespondierender Kommunikationsereignisse zu, so kann daraus unmittelbar die Kausalordnung erzeugt werden.

Dem stehen folgende Nachteile gegenüber:

- Ein zentraler Beobachter ist ungeeignet für Objektsysteme, deren räumliche Ausdehnung mehr als ca. 5 Meter beträgt. Da der Beobachter seine Informationen über elektrische Signale vom Objekt erhält, sind die elektrischen Eigenschaften von Leitungen maßgeblich für die maximale räumliche Ausdehnung. Da Leitungslängen ab etwa 1–2 Meter bereits erhebliche Probleme durch Reflexionen und Übersprechen bereiten, ist damit der Aktionsradius eines zentralen Beobachters beschränkt.
- Konzipiert man einen zentralen Beobachter mit dem Ziel, Messungen an Multiprozessorsystemen durchzuführen, so muß der Beobachter Schnittstellen für mehrere Meßobjekte erhalten. Da diese Schnittstellen so aufeinander abgestimmt sein müssen, daß die kausal wirksamen Ereignisse korrekt in ihrer Reihenfolge aufgezeichnet werden, entsteht durch die Zentralisierung ein Engpaß, der die Anzahl der möglichen Meßobjekte (Prozessoren im Objektsystem) begrenzt.

Monitorsysteme, die auf dem Prinzip des zentralen Beobachters basieren, sind daher für einen räumlich eng begrenzten Bereich und auf eine bestimmte Umgebung hin konzipiert. Exemplarisch sind im folgenden drei Lösungsansätze vorgestellt, die mit einem dedizierten Hardwaremonitor, mit Logikanalysatoren bzw. mit einem Hybridmonitor arbeiten.

Ein Beispiel für einen solchen zentralen Beobachter ist der Hardwaremonitor *Zählmonitor III* [Kla81], der für das enggekoppelte Fünfprozessorsystem EGPA eingesetzt wurde, dessen räumliche Ausdehnung etwa 4 Meter betrug. Die von ihm erzeugten Meßspuren waren Sequenzen aus Ereigniseinträgen mit folgendem Aufbau

$$< P_i, e_i, d_i >,$$

mit P_i als Prozessorkennung, e_i als Ereigniskennung und d_i als Zeitdauer[6] der mit e_i beginnenden Aktivität. Um dem Umstand Rechnung zu tragen, daß bei parallelen Prozessen Ereignisse zeitlich beliebig nahe beieinander liegen können, wurde der Ereignisstrom jedes Prozessors im Hardwaremonitor zwischengespeichert. Diese Zwischenspeicherung in Form eines FIFO-Puffers mit einer nachfolgenden Arbitrierung war schnell genug, daß alle kausal wirksamen Ereignisse in der richtigen Reihenfolge aufgezeichnet wurden.

Messungen, bei denen käufliche Logikanalysatoren als zentrale Beobachter fungieren, wurden u.a. im Rahmen der Arbeiten [HKL+88] und [MDRC87] vorgenommen. Allen gemeinsam ist die Aufteilung des Datenfeldes in einem Ereignis des Logikanalysators in mehrere Teilfelder, die je einem Prozessor im Objektsystem zugeordnet wurden. Aufgrund der für Messungen an schnellen digitalen Schaltungen orientierten Leistungsfähigkeit von Logikanalysatoren können auch hier Ereignisse mit der benötigten Genauigkeit zur Etablierung der Kausalordnung eingeordnet werden. Dies wurde zwar in keinem der zitierten Ansätze durchgeführt, aber die eingesetzten Beobachter bieten immerhin die Möglichkeit, dies zu tun.

Der jüngste, bisher bekannte Ansatz für einen zentralen Beobachter wird in [MR90] gezeigt. Malony/Reed stellen einen Hybridmonitor für den Intel iPSC/2-Hypercube vor[7]. Dieser Hybridmonitor bedient sich einer speziellen Schnittstelle des Objektsystems: Jeder der 32 Prozessoren des iPSC/2 weist eine 5 Bit breite Parallelschnittstelle auf, und alle diese Schnittstellen sind an einem Steckplatz des Systems verfügbar. Von diesen 160 Signalen nutzt die derzeitige Ausbaustufe des Monitors die Hälfte, so daß 16 Prozessoren beobachtet werden können.

2.3.2 Skalare logische Zeitstempel

Im Bereich verteilter Systeme, deren Kommunikationsaktivitäten ausschließlich über Send/Receive-Mechanismen abgewickelt werden, wurde von Lamport bereits 1978 ein Mechanismus zur Etablierung der chronologischen Halbordnung angegeben [Lam78]. Ausgehend von der Tatsache, daß das Senden einer Nachricht immer deren Empfang vorausgeht, wurde die Relation *geschah vor* definiert; diese ist identisch mit der in Abschnitt 2.2 definierten Ordnung $\mapsto$; sie beschreibt die tatsächlich vorhandene kausale Wirkungsbeziehung zwischen Ereignissen.

Darauf aufbauend wurde jedem Prozeß P_i eine sog. *logische Uhr* C_i zugeordnet, die bei jedem internen Ereignis des Prozesses "tickt" und jeweils einen größeren Zeitstempel erzeugt, also

$$\text{Internes Ereignis in } P_i \Rightarrow C_i = C_i + 1$$

6 Diese Notation weicht von der sonst gebrauchten Notation ab, wo ein Ereignis zeitlos ist und der Zeitstempel den Eintritts*zeitpunkt* angibt. Hier wird die Dauer des Vorgangs angegeben, der mit dem Ereignis begonnen hat. Das nächste Ereignis von diesem Prozessor ist also um d_i später eingetreten und markiert zugleich das Ende der zuvor begonnenen Aktivität.

7 Hybridmonitoring ist dadurch charakterisiert, daß das Meßobjekt von sich aus Information über die aufgetretenen Ereignisse an den Beobachter ausgibt, vgl. Kapitel 3.

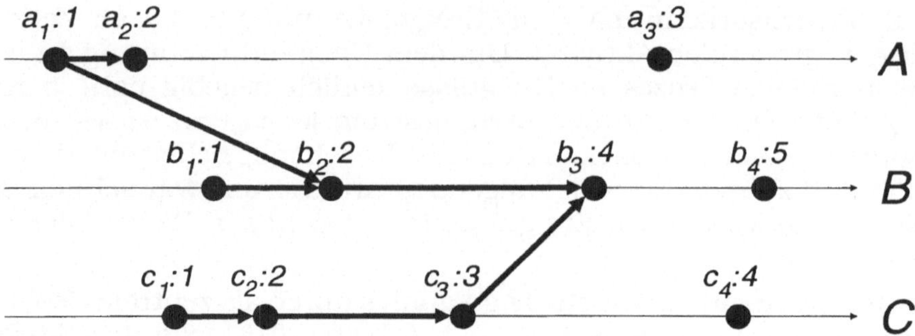

Abbildung 2.4: Ereignisse mit logischen Zeitstempeln

Damit werden Ereignisse in ein- und demselben Prozeß, die nach solchen Zeitstempeln eingeordnet werden, behandelt als seien sie von einem idealen Beobachter aufgezeichnet worden, denn alle lokalen Ereignisse erscheinen in der Reihenfolge ihres Eintretens.

Eine globale Ordnungsrelation über den Ereignissen aus allen Prozessen entsteht durch die zweite Eigenschaft der logischen Uhr: Beim Sendevorgang wird die vom Prozeß P_j abgesandte Nachricht um den lokalen Zeitstempel C_j erweitert und beim korrespondierenden Empfangsvorgang im Prozeß P_i wie folgt behandelt:

$$\text{Empfangsereignis aus } P_j \text{ mit } C_j \;\Rightarrow\; C_i = \max\{C_i, C_j\} + 1 \tag{9}$$

Hierdurch bleibt die Implikation

$$e_k \mapsto e_l \Rightarrow C_i(e_k) < C_j(e_l)$$

gültig, denn kausal abhängige Ereignisse erhalten durch diesen Mechanismus stets einen größeren Zeitstempel als alle Ereignisse, die vorher eintraten.

Die Anwendung dieser skalaren logischen Uhr ist in Abb. 2.4 anhand des bereits bekannten Beispiels illustriert. Zuerst wird den ersten Ereignissen der drei Prozesse *A*, *B* und *C* jeweils der Zeitstempel 1 zugeordnet, dann wird gemäß Gl. (8) und (9) inkrementiert.

Offensichtlich tauchen dieselben Zeitstempel mehrmals auf, so daß die dadurch etablierte globale Ordnungsrelation nur eine Halbordnung sein kann. In der Tat handelt es sich bei der durch solche Zeitstempel etablierten Ordnung um eine chronologische Halbordnung, denn vermöge der lokalen (Gl. (8)) und globalen (Gl. (9)) Bildungsmechanismen für Zeitstempel gilt für beliebige Ereignispaare

$$e_i \mapsto e_j \Rightarrow C(e_i) < C(e_j) \Rightarrow e_i \preceq e_j \,.$$

Damit können Zeitstempel aus logischen Uhren in Systemen, die über Send/Receive miteinander kommunizieren, für Alibi-Aussagen genutzt werden. Aber es ist nicht möglich, anhand der Zeitstempel die Existenz kausaler Abhängigkeiten zu beweisen. So führt z.B. die Anwendung des globalen Uhrmechanismus auf den Zeitstempel beim Ereignis b_2 zu einem rein lokal definierten Verhalten, d.h. die Zeitstempel der lokalen Ereignisse sind lückenlos aufsteigend bis zum Ereignis b_3. Erst hier springt die lokale Uhr von 2 auf 4, woraus man auf den Empfang einer Nachricht rückschließen kann. Allerdings gibt es nicht immer einen solchen Sprung, wie man anhand der Ereignisse a_1 und b_2 leicht sieht.

Dieses Prinzip der skalaren logischen Uhr hat Eingang gefunden in die Literatur über Monitoring und Debugging. In [LR85] wird das Softwaremonitorsystem RADAR beschrieben. Es hat die Aufgabe, Kommunikationsbeziehungen und andere interessierende Ereignisse in einem Multiprozessorsystem aufzuzeichnen und damit Information für das Debugging zu liefern. Der logische Uhrmechanismus wird von den Autoren benutzt, um die Reihenfolge der aufgezeichneten Kommunikationsvorgänge richtig darzustellen. Allerdings betrachten die Autoren nur Ereignisse mit identischen Zeitstempeln als unabhängig. Es können aber sehr wohl Ereignisse, die kausal unabhängig sind, u.U. stark differierende Zeitstempel aufweisen; dies wird durch das bei dieser Art Uhr verwendete Konstruktionsprinzip für Zeitstempel nicht ausgeschlossen.

In [JLSU87] wird ein Beobachter vorgestellt, der ebenfalls als verteilter Softwaremonitor implementiert ist. Er ist Bestandteil von JADE, einer Entwicklungsumgebung für verteilte Systeme. Auch dieser Monitor hat die Aufgabe, Kommunikationsaktivitäten und weitere wichtige Vorgänge im System, z.B. Kreierung und Beendigung von Prozessen, aufzuzeichnen und für spätere Analysen verfügbar zu machen. Die Ergebnisse werden in textueller Form und mit Hilfe von Grafiken präsentiert. Die logische Uhr wird eingesetzt als Hilfsmittel für den im System integrierten Replay-Mechanismus (instant replay)[8].

Aus den beiden zuletzt zitierten Arbeiten geht hervor, daß die Ereignisreihenfolge für den Replay-Mechanismus aufgrund der logischen Zeitstempel gebildet wird. Das hat zur Folge, daß alle Ereignisse mit gleichem Zeitstempel beim Replay eingetreten sein müssen, bevor die Berechnung in Richtung höherer Zeitstempel fortgesetzt wird. Damit wird ein Systemlauf in der Replay-Phase erheblich mehr eingeschränkt als in der Realität, denn dort können Ereignisse mit gleichem logischem Zeitstempel zu höchst unterschiedlichen realen Zeitpunkten stattfinden, wenn sie kausal unabhängig sind (vgl. Abb. 2.4).

---

8 Replay-Mechanismen dienen beim Debugging dazu, einen einmal aufgezeichneten Ablauf reproduzierbar zu wiederholen. Als Basis dient die Reihenfolge der aufgezeichneten Ereignisse, die bei der Wiederholung durch im Debugger implementierte Mechanismen erzwungen wird. Ziel ist es, einen von einem Fehler betroffenen Programmlauf so genau zu analysieren, bis der Fehler gefunden ist (vgl. z.B. [MH89]).

2.3.3 Logische Vektorzeitstempel

Die zumindest im Grundsatz lineare Struktur[9], welche Ereignissen mit Hilfe der skalaren logischen Uhr aufgeprägt wird, rührt von der Tatsache her, daß eine Uhr von Natur aus ein zentrales Element ist. Sie kann daher nur lineare Ordnungen mehr oder weniger genau erzeugen. Diese dem Problem nicht angemessene lineare Ordnung läßt sich durch einen Uhrmechanismus beseitigen, der statt einen einzigen Wert zu manipulieren für jeden Prozeß einen Wert handhabt.

Mechanismen hierzu wurden unabhängig voneinander von Fidge [Fid89] und Mattern [Mat89] in Form sogenannter logischer Vektoruhren angegeben[10]. Trotz des unabhängigen Entstehens der Arbeiten ähneln sich die beiden Ansätze so sehr, daß sie in einheitlicher Form dargestellt werden können; der Unterschied wird im Zuge der Beschreibung dokumentiert.

Seien $\mathcal{P} = \{P_1, \ldots, P_n\}$ die Menge aller Prozesse im System und $\mathcal{C} = \{C_1, \ldots, C_n\}$ die Menge aller Uhren im System. Jedem Prozeß P_i sei die Uhr C_i zugeordnet. Alle Uhren im System verwalten einen Vektor, der den neuesten Kenntnisstand über die Zeit in allen anderen Prozessen beinhaltet. Die Uhr C_i wird also repräsentiert durch ihren Zeitvektor

$$C_i = (c_{i1}, c_{i2}, \ldots, c_{in})^T.$$

Die Komponente c_{ii} ist die lokale Komponente und dient wie bei der skalaren logischen Uhr zur Etablierung der lokalen Zeit. Alle weiteren enthalten das neueste Wissen über die lokalen Komponenten der anderen Uhren.

In Analogie zur skalaren logischen Uhr erfolgt das Fortschalten vor jedem lokalen Ereignis e_k, wobei $C_i(e_k)$ aus $C_i(e_{k-1})$ gemäß der folgenden Vorschrift berechnet wird

$$C_i(e_k) = C_i(e_{k-1}) + (\delta_{i1}, \delta_{i2}, \ldots, \delta_{in})^T$$

$$\text{mit } \delta_{im} = \begin{cases} 1, & \text{falls } m = i; \\ 0, & \text{sonst.} \end{cases}$$

Der lokale Fortschaltmechanismus manipuliert nur die lokale Komponente des Vektors, so daß einerseits das Wissen über die anderen Prozesse bei lokalen Ereignissen konstant bleibt, und andererseits alle lokalen Ereignisse allein anhand der lokalen Komponente des Vektors im Sinne des idealen Beobachters korrekt eingeordnet werden können.

Das Wissen über die Zeit wird bei der logischen Vektoruhr auf demselben Weg übertragen wie die kausalen Wirkungen, nämlich über die verschickten Nachrichten. Dazu attributiert der Sendeprozeß P_i jede Nachricht mit seinem Wissen über die Zeit, dem lokalen Zeitvektor $C_i^S(e_S) = C_i(e_S)$. Der

9 In Abschnitt 2.2 wurde die chronologische Halbordnung als eine vereinfachte Version der chronologischen Totalordnung eingeführt; die zugrundeliegende lineare Struktur bleibt erhalten, sie gilt nur nicht mehr für alle Elemente.

10 Der Ansatz von Fidge wird in einer neueren Arbeit [Fid91] in verallgemeinerter Form dargestellt. Die Verallgemeinerung besteht darin, daß die verwendeten logischen Skalaruhren statt mit Vektoren konstanter Länge als Mengen beliebiger Größe eingeführt werden. Damit lassen sich auch Prozeßsysteme mit variabler Anzahl von Prozessen behandeln.

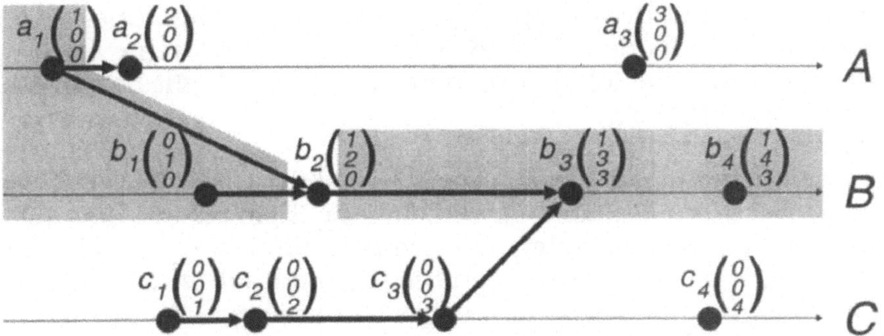

Abbildung 2.5: Ereignisse mit logischen Vektor-Zeitstempeln nach Fidge

Empfangsprozeß P_j bildet den Zeitstempel $C_j^R(e_R)$ für das Empfangsereignis e_R aus seinem lokalen Zeitwissen $C_j(e_{R-1}) = (c_{j1}, c_{j2}, \ldots, c_{jn})^T$ zu

$$C_j^R(e_R) = (\rho_{j1}, \rho_{j2}, \ldots, \rho_{jn})^T$$

$$\text{mit } \rho_{jm} = \begin{cases} \max\limits_m \{c_{jm}, c_{im}\} + 1, & \text{falls } m = j \text{ (Mattern)} \\ c_{jm} + 1, & \text{falls } m = j \text{ (Fidge)} \\ \max\{c_{jm}, c_{im}\}, & \text{sonst} \end{cases} \tag{11}$$

Durch die Maximumbildung bei den nichtlokalen Komponenten entsteht beim Empfänger einer Nachricht das neueste verfügbare Wissen über die Uhren seines Kommunikationspartners und aller Prozesse, die bis zum Absenden der Nachricht an diesen Kommunikationspartner Information (und damit Wissen über Kausalbeziehungen) weitergegeben haben. Die Behandlung der lokalen Komponente unterscheidet sich bei beiden Ansätzen: Während Fidge die lokale Komponente beim Empfang einer Nachricht wie bei einem lokalen Ereignis behandelt, bildet Mattern das Maximum über alle Komponenten einschließlich seiner eigenen neu berechneten lokalen Komponente. Damit soll die lokale Komponente immer den neuesten globalen Wert einer skalaren logischen Uhr repräsentieren. Da diese Operation das Inkrement für die lokale Komponente nur vergrößern kann und die von Fidge vorgestellte Alternative ein beliebiges positives Inkrement vorsieht, entsteht daraus kein struktureller Unterschied.

Am bereits eingeführten Beispiel ergeben sich die vektoriellen Zeitstempel wie in Abb. 2.5 gezeigt. Dabei wurde dem Verfahren von Fidge der Vorzug gegeben, weil es bei gleicher Aussagekraft weniger Rechenaufwand erfordert. Anhand dieser Abbildung lassen sich die wesentlichen Eigenschaften der logischen Vektoruhr relativ leicht nachvollziehen:

- Die Prozesse A und C erhalten keine Nachricht von anderen Prozessen. Daher bleiben die Komponenten des jeweiligen Zeitvektors, die andere Prozesse betreffen, konstant; nur die lokale Komponente wird weitergezählt.

- Prozeß B erhält mit dem Empfangsereignis b_2 Kenntnis über den neuesten Zeitstempel aus dem Prozeß A und aktualisiert seine eigene Komponente für A und die lokale Komponente. Dasselbe gilt bezüglich B für das Empfangsereignis b_3.
- Vektorielle Zeitstempel erlauben die Aussage, ob zwischen zwei beliebigen Ereignissen e_i und e_j die Beziehung $e_i \mapsto e_j$ oder $e_i \| e_j$ gilt: Die Ereignisse im Nachbereich von b_2 haben gemeinsam die Eigenschaft, daß alle Komponenten des jeweils folgenden Zeitstempels mindestens gleich groß sind wie ihre Vorgänger. Der Vorbereich hingegen enthält nur Ereignisse, deren Komponenten höchstens gleich groß sind wie ihre Nachfolger. Die Ereignisse im Nebenbereich von b_2 aber enthalten Zeitstempel, deren Komponenten sowohl kleiner als auch größer sind als die Komponenten des Vergleichsvektors b_2.

Die logische Vektoruhr bietet damit einen Mechanismus an, der Kausalaussagen allein anhand der Zeitstempel der betrachteten Ereignisse erlaubt. Mit der eingeführten Notation formal ausgedrückt ergibt sich

$$e_k \mapsto e_l \iff C_i(e_k) < C_j(e_l) = \forall m (c_{im} \leq c_{jm}) \wedge \exists m (c_{im} < c_{jm}).$$

Die Implikation nach rechts folgt unmittelbar aus der Konstruktion der Zeitstempel: Jedes Nachfolgeereignis hat in allen Komponenten mindestens denselben Wert wie das Vorgängerereignis und in der lokalen Komponente einen höheren Wert[11]. Aufgrund der Transitivität der Kausalbeziehung und dem darauf aufbauenden Konstruktionsprinzip der logischen Vektoruhr gilt dies für alle nachfolgenden Ereignisse gleichermaßen.

Die Implikation von rechts nach links begründet, wenn sie nicht erfüllt ist, die Unabhängigkeitsrelation

$$e_k \| e_l \iff C_i(e_k) \| C_j(e_l) = \exists m (c_{im} > c_{jm}) \wedge \exists m (c_{im} < c_{jm}).$$

Sie ergibt sich aus der Abhängigkeitsrelation durch Negation der Bedingung $\neg \forall m (c_{im} \leq c_{jm}) = \exists m (c_{im} > c_{jm})$.

Logische Vektorzeitstempel werden im Rahmen von Monitoring-Projekten außer von den bereits zitierten Urhebern des Verfahrens von van Dijk und van der Wal [DW91] eingesetzt. Sie wenden das Konzept auf enggekoppelte Multiprozessoren mit den Kommunikationsdiensten *Rendezvous*, *Semaphoren* und *Ereignis-Flags* an. Die Integration logischer Vektorzeitstempel erfolgt dadurch, daß jede Instanz dieser Konstrukte mit einer eigenen Instanz der logischen Vektoruhr erweitert wird. Dadurch kann z.B. ein Prozeß, der auf eine Ressource an einem Semaphor wartet, den Vektorzeitstempel des vorangegangenen Besitzers des Semaphors erfahren.

Mit anderen Worten, es wird eine Kommunikation bezüglich der Zeitvektoren in die elementaren Kommunikationsdienste des parallelen Rechensystems integriert. Für große Prozessorzahlen wird dieses Verfahren jedoch

[11] Hierin sind beide Verfahren identisch, denn diese Aussage setzt nur $k > 0$ für das Inkrement voraus.

trotz seiner theoretischen Bedeutung in der Praxis nutzlos, weil mit jedem Kommunikationsvorgang ein ellenlanger Zeitvektor mitübertragen werden muß. Dies jedoch kann zu beträchtlichen Leistungseinbußen führen. Wird z.B. nur ein Zeichen von der Tastatur übertragen, das sich in einem Byte darstellen läßt, dann nimmt bei 100 Prozessen und einem Integer-Wert (4 Bytes) für jede Komponente des Zeitvektors dieser 400 Bytes in Anspruch. In diesem Extremfall steht nur 0,25 % der übertragenen Daten als Nutzinformation zur Verfügung[12].

2.3.4 Physikalische Zeitstempel

Neben logischen Uhrmechanismen, die abhängig vom Fortschritt des über sie verfügenden Prozesses Zeitstempel mit monoton steigenden Werten aber ohne Bezug zur Realzeit liefern, können in Rechnern auch physikalische Uhren realisiert werden. Hier steht man vor der Frage, welche Struktur physikalische Zeitstempel einer Ereignismenge aufprägen. Dabei muß berücksichtigt werden, daß ideale Uhren mit unendlicher Genauigkeit und Auflösung nicht existieren. Dies führt zu einem mathematischen Modell der daraus abgeleiteten Zeitstempel, welches die Basis liefert zur Bewertung bzw. Dimensionierung von physikalischen Uhren, die für das Monitoring eingesetzt werden sollen.

Sei C ein Prozeß, dessen Aufgabe darin besteht, die physikalische Zeit $C(t) = t$ überall und mit unendlicher Auflösung verfügbar zu machen. Geht man weiterhin von der idealisierten Annahme aus, jedes Ereignis e_i erhalte zum Zeitpunkt seines Eintretens t_i den Zeitstempel $C(t_i) = t_i$, dann ist es aufgrund der idealisierten Voraussetzungen möglich, die Reihenfolge aller Ereignisse aufgrund der Zeitstempel zu ermitteln. Dies gilt unabhängig von der Struktur des Systems, in dem die Ereignisse stattfinden, und auch die geometrische Ausdehnung des Systems ist irrelevant. Ein Beobachter, der mittels solcher Zeitstempel Ereignisse einordnet, ist ein idealer Beobachter. Er ist in der Lage, eine Totalordnung über den Ereignissen anhand der tatsächlichen Reihenfolge herzustellen.

Reale Uhren weisen aber weder eine absolute Genauigkeit noch eine unendliche Auflösung auf. Dennoch können sie in realen Beobachtern eingesetzt werden, um alle in kausaler Wechselwirkung zueinander stehenden Ereignisse korrekt einzuordnen. Betrachten wir zuerst den Einfluß der endlichen Uhrauflösung auf die Struktur einer Ereignismenge, die aus Zeitstempeln abgeleitet wird. Zeitstempel realer Uhren $\hat{C}$ haben den Charakter ganzzahliger Werte und werden durch Abschneiden aus einer kontinuierlichen Zeitinformation wie folgt gebildet

$$\hat{C}(t) = \left\lfloor \frac{t}{G} \right\rfloor, \tag{12}$$

12 Der Anwender ist sicher nicht an der Übertragung der Zeitvektoren interessiert. Für ihn ist nur wichtig, ob das Computersystem die gestellte Aufgabe rechtzeitig löst.

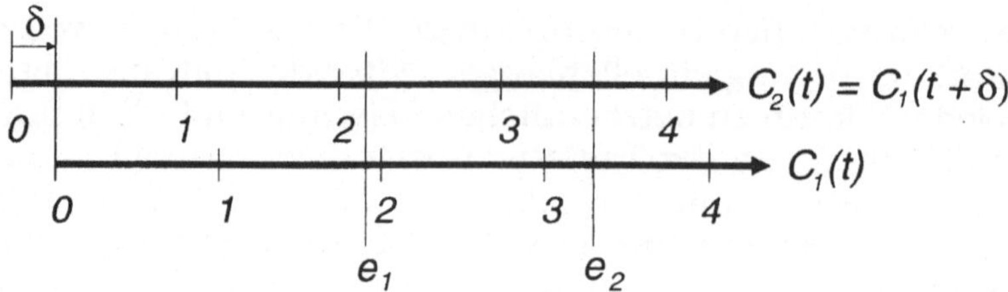

Abbildung 2.6: Zeitstempel aus zwei Uhren

wobei G als Granularität der Uhr bezeichnet wird und das Zeitintervall zwischen zwei Anzeigeschritten angibt. Dadurch entsteht aus der chronologischen Totalordnung eines Beobachters mit idealer Uhr eine Halbordnung, nämlich die chronologische Halbordnung aus Abschnitt 2.2.2.

Da in größeren Systemen dezentral gemessen werden muß, müssen verschiedene Uhren für die Erzeugung der Zeitstempel herangezogen werden. Diese Uhren etablieren jede für sich ein Koordinatensystem für lokale zeitliche Einordnungen, das aufgrund der unvermeidlichen Differenzen zwischen Uhren gegenüber den anderen Koordinatensystemen verschoben ist. Aus der Existenz solcher gegeneinander verschobener Koordinatensysteme mit Abschneideoperationen ergibt sich ein grundsätzliches Problem bei der globalen Einordnung von Ereignissen in die chronologische Halbordnung, welche auf dem Vergleich von Zeitstempeln aus diesen gegeneinander verschobenen Koordinatensystemen basieren.

In Abb. 2.6 ist zur Illustration der Problematik ein Szenario dargestellt, das den Vorgang der Zeitstempelung anhand zweier Ereignisse und zweier Uhren zeigt. Die untere Zeitachse diene als Referenz[13] mit $C_1(t) = t$ und der Einteilung in Abschnitte der Länge G. Die obere Zeitachse gehört zur Uhr C_2, die gegenüber C_1 um den Betrag δ vorgeht. Daher sind beide Achsen um diesen Betrag gegeneinander verschoben, und die beiden Uhren stehen zueinander in folgender Beziehung:

$$C_2(t) = C_1(t + \delta) \; .$$

Tritt nun das Ereignis e_1 wie in Abb. 2.6 gezeigt ein, so erhält es unter Zugrundelegung der Uhr C_1 den Zeitstempel 1 und bei C_2 den Zeitstempel 2, während das Ereignis e_2 von beiden Uhren denselben Zeitstempel 3 erhält. Die Problematik, daß ein und dasselbe Ereignis je nach Zeitpunkt seines Auftretens einmal gleiche und ein andermal verschiedene Zeitstempel erhalten kann, ist grundsätzlicher Natur und kann auch bei höchster realisierbarer Übereinstimmung der verwendeten Uhren auftreten. Damit können auch Ereignisse aufgrund *verschiedener* Zeitstempel nicht immer hinsichtlich ihrer Reihenfolge korrekt eingeordnet werden. Es gilt also, ein Kriterium für die Vorgänger-/Nachfolger-Beziehung zwischen Zeitstempeln

[13] O.B.d.A. kann man dies voraussetzen, da Reihenfolgeaussagen nur auf der Basis von Zeitdifferenzen getroffen werden, so daß die absolute Genauigkeit für diese Betrachtungen belanglos ist.

zu finden, das dies ermöglicht. Diese Problematik wird in allgemeiner Form bei verschiedenen Ereignissen und mehreren Uhren mit Hilfe des folgenden formalen Modells gelöst.

Sei $\delta = C(t) - t$ die Abweichung einer beliebigen Uhr C von der Zeit t, welche einer Verschiebung des Koordinatensystems für die Uhr C um δ entspricht. Bei Uhren mit unendlicher Auflösung führt diese Verschiebung für die Uhr C zu

$$C(t+\delta) = t + \delta,$$

was unabhängig von t und δ eine umkehrbar eindeutige Abbildung darstellt. Weiterhin sei $\hat{C}(t) = \lfloor t/G \rfloor$ die in Gl. (12) bereits definierte Abschneideoperation. Diese bewirkt zusammen mit der Koordinatenverschiebung eine Mehrdeutigkeit in den Zeitstempeln, denn für den Zeitstempel $\hat{C}(t+\delta)$ gilt nun:

$$\hat{C}(t+\delta) = \left\lfloor \frac{t+\delta}{G} \right\rfloor = \underbrace{\lfloor t/G \rfloor}_{\hat{C}(t)} + \underbrace{\lfloor \delta/G \rfloor + \lfloor t\%G + \delta\%G \rfloor}_{\hat{\delta}} \tag{13}$$

Dabei bedeutet der binäre Operator % die Modulo-Operation, welche den Rest

$$R = x\%y = x - \lfloor x/y \rfloor$$

liefert, für den $0 \leq R < G$ gilt. Die Addition der beiden Operanden ergibt für den ganzzahligen Teil die beiden ersten Terme auf der rechten Seite von Gl. (13). Die Summe der beiden Restterme muß ebenfalls der Abschneideoperation unterzogen werden, und dies ergibt gerade den letzten Term der rechten Seite. Dieser Term kann entweder den Wert 0 annehmen, wenn der betrachtete Punkt t zusammen mit der Verschiebung δ den durch die ganzzahligen Terme definierten Zeitstempel liefert, oder den Wert 1, wenn die Kombination aus t und δ aus diesem Intervall herausführt. Damit sind solchermaßen gebildete Zeitstempel nicht mehr eindeutig.

Gl. (13) ist die Summe aus dem Idealwert, der aufgrund der Abschneideoperation auf jeden Fall entsteht, und einem Fehlerterm, der aus der Zeitachsenverschiebung δ und der Granularität G der Uhr gebildet wird. Für $\delta > 0$ ergibt sich der größte mögliche Zeitstempel, wenn das durch die Ganzzahlterme $\lfloor t/G \rfloor + \lfloor \delta/G \rfloor$ definierte Intervall verlassen wird. Berücksichtigt man bei einer worst-case-Betrachtung, daß δ auch negativ sein kann, ergibt sich der Fehlerterm zu

$$\hat{\delta} = \lceil |\delta|/G \rceil \tag{14}$$

Dieser Fehlerterm stellt die maximale Abweichung eines Zeitstempels von dem Wert dar, den eine Uhr mit idealer Genauigkeit und endlicher Auflösung geliefert hätte. Sobald also δ nicht identisch verschwindet, kann ein Zeitstempel auch einen Wert aus einem Nachbarintervall repräsentieren.

Nachdem man im Normalfall die Richtung der Abweichung nicht kennt, weiß man nicht, welches der Nachbarintervalle zu nehmen ist; die Betragsbildung spiegelt diesen Sachverhalt wider.

Die zur globalen Einordnung von Ereignissen benutzte Umkehrung des Zuordnungsvorgangs nach Gl. (13) ist natürlich auch nicht eindeutig, sondern ergibt ein Intervall, in dem der wahre Zeitpunkt liegen kann. Ihre rechte Seite enthält einen idealisierten Teil $\hat{C}(t)$, dessen Umkehrfunktion die Punkte $t = kG,\ k \in Z$ liefert. Alle Abweichungen vom idealen Verhalten sind im zweiten Term $\hat{\delta}$ zusammengefaßt und werden durch die Umkehrfunktion abgebildet auf das Intervall, dessen Mitte durch kG festgelegt wird und dessen Ränder durch den jeweiligen Fehler $\hat{\delta}G$ bestimmt werden. Es gilt also

$$\hat{C}^{-1}(k) = \left(kG - \hat{\delta}G, kG + \hat{\delta}G\right).$$

Dabei wurde die unabhängige Variable $t+\delta$, welche die Zeitinformation der betreffenden Uhr bezogen auf eine Referenz-Uhr darstellt, ersetzt durch k, die unabhängige Variable für die Umkehrfunktion. Lokal werden natürlich die Ereignisse mit der lokal verfügbaren Zeitinformation gebildet, so daß lokal die unabhängige Variable $\tilde{t} \equiv t + \delta$ ist.

Die Eindeutigkeit von Reihenfolgeaussagen wird dadurch gewährleistet, daß die aus der Umkehrabbildung zweier Zeitstempel sich ergebenden Intervalle disjunkt sind und größeren Anzeigewerten größere Ursprungszeiten entsprechen. Die Anzeigen zweier beliebiger Uhren C_i und C_j müssen also folgender Bedingung gehorchen:

$$\left\{k_i, k_j \mid k_i < k_j \wedge \hat{C}^{-1}(k_i) < \hat{C}^{-1}(k_j) \vee k_i > k_j \wedge \hat{C}^{-1}(k_i) > \hat{C}^{-1}(k_j)\right\} \quad (15)$$

Man erkennt, daß beide Fälle völlig symmetrisch zueinander sind. O.B.d.A. läßt sich die Bedingung (15) erfüllen, wenn für $k_i > k_j$ gilt

$$\begin{aligned} \min\left\{\hat{C}^{-1}(k_i)\right\} - \max\left\{\hat{C}^{-1}(k_j)\right\} &\geq 0 \\ k_iG - \hat{\delta}_iG - \left(k_jG + \hat{\delta}_jG\right) &\geq 0 \\ k_i - k_j &\geq \hat{\delta}_i + \hat{\delta}_j \end{aligned} \quad (16)$$

Abbildung 2.7 zeigt exemplarisch drei Zeitachsen $C_1(t)$ bis $C_3(t)$ idealisierter[14] realer Uhren, die bezogen auf eine gemeinsame idealisierte Darstellung $C(t)$ nachgehen (δ_1 und δ_3) bzw. vorgehen (δ_2). Für die im Bild dargestellte Konstellation ergibt sich die Abschätzung $\hat{\delta}_1 = \hat{\delta}_2 = \hat{\delta}_3 = 1$, da für alle Abweichungen δ_i gilt $|\delta_i| < G$ und in Gl. 16 über die Abschätzung nach Gl. 14 nur Beträge eingehen. Treten nun drei Ereignisse in der Reihenfolge $e_1 \rightarrow e_2 \rightarrow e_3$ wie dargestellt ein, so können infolge der Granularität bzw.

[14] Die Idealisierung besteht darin, daß ihre Zeitachsen kontinuierlich erscheinen und beim Wechsel von einem Anzeigeschritt zum folgenden beziffert sind mit dem danach gültigen Anzeigewert.

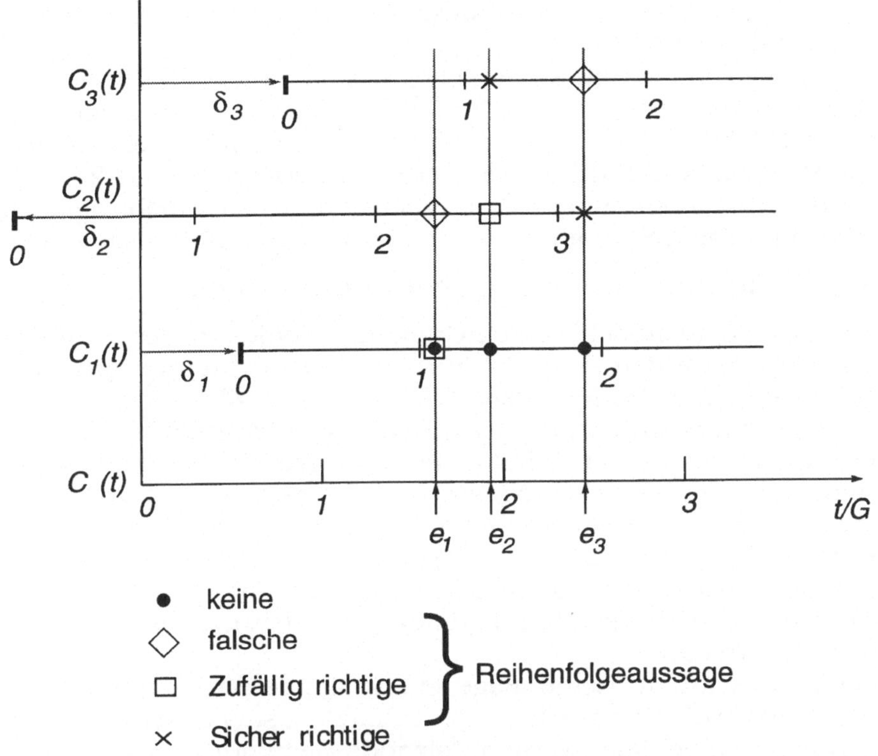

Abbildung 2.7: Beispiel für Granularitätsproblem

der Verschiebung der Zeitachsen gegeneinander Ereignisreihenfolgen gar nicht, zufällig richtig, garantiert richtig oder falsch wiedergegeben werden.

Ob der eine oder andere Fall eintritt, hängt ab vom zeitlichen Abstand der Ereignisse zueinander und davon, von welchen Uhren die in Relation zu bringenden Ereignisse erfaßt wurden:

Fall 1: Die *Unmöglichkeit* der Reihenfolgeaussage ergibt sich aus der Tatsache, daß alle drei Ereignisse von der Uhr C_1 erfaßt wurden, während sie auf dem Zählerstand 1 verharrte. Man bedenke aber, daß im Falle einer Uhr und einer Instanz, die Ereignisse erfaßt, korrekte Reihenfolgeaussagen anhand der Reihenfolge in der Aufzeichnung sicher möglich sind. Fall 1 ist daher harmlos.

Fall 2: Eine *Verfälschung* der Reihenfolgeaussage tritt ein, wenn e_1 mit der Anzeige der Uhr C_2 und e_3 mit der Anzeige der Uhr C_3 versehen wird. Demnach wäre e_3 im Intervall 1 und e_1 im Intervall 2 eingetreten. Fall 2 muß ausgeschlossen werden.

Fall 3: Zufällig richtig erscheint die Reihenfolgeaussage, wenn e_1 mit C_1 und e_2 mit C_2 kombiniert werden. Nachdem der Betrag der Differenz genauso groß ist wie im Fall 2 und man den Anzeigewerten ihre

Genauigkeit nicht ansieht, kann die Aussage auch falsch sein. Fall 3 ist daher nutzlos.

Fall 4: Sicher richtig ist die Reihenfolgeaussage, wenn die Differenz zweier Anzeigen mindestens 2 ist. Ein Beispiel hierfür ist die Zuordnung von e_2 und C_3 bzw. e_3 und C_2 zueinander. Erstaunlicherweise ist der reale Ereignisabstand nahezu der gleiche wie in den Fällen 2 und 3. Die vorliegende Kombination von Koordinaten-Verschiebungen erlaubt aber in diesem Spezialfall sicher die richtige Reihenfolgeaussage.

Das Granularitätsproblem hat folgende Konsequenzen:

- Nachdem ein identisch verschwindender Fehler in der Realität nicht gewährleistet werden kann, ist jede Uhrablesung mindestens mit einer Unsicherheit der Größe G behaftet (vgl. Abb. 2.6).
- Unterstellt man im weiteren $\delta < G$, d.h. die verwendeten Uhren haben im Rahmen der Ablesemöglichkeiten optimale Genauigkeit, so müssen sich die Zeitstempel zweier Ereignisse mindestens um 2 unterscheiden, wenn die daraus abgeleitete Reihenfolgeaussage sicher richtig sein soll.
- Für Ereignisse, die zeitlich weniger als $2G$ auseinanderliegen, kann unter derselben Annahme eine korrekte Reihenfolgeaussage nicht gewährleistet werden, da deren Zeitstempel Differenzen im Bereich $[0, 1, 2]$ aufweisen können.
- Will man also auf die Reihenfolge von Ereignissen im zeitlichen Abstand Δt anhand von Zeitstempeln sicher schließen, so müssen die Uhren, mit deren Hilfe sie gebildet werden, folgende Bedingung erfüllen:

$$\hat{\delta} G \leq \frac{1}{2} \Delta t \, .$$

Bei einer Uhrgenauigkeit im Rahmen der Granularität darf also die Granularität der Uhr höchstens die Hälfte der benötigten Zeitauflösung betragen.

2.3.5 Zeitstempel in Monitoren

Aufgrund der Notwendigkeit, Leistungsaussagen zu machen, verfügen die meisten in der Literatur beschriebenen Monitorsysteme über einen Mechanismus, Ereignisse mit Zeitstempeln zu versehen. Dennoch fehlte bisher den meisten Monitorsystemen eine globale Zeitbasis: McDowell und Helmbold beklagen dies in ihrem Übersichtsartikel über verteiltes Debugging und Monitoring [MH89]. Zwar verfügt keines der von ihnen untersuchten Systeme über eine solche globale Zeitbasis, aber mehrere gehen von der Voraussetzung aus, die Zeitstempel seien genau genug, um Kausalaussagen treffen zu können.

Bei den in Abschnitt 2.3.1 angesprochenen Monitorsystemen sind die Zeitstempel aufgrund des zentralisierten Aufbaus mit einer einzigen Uhr automatisch global. Allerdings werden sie dort nicht zur globalen Einordnung von Ereignissen benötigt, denn dies kann durch die Reihenfolge der Aufzeichnung erfolgen.

Die Forderung nach global gültigen Zeitstempeln bei verteilten Monitoren wird in mehreren Arbeiten aus jüngerer Zeit erfüllt. Die Mehrheit dieser Systeme bietet Monitoruhren mit einer Zeitauflösung, die den für sie vorgesehenen Einsatz beim Monitoring von Systemen mit Kommunikation über Send/Receive erlaubt [Hab88] (1 μs), [ESZ90] (8 μs), [BT89] (1 μs – 1 ms), [Hin86] (15 μs) und [K+89] (640 ns – 5120 ns). Ein Monitorsystem für Multiprozessoren wird in [MCNR90] beschrieben; es weist eine Zeitauflösung von 100 ns auf und erfüllt dadurch die in Abschnitt 2.1.1 hergeleiteten Ansprüche an die Zeitauflösung. Allerdings ist es durch seinen Aufbau auf räumlich benachbarte Multiprozessorsysteme beschränkt. Das im nächsten Kapitel beschriebene, universelle verteilte Monitorsystem ZM4 weist ebenfalls eine Zeitauflösung von 100 ns auf. Darüber hinaus verfügt es aber über einen fehlertoleranten Synchronisationsmechanismus, welcher die Korrektheit aller von ihm gebildeten Zeitstempel zu verifizieren erlaubt, und seine verteilte Architektur ermöglicht Messungen in räumlich verteilten Systemen ebenso wie an Multiprozessoren ([Hof93]).

Rechner mit dem Betriebssystem UNIX wiesen bis in die jüngste Zeit hinein nur eine Zeitauflösung von ca. 20 ms auf und tun dies zum Teil heute noch. Zudem ist die Differenz zwischen Uhren verschiedener Rechner nicht spezifiziert. Aus diesem Grund mußten Miller et al. auf lokale Zeitstempel zurückgreifen und globale Bezüge aus der Semantik der Kommunikationsbeziehungen herleiten [MMS86]. Daß auch ein Softwaremonitor Ereignisse mit Hilfe globaler Zeitstempel einordnen kann, wenn die Rechnerarchitektur die Voraussetzungen bietet, wird in [Qui89] dargelegt. Dort werden die Ereignisspuren von einem Dreiprozessor-UNIX-System anhand der Zeitstempel aus einer globalen Uhr mit $G = 1 \mu s$ zu einer globalen Sicht vereinigt.

2.4 Folgerungen

Vergleicht man die vorgestellten Ordnungsmechanismen mit dem Ziel, ein Verfahren für ein universelles Monitorsystem zu finden, so ergibt sich folgendes Bild:

- Eine zentralistische Monitorarchitektur ist zwar in der Lage, die chronologische Halbordnung zu erzeugen. Ohne einen Mechanismus zur Erzeugung physikalischer Zeitstempel ist mit ihm keine Leistungsanalyse möglich.
- Skalare logische und physikalische Zeitstempel ermöglichen es, einer Ereignismenge die chronologische Halbordnung aufzuprägen. Damit können vermutete Kausalaussagen zwar widerlegt, aber nicht bewiesen werden.
- Vektorzeitstempel prägen einer Ereignismenge die kausale Halbordnung auf, welche die kausalen Abhängigkeiten unmittelbar angibt. Nachteilig

ist der Aufwand für Handhabung und Transport derselben, welcher das beobachtete System belastet.

- Logische Zeitstempel (skalar und vektoriell) weisen keinen Bezug zur Realzeit auf; sie sind damit für zeitliche Betrachtungen (Leistungsaussagen, Laufzeiten, usw.) ungeeignet.
- Ein universelles Monitorsystem muß aber sowohl Kausalaussagen als auch Leistungsaussagen unterstützen, wenn es in enggekoppelten Multiprozessoren ebenso wie in verteilten Systemen einsetzbar sein soll. Diese Dualität in der Betrachtung der Abläufe in einem Objektsystem läßt sich wie folgt erreichen:
  Ein zum Objektsystem externes Monitorsystem wird mit einer globalen Uhr ausgestattet, die den von ihr abgeleiteten Zeitstempeln eine so hohe Genauigkeit verleiht, daß alle Kommunikationsereignisse richtig eingeordnet werden können. Um die kausale Halbordnung über der Menge aller interessierenden Ereignisse in einem Objektsystem zu etablieren, bedarf es der Beobachtung der Kommunikationsereignisse. Sie stellen gewissermaßen das Gerüst dar, in das die restlichen Ereignisse eingefügt werden.

Verfügt man nun über alle Information, die zur Etablierung der kausalen Halbordnung nötig ist, so kann die im Abschnitt 2.2.3 hergeleitete Methode eingesetzt werden, welche Vor-, Nach- und Nebenbereich eines ausgewählten Ereignisses ermittelt. Als Alternative hierzu lassen sich Vektorzeitstempel im nachhinein erzeugen: Da alle Kommunikationsbeziehungen bekannt sind, genügt es, der Spur jedes Prozesses eine logische Vektoruhr zuzuordnen und bei internen bzw. Kommunikationsereignissen wie in Abschnitt 2.3.3 zu verfahren.

Beide Analysemethoden liefern auch dann noch korrekte Ergebnisse, wenn nicht alle Kommunikationsbeziehungen bekannt sind. Allerdings ist die Vollständigkeit der Kausalaussagen nicht mehr auf alle Ereignisse insgesamt bezogen, sondern auf das analysierte Beziehungsgeflecht. Dadurch können kausale Wirksamkeiten verborgen bleiben. Die Wirkung dieses Verbergens ist gerade die gegenteilige wie bei der chronologischen Halbordnung, welche nur die Nichtexistenz kausaler Wirksamkeiten beweist. Hier aber können auch nach dem Verbergen die verbleibenden Beziehungen zum Beweis der Existenz kausaler Abhängigkeiten herangezogen werden.

Damit lassen sich die bisherigen Ausführungen wie folgt zusammenfassen:

Die Analyse von Kausalbeziehungen in parallelen und verteilten Systemen kann über systeminterne Mechanismen (z.B. logische Vektorzeit) erfolgen. Systeminterne Mechanismen stellen aber eine zusätzliche Belastung dar. Ein externes Monitorsystem kann auf diese Belastung des Objektsystems verzichten. Es muß stattdessen über eine so genaue globale Uhr verfügen, daß es alle Kommunikationsereignisse in der richtigen Reihenfolge darstellen kann.

Literatur

[BT89] T. Bemmerl und T. Treml. Ein Monitorsystem zur verzögerungsfreien Überwachung von Multiprozessoren. In *Proc. 5. GI/ITG–Fachtagung Messung, Modellierung und Bewertung von Rechensystemen und Netzen, 26–28 Sept. 1988*, Seite 51–59, Braunschweig, 1989.

[DW91] G.J.W. van Dijk and A.J. van der Wal. Partial Ordering of Sychronization Events for Distributed Debugging in Tightly-coupled Multiprocessor Systems. In A. Bode, editor, *Distributed Memory Computing 2nd European Conference, EDMCC2, Munich, FRG, Proceedings*, LNCS 487, pages 100–109. Springer-Verlag, April 1991.

[ESZ90] O. Endriss, M. Steinbrunn, and M. Zitterbart. NETMON–II a monitoring tool for distributed and multiprocessor systems. In *Proceedings of the 4th International Conference on Data Communication and their Performance, Barcelona*, June 1990.

[Fid89] C.J. Fidge. Partial Orders for Parallel Debugging. *ACM SIGPLAN Notices*, 24(1):183–194, January 1989.

[Fid91] C.J. Fidge. Logical Time in Distributed Computing Systems. *IEEE COMPUTER*, pages 28–33, August 1991.

[Hab88] D. Haban. *The Distributed Test Methodology DTM*. PhD thesis, University of Kaiserslautern, FRG, 1988.

[Hin86] U. Hinrichsen. *Ein Monitor für ein autonomes Datenübertragungssystem*. Dissertation, TU Braunschweig, April 1986.

[HKL+88] R. Hofmann, R. Klar, N. Luttenberger, B. Mohr, and G. Werner. An Approach to Monitoring and Modeling of Multiprocessor and Multicomputer Systems. In T. Hasegawa et al., editors, *Int. Seminar on Performance of Distributed and Parallel Systems*, pages 91–110, Kyoto, 7–9 Dec. 1988.

[Hof93] R. Hofmann. *Gesicherte Zeitbezüge für die Leistungsanalyse in parallelen und verteilten Systemen*, Dissertation, Arbeitsberichte des IMMD (Informatik VII), Universität Erlangen-Nürnberg, 26(3). 1993.

[JLSU87] J. Joyce, G. Lomow, K. Slind, and B. Unger. Monitoring Distributed Systems. *ACM Transactions on Computer Systems*, 5(2):121–150, 1987.

[K+89] R. Kröger et al. The RelaX Concepts and Tools for Distributed Systems Evaluation. GMD-Studien 168, GMD, 1989.

[Kla81] R. Klar. Hardware Measurements and their Applicaton on Performance Evaluation in a Processor Array. *Computing*, Suppl.3:65–88, 1981.

[Lam78] L. Lamport. Time, Clocks, and the Ordering of Events in a Distributed System. *Communications of the ACM*, 21(7):558–565, July 1978.

[LR85] R. J. LeBlanc and Arnold D. Robbins. Event-Driven Monitoring of Distributed Programs. In *Int. Conf. on Distributed Computing*, pages 515–522, Denver, 1985.

[Mat89] F. Mattern. *Verteilte Basisalgorithmen*. Springer Verlag, IFB 226, Berlin, 1989.

[MCNR90] A. Mink, R. Carpenter, G. Nacht, and J. Roberts. Multiprocessor Performance–Measurement Instrumentation. *Computer*, 23(9):63–75, September 1990.

[MDRC87] A. Mink, J.M. Draper, J.W. Roberts, and R.J. Carpenter. Hardware–Assisted Multiprocessor Performance Measurement. In *Proceedings of the 12th International Symposium on Computer Performance Modeling, Measurement and Evaluation in Brussels,Belgium*. IFIP WG 7.3, December 7–9 1987.

[MH89] C.E. McDowell and D.P. Helmbold. Debugging Concurrent Programs. *ACM Computing Surveys*, 21(4):593–622, December 1989.

[Mit84] J. Mittelstraß, Hrsg. *Enzyklopädie Philosophie und Wissenschaftstheorie*, Band 2. Bibliographisches Institut, Mannheim et al., 1984.

[MMS86] B.P. Miller, C. Macrander, and S. Sechrest. A Distributed Programs Monitor for Berkeley UNIX. *Software – Practice and Experience*, 16(2):183–200, February 1986.

[MR90] A.D. Malony and D.A. Reed. A Hardware–Based Performance Monitor for the Intel iPSC/2 Hypercube. *ACM Comp. Architecture News*, 18(3):213–226, Sept. 1990.

[Qui89] A. Quick. Synchronisierte Software–Messungen zur Bewertung des dynamischen Verhaltens eines UNIX–Multiprozessor–Betriebssystems. In G. Stiege und J.S. Lie, Hrsg., *Messung, Modellierung und Bewertung von Rechensystemen und Netzen*, Seite 142–159, Braunschweig, September 1989. 5. GI/ITG–Fachtagung, Springer–Verlag, Berlin, IFB 218.

[TFC90] J.J.P. Tsai, K. Fang, and H. Chen. A Noninvasive Architecture to Monitor Real–Time Distributed Systems. *Computer*, 23(3):11–23, March 1990.

3 Monitoring verteilter und paralleler Rechensysteme

3.1 Pflichtenheft für Multiprozessormonitore

Der Bedarf, von monolithischen Monitorsystemen wegzugehen, ergab sich aus der Entwicklung der zu beobachtenden Rechner: Einerseits entstanden diverse Parallelrechner mit zwar geringer räumlicher Ausdehnung, aber zum Teil stattlicher Anzahl von identischen Prozessoren. Andererseits wurden viele Anwendungen über Netzwerke von eigenständigen Computern realisiert. Daraus resultiert die Forderung, Prozessoren in einem weiteren räumlichen Bereich beobachten zu können. Wenn sie erfüllt werden kann, erstreckt sich der Einsatzbereich eines Monitors auch auf verteilte Systeme, die aus lokalen Netzen (local area networks, LAN) beliebiger Art bestehen mit einer geographischen Ausdehnung von etwa einem Kilometer.

Für die nachfolgenden Betrachtungen genügt die einfachste Konfiguration eines lokalen Netzes bzw. parallelen Rechensystems, die aus einem Kommunikationsmedium und zwei angeschlossenen Knotenrechnern besteht.

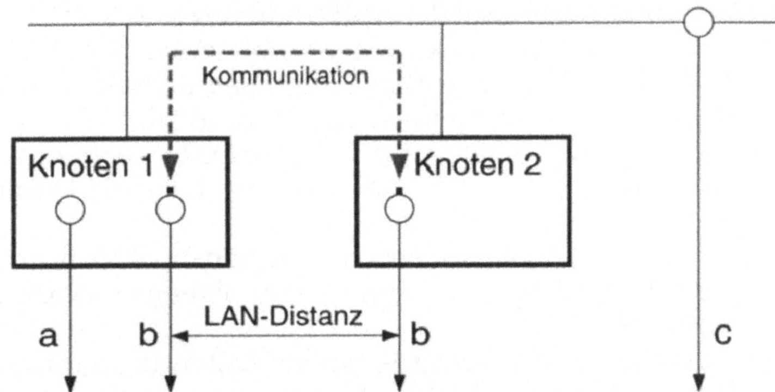

Abbildung 3.1: Idealtypische Konfiguration eines verteilten Systemes mit drei Typen von Meßstellen zur Beobachtung von a) Knoteninterna, b) Interknotenkommunikation, c) Netzaktivitäten

Die Abb. 3.1 zeigt neben der eher klassischen Beobachtung von Knoteninterna (a) oder Netzaktivitäten (c) die neue Fragestellung der gleichzeitigen Beobachtung kommunizierender Netzknoten (b) auf.

Die Leistung eines verteilten Rechensystems hängt ab von der Knoten- und Kommunikationshardware, und vor allem von der Knoten- und Kommunikationssoftware und ihrem dynamischen Wechselspiel. Daraus resultieren neue Forderungen an die Hardware eines Multiprozessormonitors. Mühevolle Erfahrungen mit immer wieder neuen Auswerteprogrammen für unterschiedliche Messungen verlangen aber auch nach einem neuen Konzept der Auswertesoftware. Moderner Monitorhardware und Auswertesoftware sind dieses und das nächste Kapitel gewidmet.

Im folgenden sind Forderungen an einen modernen Hardwaremonitor zur Beobachtung paralleler und verteilter Systeme in Form eines Pflichtenheftes zusammengefaßt. In diesem Pflichtenheft tauchen auch die Anforderungen an ein Auswertesystem zur Analyse der Ergebnisse solcher Messungen auf, da Messung und Auswertung als integrales Ganzes zu sehen sind. Zwingend zu erfüllende Forderungen werden darin als *fundamentale* und wünschenswerte als *pragmatische* bezeichnet.

Die zu beobachtenden Rechensysteme, gleich ob es sich um einzelne Rechner oder verteilte/parallele Rechensysteme handelt, sind das Objekt unseres Interesses und werden daher im folgenden als *Objektrechner* oder *Objektsystem* bezeichnet.

Fundamentale (f_i) und pragmatische (p_i) Forderungen an ein Monitoringverfahren zur Beobachtung paralleler und verteilter Rechensysteme:

f_1 Die Reihenfolge kausal wirksamer Ereignisse soll nicht nur bei Objektsystemen mit Kommunikation über Nachrichten (Verteilte Systeme) korrekt wiedergegeben werden, sondern auch bei solchen, die über gemeinsame Variablen kommunizieren (Parallelrechner).

f_2 Ebenso soll nicht nur für Objektsysteme mit einer gemeinsamen globalen Uhr die Reihenfolge kausaler Ereignisse korrekt wiedergegeben werden, sondern auch für Objekte ohne globale Uhr.

f_3 Aussagen über die Reihenfolge und Zeitabstände beobachteter Ereignisse sollen unabhängig von der räumlichen Lage der Objektknoten gesichert sein.

f_4 Die beobachteten Ereignisse sollen von zeitlich hochauflösenden Zeitstempeln begleitet sein, die auch sehr kleine Ereignisabstände zeitlich korrekt beschreiben.

f_5 Die Auswertewerkzeuge für Ereignisspuren sollen unabhängig vom gerade verwendeten Monitor, also unabhängig von speziellen Meß- oder Abspeicherungsformaten sein.

f_6 Die Auswertewerkzeuge für Ereignisspuren sollen nicht von dem zu beobachtenden Objekt abhängen, also objektunabhängig sein.

p_1 Die Hardware des Monitors soll soweit wie möglich aus universellen, käuflichen Komponenten bestehen; Spezialhardware ist zu vermeiden.

p_2 Die Auswertung von Ereignisspuren soll für eine Vielzahl unterschiedlicher Ergebnisdarstellungen möglich sein.

p_3 Die beobachteten Ereignisse und die vom Auswertesystem daraus abgeleiteten Ergebnisse sollen einleuchtend und verständlich interpretierbar sein, d.h. sie sollen dieselben problemorientierten Namen benutzen, die der Benutzer bereits vom Quellcode der beobachteten Programme her kennt.

Ein Monitorsystem, das diese Forderungen befriedigen soll, wird grundsätzlich eine Architektur haben, wie sie Abb. 3.2 darstellt. Für jeden zu beobachtenden Rechenknoten muß eine räumlich disponible Meßstation verfügbar sein, die eigenständig arbeitet (dezentrale Messung).

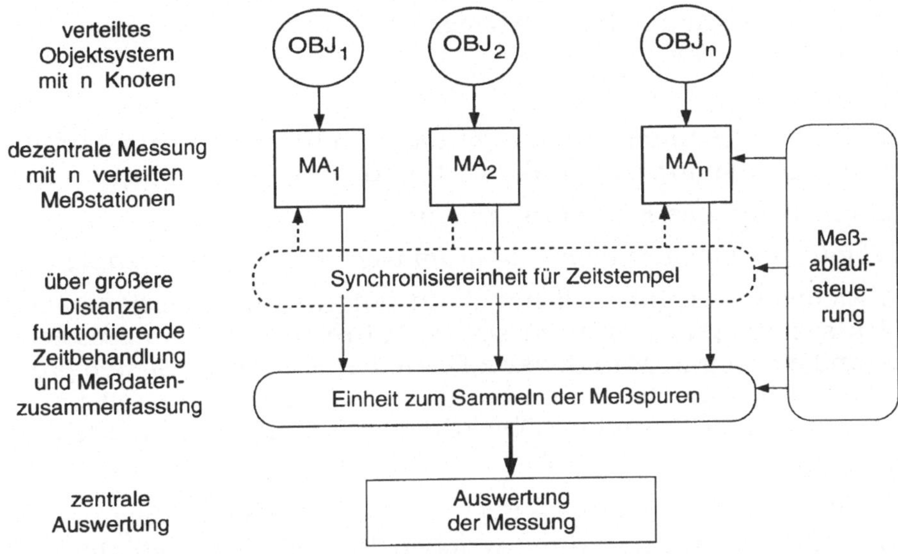

Abbildung 3.2: Architekturprinzipien verteilter Monitore

Mit rein dezentralen Architektureigenschaften kann es aber nicht sein Bewenden haben, weil wie in Kapitel 2 dargestellt, global gültige Aussagen über Reihenfolgen genauso nötig sind wie präzise Laufzeitangaben über Objektknotengrenzen hinweg. Daher muß die Monitorarchitektur auch zentrale Aspekte berücksichtigen was in Abb. 3.2 mit einer zentralen Zeitbehandlungs- und Auswerteeinheit zum Ausdruck kommt.

Offensichtlich bietet sich ein breites Spektrum von Realisierungsmöglichkeiten für diese Architekturprinzipien an. Um nicht unverbindlich zu bleiben, wird in den folgenden Abschnitten 3.3 bis 3.9 die Umsetzung dieser Prinzipien jeweils konkret am Beispiel eines weit verbreiteten und bewährten Hardwaremonitors illustriert.

Wegen der Bedeutung des Ereignisbegriffs für Monitoring, Modellierung und Integration sei jedoch zunächst dessen Definition in seinen in diesem Buches benutzten Variationen behandelt.

3.2 Ereignisdefinition

Komponenten eines Monitorsystems hängen bereits in ihrer Konzeption davon ab, welcher Art die Ereignisse sind, die per Hardware erfaßt werden sollen. Dies wird an folgender Hierarchie von Ereignisdefinitionen deutlich:

Definition: Elementarereignis

Elementarereignis ::= Bitmuster + Gültigkeitsinformation G

Man denke z.B. an Beginn/Ende eines Prozesses, Ankunft einer Nachricht, Eintritt in einen Speicherbereich, cache-miss. Das Bitmuster kann sowohl aus originären Hardwaresignalen bestehen als auch von der Software initiiert sein.

Erfassung:

Der Hardwaremonitor übernimmt das Bitmuster zu dem Zeitpunkt, wo die Gültigkeitsinformation aktiviert wird.

Definition: Bedingtes Elementarereignis

Bedingtes Elementarereignis ::= (Bitmuster + G) $\wedge$ Nebenbedingung N

Ein Elementarereignis soll nur dann aufgezeichnet werden, wenn das Objektsystem zum Zeitpunkt seines Auftretens einen interessierenden Zustand einnimmt. Man denke z.B. an den *Start eines Systemprozesses* in einem Objektknoten 1, der nur dann aufzuzeichnen ist, wenn gleichzeitig ein zweiter Prozeß im Objektknoten 2 im Zustand *wartend* ist.

Erfassung:

Hier gibt es drei wesentliche Erfassungsmöglichkeiten. Sie unterscheiden sich darin, wann und mit welchen Methoden die Bedingung erfüllt wird.

1. Reine Hardwareerfassung setzt voraus, daß die Nebenbedingung N per Hardware erkannt werden kann. Ist sie nicht erfüllt, wird das angebotene Bitmuster gar nicht erst aufgezeichnet. Aus G und Nebenbedingung N entsteht also eine neue Gültigkeitsinformation $G' = G \wedge N$. Mit G' wird die Erfassung analog zur Elementarereigniserfassung vorgenommen: *Bitmuster + G'*.
2. Per Software wird im Objektsystem N abgefragt und ein aufzuzeichnendes Bitmuster nur dann an die Meßschnittstelle geschickt, wenn die Nebenbedingung erfüllt ist.

   $$\text{if } N \textbf{ then } (Bitmuster + G) \textbf{ to } Schnittstelle$$

3. Ohne Überprüfung der Nebenbedingung werden alle Elementarereignisse zusammen mit dem jeweiligen Wert der Nebenbedingung per Hardware erfaßt. Die Nebenbedingung wird allerdings bei einer nachträglichen Auswertung überprüft und dann alle die Nebenbedingungen nicht erfüllenden Elementarereignisse aus der Spur eliminiert bzw. beim Spurzugriff übersprungen.

Definition: Ereignis höherer Ordnung

Ereignis höherer Ordnung ::= Sequenz von Elementarereignissen

Elementarereignisse weisen eine relativ geringe Informationsdichte auf oder haben ohne den Kontext, in dem sie auftreten, wenig Aussagekraft.

Ihr Auftreten in einer gewissen Abfolge kann jedoch oft interessante Aufschlüsse geben. Interessiert man sich dafür, dann muß eine solche Abfolge von Elementarereignissen erkannt und bei ihrem Eintreten als *ein* Ereignis höherer Ordnung gewertet werden.

Dies ist z.B. der Fall, wenn man feststellen möchte, ob drei Speicherbereiche S_1, S_2, S_3 genau in der Folge $S_1 \rightarrow S_2 \rightarrow S_3$ betreten werden. Ein anderes Beispiel ist ein Algorithmus, der verschiedene Wege zu einem Rechenabschnitt eröffnet. Nur wenn dieser auf einem interessierenden Wege erreicht wird, liege ein relevantes Ereignis vor.

Erfassung:

Es existieren grundsätzlich auch hier die eben genannten drei Erfassungsmöglichkeiten: Wegen des Hardwareaufwandes scheidet 1) weitgehend aus.[15] Wegen des zeitlichen Aufwandes einer permanent im Objekt mitlaufenden Softwareüberwachung der Elementarereignisse dürfte in der Regel auch 2) ausfallen und zumeist der Weg 3) einer nachträglichen Analyse der Elementarereignisse in den Ereignisspuren übrigbleiben.

Zur Unterstützung des Beobachters bei der Analyse der Elementarereignisspur bietet z.B. die Auswerteumgebung SIMPLE das im Abschnitt 4.4.3 behandelte Werkzeug FACT[16] an. Dieses Analysewerkzeug ist zum einen in der Lage, interessierende Ereignisse herauszufiltern, es kann aber die Elementarereignisspur auch im Sinne einer Clusteringanalyse auf interessierende Sequenzen von Elementarereignissen hin durchsuchen.

3.3 Architektur des Monitorsystems ZM4

Eine Verwirklichung der in Abb. 3.2 gezeigten Konzeption ist ein an der Universität Erlangen-Nürnberg entwickelter Hardwaremonitor. Als vierte Generation einer für Forschungszwecke seit den 70er Jahren entwickelten Reihe von Hardwaremonitoren, die *Zählmonitor* genannt waren, kam der 1987 enstandene verteilte Hardwaremonitor zu der Bezeichnung ZM4 [HKLM87]. Er realisiert die dezentralen Aspekte mit einer beliebigen Zahl von PCs, die durch Zusatzhardware zu Meßstationen werden, und die zentralen mit einem Ethernet (Daten) bzw. Zweidrahtnetz (Takt).

Betrachten wir zunächst, wie das Monitorsystem ZM4 die eingangs gestellten Forderungen f_1, f_2, f_3 und f_4 erfüllt und die Architekturprinzipien von Abb. 3.2 verwirklicht. Die Architektur des ZM4 lehnt sich bewußt an Architekturprinzipien der zu beobachtenden Objektknoten der verteilten Rechensysteme insoweit an, als sie ebenfalls über verteilte Knoten verfügt, die Meßstationen. In Anlehnung an Burkhart/Millen [BM86, BM88, BM89] werden die Meßstationen *Monitoragenten* genannt.

---

15 Hardwareerfassung ist aber durchaus möglich. Eine komplexe, per Hardware vorgenommene Erkennung von Elementarereignissequenzen hat Luttenberger 1989 entwickelt, um verkettete Adreßsequenzen zu erkennen (CRAC: Chained Reference Address Comparator) [Lut89].

16 *Find Activities*.

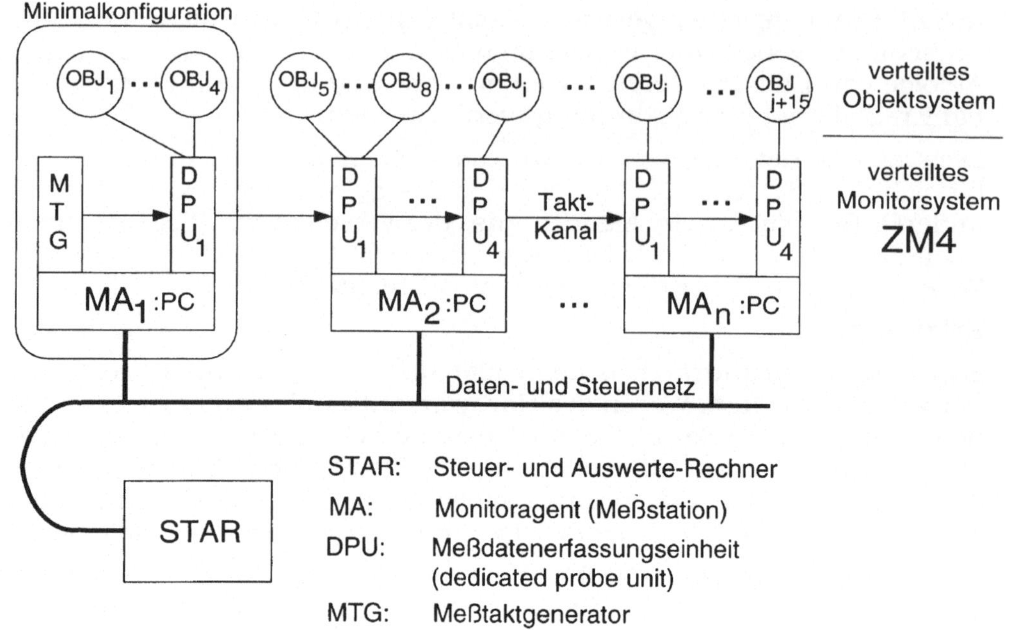

Abbildung 3.3: Architektur des verteilten Monitors ZM4

Die Abb. 3.3 zeigt eine Master/Slave-Konfiguration. Der Steuer- und Auswerterechner STAR ist der Master, an den über ein Daten- und Steuernetz (als Slaves) eine beliebige Zahl von Monitoragenten MA angeschlossen ist (f_3). Der Forderung (p_1) folgend sind diese Komponenten weitgehend käufliche Standardprodukte. STAR ist ein beliebiges UNIX-System. Ein Ethernet mit TCP/IP dient als Daten- und Steuernetz, und die Monitoragenten stützen sich auf AT-kompatible PCs.

Zu einem Hardwaremonitor wird diese Konfiguration durch die zwei Komponenten DPU und MTG, sowie durch den Taktkanal. Die DPUs (Dedicated Probe Unit) haben die Aufgabe, in den vom Objektsystem angebotenen Signalen die Ereignisse zu erkennen, sie mit einem *globalen* Zeitstempel zu versehen (f_4) und zwischenzupuffern. Aus pragmatischen Gründen sind die DPUs so ausgeführt, daß jede von ihnen an bis zu vier Objektknoten gleichzeitig messen kann, in Abb. 3.3 angedeutet durch OBJ_1, ... , OBJ_4. Dies erspart für kleine Systemkonfigurationen den Einsatz der im folgenden besprochenen Synchronisationseinrichtung, da die Zeitstempel einer einzigen Uhr natürlich stets global sind.

Der Meßtaktgenerator MTG kommt in jeder ZM4-Konfiguration genau einmal vor und liefert über den Taktkanal an alle Monitoragenten den globalen Meßtakt MT, einen 100 kHz Synchronisiertakt (f_1, f_2, f_3). MT wird dort an die lokalen Uhren in den DPUs geführt. Durch Erweiterung eines handelsüblichen PC um bis zu vier DPUs und einen MTG wird dieser zu einem Meßgerät, zu einem Monitoragenten MA.

Das von ZM4 bei der Beobachtung von n Objektsystemen gelieferte Meßergebnis ist eine Menge von n kohärenten Ereignisspuren, die jeweils Ereignisse durch Ereigniskennung und Zeitstempel darstellen. Kohärent bedeutet in diesem Zusammenhang, daß die aufgezeichneten Ereignisspuren die Reihenfolge kausal wirksamer Ereignisse korrekt wiedergeben (vgl. hierzu Kapitel 2).

3.4 Ereigniserkennung und -erfassung

Der in Monitoragent, Datenkanal und Steuer- und Auswerterechner bereits verwirklichte Wunsch, Spezialentwicklungen möglichst zu vermeiden, läßt sich bei einer Meßfühler- und Ereigniserkennungs- und -erfassungseinheit nur teilweise verwirklichen. Ursache dafür ist die Verschiedenartigkeit der interessierenden Objektsysteme hinsichtlich ihrer elektrischen und mechanischen Anschlüsse.

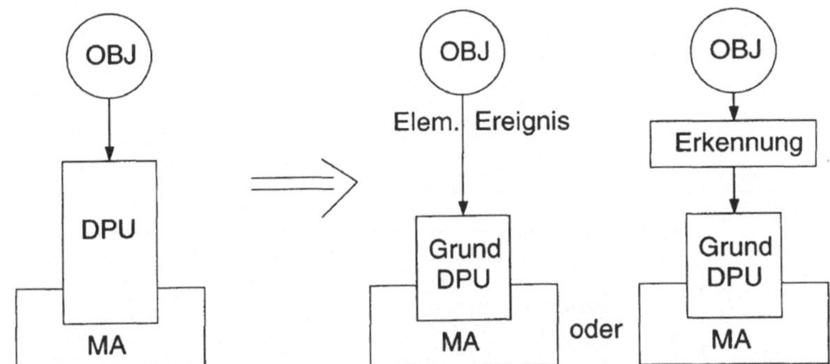

Abbildung 3.4: Funktionsaufteilung bei der DPU in Grund-DPU und spezielle Ereigniserkennungselektronik

Um dieser Verschiedenartigkeit Herr zu werden, muß man die Architektur des Monitorsystems so gestalten, daß Teile für immer wieder benötigte Aufgaben so konzipiert werden, daß sie einem breiten Anforderungsspektrum genügen. ZM4 ist wie folgt konzipiert:

1. Beschränkung auf die Erkennung von Elementarereignissen.
2. Trennung von Erfassungsfunktionen, die bei jedem Objekt benötigt werden, und von objektspezifischen, die jeweils nur zu einem Typ von Objekt passen.

Daraus resultiert eine “Grund-DPU”, die im folgenden als *Ereignisrecorder* bezeichnet wird, weil als generelle Erfassungsfunktionen die Ereignisaufzeichnung gewählt wurde. Diesem Ereignisrecorder kann eine objektspezifische Ereigniserkennungselektronik vorgeschaltet werden, siehe Abb. 3.4. Von der Beschaffenheit des Objektsystems hängt es dann ab, ob diese Erkennungseinheit einfach oder aufwendig ist; bei einer Vielzahl von gebräuchlichen Rechensystemen ist die Erkennungshardware allerdings sehr einfach zu realisieren (vgl. hierzu Abschnitt 3.7).

3.4.1 Ereignisrecorder als Grund-DPU

Der Ereignisrecorder dient der Erfassung von Ereignissen, die als solche bereits erkannt sind und als paralleles Bitmuster angeboten werden (Elementarereignisse). Realisiert ist er als Einsteckkarte für einen AT-kompatiblen PC. Die Struktur des Ereignisrecorders ist in Abb. 3.5 dargestellt; sie kombiniert einen objektseitigen (oben) und einen PC-seitigen Teil (unten) mit entsprechenden Schnittstellen, die über einen FIFO-Puffer gekoppelt sind.

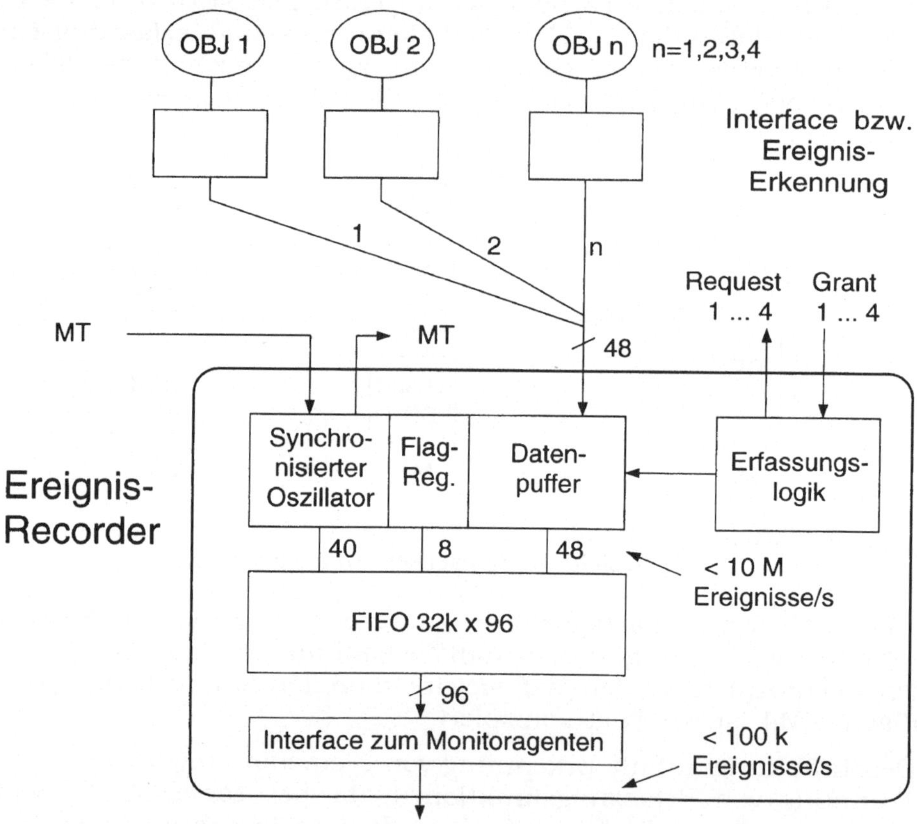

Abbildung 3.5: Struktur des Ereignisrecorders

Der objektseitige Teil des Ereignisrecorders umfaßt folgende Funktionsgruppen:

- *Synchronisation* des 10 MHz DPU-Oszillators durch den globalen Meßtakt MT.

- Erzeugung eines 40-Bit *Zeitstempels* in einem dem Oszillator (lokale Uhr) zugeordneten Zählregister. Diese Wortlänge ermöglicht eine Meßdauer von mehr als einem Tag.
- *Erfassungslogik*, die Ereignisse aus bis zu vier unabhängigen Ereignisströmen (mit Grant 1, ..., 4 / Request 1, ..., 4) in das 48-Bit Datenpufferregister einträgt.
- *Flagregister*. Es enthält Kennungen für die Ereignisströme und die Qualität des Zeitstempels bei jedem Ereignis.

Diese Schnittstelle kann eine Rate von 10 Millionen Ereignissen je Sekunde bewältigen. Für jedes Ereignis wird ein Ereignisrecord erzeugt, der in den FIFO-Puffer geschrieben wird und folgende Struktur hat:

```
E-Record[0:95] := t[0:39], Flag[40:47], Daten[48:95]
```

Die PC-seitige Schnittstelle hat die Aufgabe, die 96-Bit breiten E-Records so zu zerlegen, daß sie in 16-Bit Portionen an den PC des Monitoragenten weitergegeben werden können. Die Bandbreite dieser Schnittstelle beträgt ca. 100.000 Ereignisse/s, d.h. die Meßdaten können mit dieser Rate in den Speicher des Monitoragenten transferiert werden. Die Bandbreite der Festplattenschnittstelle liegt noch einmal etwa um eine Größenordnung darunter. Sollen also sehr lange Meßspuren aufgezeichnet werden, so muß die *durchschnittliche* Ereignisrate unter der Bandbreite der Festplattenschnittstelle liegen.

Weil die interessierenden Ereignisse zwar gelegentlich sehr schnell aufeinanderfolgen, aber die mittlere Ereignisrate zumindest bei Messungen, die der Analyse von Softwareabläufen dienen, meist wesentlich niedriger liegt, kann ein ausreichend großer Puffer für ununterbrochene Meßspuren sorgen. Für Hybridmessungen hätte es genügt, einen kleineren Zwischenpuffer vorzusehen; der ZM4 sollte aber auch in der Lage sein, kritische Ablaufabschnitte mit reinen Hardwaremessungen sehr detailliert, also mit hoher Ereignisdatenrate zu beobachten. Um auch im Bereich sehr hoher Ereignisraten zu aussagefähigen Ereignisspuren zu kommen, wurde eine Puffertiefe von 32000 Ereignissen realisiert.

Der Puffer wurde als FIFO-Speicher ausgebildet, weil ZM4 in der Lage sein soll,

- kontinuierlich zu messen,
- parallel zur Messung die im Puffer erfaßten Ereignisspuren auf die Platte des Monitoragenten zu schreiben und
- die Meßgeschwindigkeit völlig von der Schreibgeschwindigkeit auf die PC-Platte zu entkoppeln.

3.4.2 DPU-Steuersoftware

Messungen werden mit Hilfe der sog. *DPU-Steuersoftware*, welche unter MS-DOS abläuft, initiiert und durchgeführt. Diese Software hat die Aufgabe, eine gegebene ZM4-Konfiguration aus einer oder mehreren DPUs für eine Messung vorzubereiten und die Messung auszuführen bzw. zu steuern. Einzelheiten finden sich in der ZM4-Bedienungsanleitung [Hof90].

Um den Steuer- und Auswerterechner STAR nicht bei der Steuerung jeder Messung involvieren zu müssen, hat es sich als praktisch erwiesen, ihn normalerweise als Auswerterechner zu betreiben und die Messung von einem der Monitoragenten aus zu steuern. Die gewählte Vorgehensweise sieht vor, daß alle DPUs und damit alle Monitoragenten durch lokal gestartete Steuerprogramme oder durch einen vom STAR über das Daten- und Steuernetz veranlaßten Steuerprogrammstart für die Messung vorbereitet und in Alarmbereitschaft gesetzt werden. In diesem Zustand warten sie auf ein Startsignal, das der Meßtaktgenerator verschlüsselt im Taktsignal MT an alle DPUs sendet, vgl. auch Abschnitt 3.5.

Zur Meßablaufsteuerung stehen auf den Monitoragenten unter MS-DOS die Befehle `dpuarm`, `dpuread`, `mtgstart`, `mtgstop` zur Verfügung [Hof90]. Ihre Funktionalität ist wie folgt:

`dpuarm` initialisiert die zur Messung vorgesehenen Ereignisrecorder, indem es deren Puffer löscht, die Meßzeit auf 0 setzt, die Aufzeichnungsbreite festlegt und sie für das globale Startsignal scharf macht.

`dpuread` liest die aufgezeichneten Daten aus dem Ereignisrecorder und schreibt sie auf die lokale Platte des Monitoragenten.
Neben der Aufzeichnung der gesamten Spur kann es auch in einem Ringpuffer-Modus arbeiten. Dann werden nur die letzten k Ereignisse aufgezeichnet, wobei der Wert von k frei konfigurierbar ist.

`mtgstart` veranlaßt den MTG, das globale Startsignal auszusenden. Damit beginnen alle Ereignisrecorder, die vorher mit `dpuarm` initialisiert wurden, mit der Messung.

`mtgstop` veranlaßt den MTG, das globale Stopsignal zu generieren. Damit beenden alle Ereignisrecorder ihre Messung. Da `mtgstart` und `mtgstop` über die Meßtaktgeneratorkarte MTG auf die DPUs wirken, sind diese Befehle nur auf dem Monitoragenten sinnvoll, in dem die Meßtaktgeneratorkarte MTG steckt.

3.5 Globale Zeitstempel

3.5.1 Konzept: Meßtaktgenerator und DPU-Oszillatoren

Das Konzept einer globalen Uhr ist im Monitorsystem ZM4 so verwirklicht, daß jede DPU-Karte eine eigene (lokale) Uhr OSZ mit einem synchronisierten Quarz-Oszillator hat, aus der die Zeitstempel abgeleitet werden. Die lokalen Uhren erhalten zusätzlich von *einem* zentralen Meßtaktgenerator MTG Synchronisationsinformation, mit denen die lokalen Zeitstempel zu global gültigen werden. Dem Konzept liegen die folgenden Entwurfsziele zugrunde:

Entwurfsziele:

1. Ebene I: Gleichlauf
2. Ebene II: Gemeinsamer Bezugspunkt für alle lokalen Uhren
3. Verifikation der erzeugten Zeitstempel
4. Korrektur bei Störung

Die gewählte Lösung zur Befriedigung der Entwurfsziele ist in Abb. 3.6 dargestellt. Sie stützt sich darauf, daß der Meßtaktgenerator MTG ein manchestercodiertes Signal MT aussendet, das an alle lokalen Uhren OSZ geht und deren Quarzoszillatoren synchronisiert. Das erste Entwurfsziel wird mittels der (stabilen) MT-Frequenz über eine PLL-Schaltung (Phasenkoppelung, engl. *P*hase-*L*ock-*L*oop), die den Gleichlauf der lokalen Uhren sichert, erreicht. Die Entwurfsziele 2 bis 4 werden dadurch erreicht, daß die dafür nötige Information bitseriell verschlüsselt über den Meßtakt MT mit ausgesandt wird.

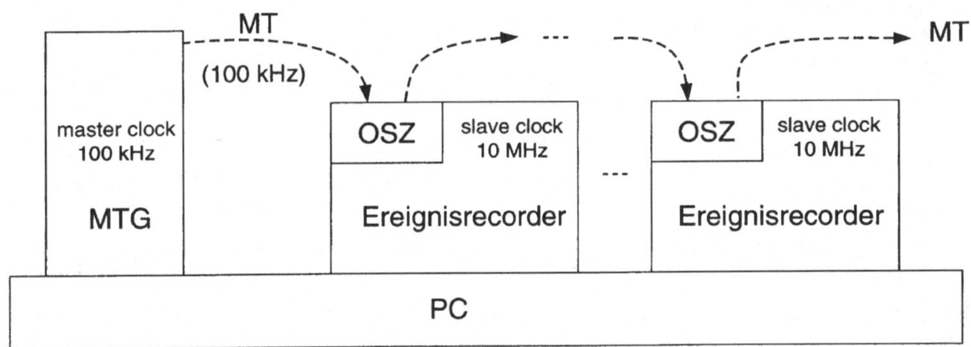

Abbildung 3.6: Struktur des globalen Taktkonzepts von ZM4

3.5.2 Manchester Code und seine Erzeugung

Der Manchester-Code ist ein serieller Code, der eine feste *Trägerfrequenz* f_T hat. Zusätzlich ist dieser Trägerfrequenz durch eine Phasencodierung eine *Zusatzinformation* überlagert. Der Manchester Code repräsentiert einen von einem halben Dutzend unterschiedlicher serieller Phasen-Codes, bzw. binärer Übertragungsformate. Er verwendet das sogenannte *Bi-Phase-Level*-Format. Im Bi-Phase-Level-Format ist die 1 durch den Übergang $1 \rightarrow 0$ und die 0 durch den Übergang $0 \rightarrow 1$ dargestellt.

Aus technischer Sicht angenehm ist die Tatsache, daß Trägerfrequenz f_T und Zusatzinformation sich bitseriell über *eine* Leitung (technisch als verdrillte Zweidrahtleitung verwirklicht) übertragen lassen und daß jede Bitzelle eine ganze Schwingung, d.h. einen Übergang zwischen den beiden Pegeln enthält. Also sichert jede Bitzelle die Übertragung von f_T. Nicht alle seriellen Phasen-Codes haben diese Eigenschaft. Besonders aus diesem

Grund wurde der Manchester Code für die Implementierung der globalen Zeit im Monitorsystem ZM4 ausgewählt.

Die Eigenschaften des verwendeten Manchester Codes seien mit dem in Abb. 3.7 dargestellten Beispiel erläutert. Dort ist gezeigt, wie ein für unsere Zwecke gewähltes 8-Bit-Token mit dem binären Wert `10111000` als Rechteckcode codiert wird. Der untere Teil der Abb. 3.7 hat nichts mit dem Manchester Code zu tun, er zeigt, in welche binäre Information der Pegelwechsel innerhalb einer Bitzelle umgesetzt wird.

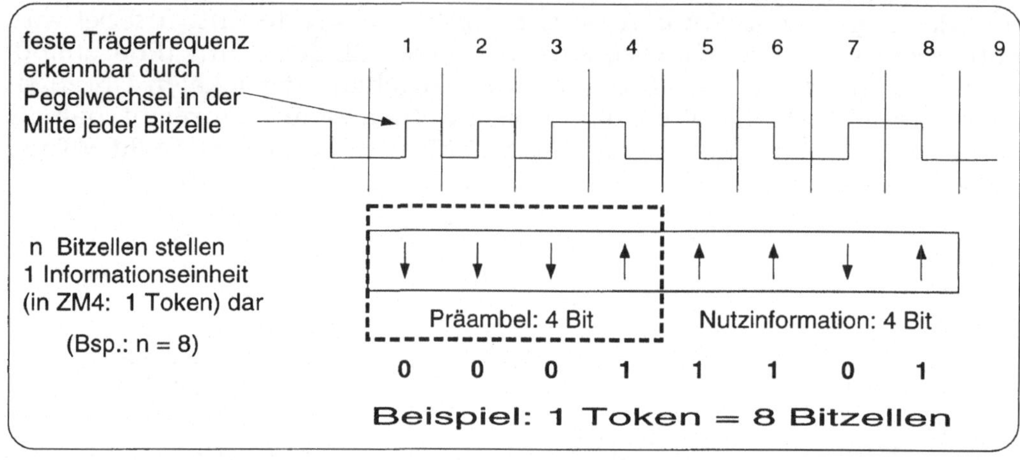

Abbildung 3.7: Struktur des globalen Taktkonzepts von ZM4

Mit den in Tab 3.1 dargestellten durch die Hardware des MTG definierten Token werden im ZM4 drei benötigte Kommandos, nämlich Start, Stop, und Sync_Event übertragen. Zu deren Implementierung reichen jedoch das Start-Token und das Stop-Token aus.

	1.Bit		*Schieberichtung <—*					*8. Bit*
Kommando	Präambel				Nutzinformation			
Start, Sync_Event	**0**	**0**	**0**	**1**	**1**	**1**	**0**	**0**
Stop	**0**	**0**	**0**	**1**	**0**	**0**	**0**	**0**
N.N.	0	0	0	1	0	1	1	0
N.N.	0	0	0	1	0	0	1	1
N.N.	0	0	0	1	1	1	1	1
Standard	**0**	**1**	**0**	**1**	**0**	**1**	**0**	**1**

Tabelle 3.1: 5 Implementierte Token des Manchestercodes.
Z.Z. verwendete Token: 'Start', 'Stop'. Defaultnachricht: 'Standard'

Das Kommando Sync_Event mit der Synchronisationsnachricht an die lokalen Uhren ist als eigenes Kommando entbehrlich, weil das nach erfolgtem Start der Messung in regelmäßigen Zeitabständen wiederholte Kommando `Start` genau die gewünschte Synchronisation erledigt.

Bezüglich der übertragenen Information jedoch gibt es einen Unterschied zwischen dem ersten Start-Token und den nachfolgend übertragenen: Das erste Start-Token überträgt die Meßzeit $t = 0$, die Wiederholungen aber beeinflussen die Meßzeit nicht mehr. Erst das Stop-Token hält die Uhr an und beendet die Messung.

Die Hardwarestruktur des Meßtaktgenerators ist in Abb. 3.8 gezeigt. In einem Schieberegister, das auch einen Paralleleingang hat, werden der Uhrtakt und die jeweils zu übertragenden Token zusammengeführt, um dann sequentiell in den Manchestercodierer eingespeist zu werden, der die bereits seriell angebotene Information manchestercodiert als MT aussendet.

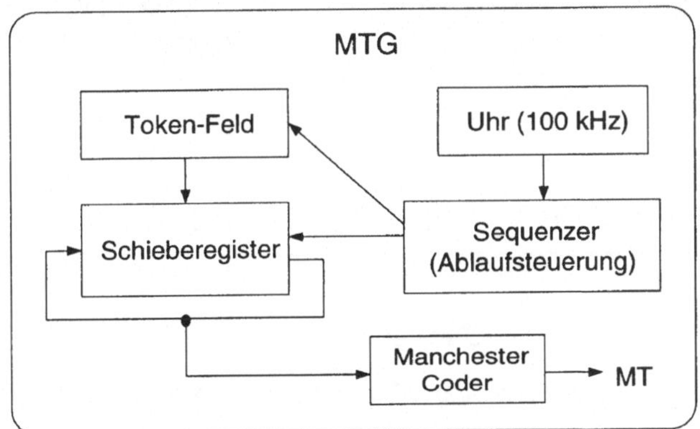

Abbildung 3.8: Hardwarestruktur des Meßtaktgenerators MTG (master clock)

3.5.3 Dezentrale Bildung globaler Zeitstempel

Wir wissen jetzt, wie der globale Takt MT auf der Meßtaktgeneratorkarte MTG erzeugt wird. Der größere elektronische Aufwand für die Bildung globaler Zeitstempel entsteht jedoch auf den Ereignisrecorder-Karten, in dem Teil "Synchronisierter Oszillator", das wir in Abb. 3.5 kennenlernten. Dessen Struktur zeigt die Abb. 3.9.

Der ankommende Takt MT wird in zwei Ebenen verwendet. Die Ebene I (links) besorgt den synchronisierten Gleichlauf, und die Ebene II übernimmt alle Steuerungs-, Korrektur- und Überprüfungsaufgaben.

Im fehlerfreien Fall *wird* ein Takt MT kommen. Die Separator-Überwachungseinheit erkennt dies und stellt fest, daß MT angekommen und gültig ist, aktiviert SYNC_AVAIL und verbindet den Ausgang des Phasenkomparators mit dem Eingang des PI-Reglers. In diesem Falle wird das aus dem lokalen Oszillator VCO[17] kommende 10 MHz-Signal nach

[17] *Voltage Controlled Oscillator.*

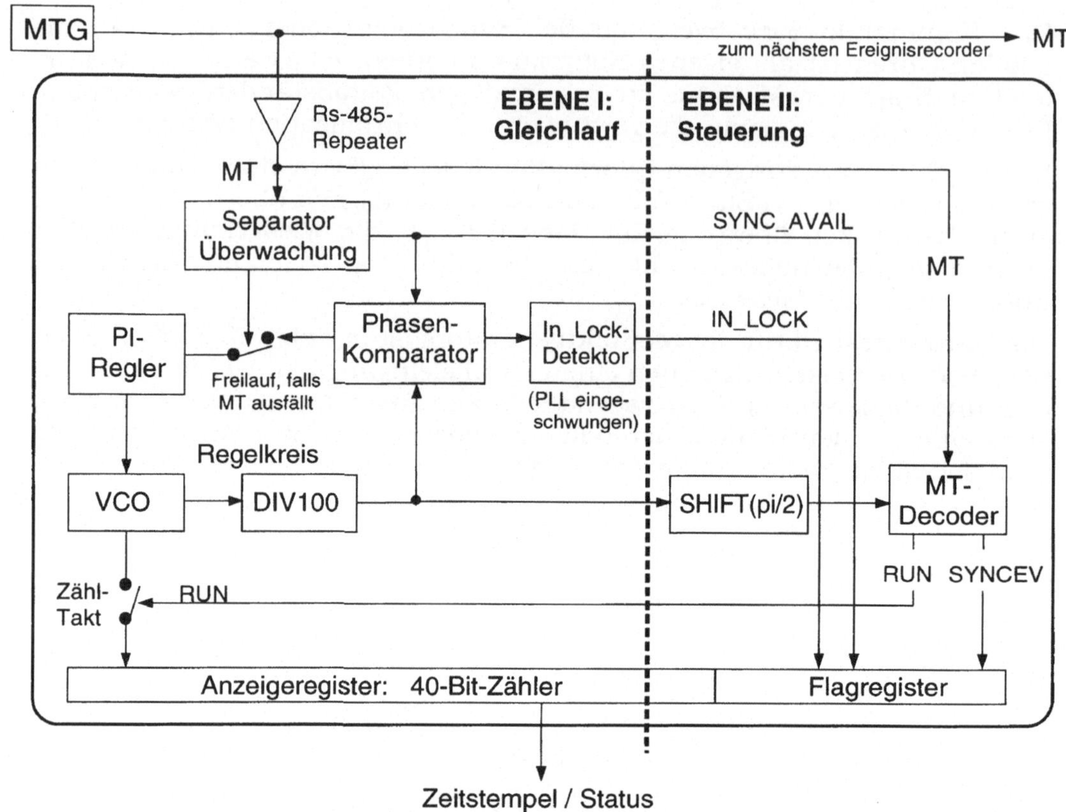

Abbildung 3.9: Struktur der lokalen Uhr OSZ (slave clock)

Division durch 100 in seiner Phasenlage mit dem 100 kHz-Takt MT verglichen und via PI-Regler so nachgeregelt, daß einer eventuell entstandenen Phasendifferenz entgegengewirkt wird[18]. Auf diese Weise entsteht der in Abb. 3.9 dick gezeichnete geschlossene Regelkreis.

Fehlt aber MT, dann legt die Separator/Überwachungseinheit den Schalter auf Freilauf und der quarzgesteuerte Oszillator VCO bildet den Zähltakt unbeeinflußt von MT. Da der offene Regelkreis ein System mit Gedächtnis darstellt, bleibt die Oszillatorfrequenz auf ihrem vor dem Ausfall eingestellten Wert. Nachdem dieser Wert aber vor dem Ausfall aufgrund des geschlossenen Regelkreises auf den Sollwert eingestellt wurde, läuft die lokale Uhr trotz des Ausfalls zuerst einmal mit der Geschwindigkeit aller anderen Uhren weiter. Erst wenn aufgrund von Drifterscheinungen in den Komponenten des offenen Regelkreises dieser Wert verändert wird, entsteht eine Abweichung dieser lokalen Uhr von den restlichen lokalen Uhren. Diese Abweichung aber kann mit Hilfe der Ebene II im Zuge der Auswertung quantifiziert und korrigiert werden.

18 Der Name VCO drückt aus, daß der PI-Regler die Frequenz des quarzgesteuerten Oszillators steuern kann.

3.5.4 Steuerung eines verteilten Meßablaufs

Gegeben sei eine Meßanordnung, wie sie in Abb. 3.10 skizziert ist: Vom Monitoragenten MA1 aus, in dem die Meßtaktgeneratorkarte MTG steckt, werde die Messung gesteuert. Die Messung selbst werde von zwei Ereignisrecordern DPU1 und DPU2 vorgenommen, die in einem anderen Monitoragenten MA2 stecken.

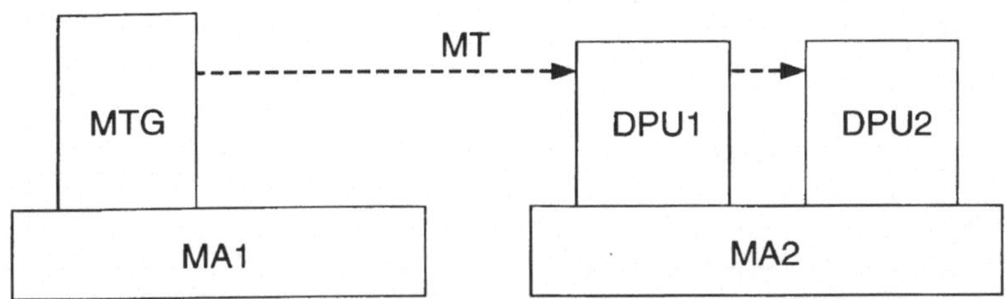

Abbildung 3.10: Meßanordnung aus zwei Monitoragenten, zwei Ereignisrecordern und einem Meßtaktgenerator

Im Gegensatz zu einer Messung mit einem zentralen, monolithischen Monitor, bei dem eine Messung einfach gestartet werden kann, bedarf die Durchführung einer Messung mit einem verteilten Monitor einer Vorgehensweise, die das Zusammenwirken mehrerer Komponenten koordiniert. Folgende Schritte sind hierzu nötig:

1. *Initialisierung:*

   Zuallererst müssen sowohl die Ereignisrecorder als auch der Meßtaktgenerator in eine passive Ausgangsstellung gebracht werden. Dies geschieht automatisch beim Einschalten der Versorgungsspannung und beim geordneten Beenden einer Messung. Wird eine Messung abgebrochen, so muß dies explizit geschehen, denn die Ereignisrecorder wissen nichts über ihre "Kollegen" (vgl. Abb. 3.11, Beginn der Vorbereitungsphase und am Ende).

2. *Vorbereitungsphase:*

   In der Vorbereitungsphase werden alle Ereignisrecorder mit Hilfe des Kommandos `dpuarm` "scharfgemacht", d.h. sie warten nun darauf, vom Start-Token des Meßtaktgenerators gestartet zu werden.

3. *Starten der Messung:*

   Der globale Start der Messung erfolgt durch den Meßtaktgenerator, welcher das Start-Token aussendet. Jeder initialisierte Ereignisrecorder startet daraufhin seine Uhr und ist aufnahmebereit für die Meßereignisse. Durch diesen globalen Start und die Herstellung des Gleichlaufs aller Uhren ist gewährleistet, daß die Ereignisse anhand ihrer globalen Zeitstempel eingeordnet werden können (Ende der Vorbereitungsphase in Abb. 3.11).

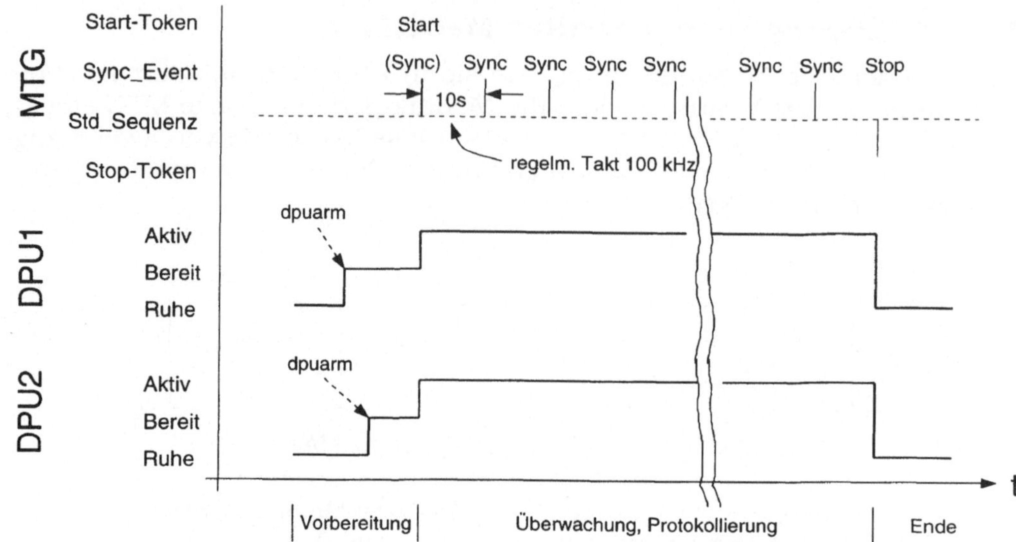

Abbildung 3.11: Meßablauf bei zwei Monitoragenten, zwei Ereignisrecordern und einem Meßtaktgenerator

4. *Starten der Applikation:*

   Erst nachdem der Monitor bereit ist, Ereignisse zu erfassen, kann die zu messende Applikation auf dem Objektsystem gestartet werden.

5. *Überwachung, Protokollierung der Messung:*

   Während der aktiven Phase der Messung, in der sowohl das Objektsystem als auch das Monitorsystem arbeiten, sendet der Meßtaktgenerator in regelmäßigen Zeitabständen (Standard: 10 Sekunden) ein Sync-Token aus. Der Empfang dieses Token wird vom Ereignisrecorder behandelt wie ein normales Ereignis und zusammen mit dem aktuellen Zeitstempel aufgezeichnet. Dieser Mechanismus ist der Schlüssel für die Verifikation von Zeitstempeln und nötigenfalls zu deren Korrektur: Aufgrund der festen und bekannten Intervallbreite ist nämlich der Sollwert des Zeitstempels bei solchen Ereignissen genauestens bekannt und kann daher als Vergleichskriterium herangezogen werden. Näheres hierzu findet sich in der Dissertation von Hofmann [Hof93].

5. *Beenden der Applikation:*

   Normalerweise endet die Applikation nach Erledigung ihrer Aufgabe, und die Messung kann danach beendet werden. Handelt es sich jedoch um ein reaktives System, also eines, das ständig aktiv ist und auf externe Einflüsse reagiert, so entfällt sowohl der Start als auch das Beenden der Applikation. In diesem Fall bedarf es besonderer Vorkehrungen, Beginn und Ende der Messung so zu legen, daß die interessierenden Ereignisse im Ablauf des Objektsystems auch tatsächlich erfaßt werden.

6. *Beenden der Messung:*

   Eine Messung wird gezielt global terminiert, indem man den Monitoragenten mit dem Meßtaktgenerator dazu veranlaßt, das Programm `mtgstop` auszuführen. Es bewirkt das Aussenden des Stop-Token seitens des MTG, was die Ereignisrecorder veranlaßt, die Aufnahme von Ereignissen einzustellen und die Uhren anzuhalten. Die Monitoragenten erfahren diese Situation über ihre Ereignisrecorder und schreiben die restlichen Meßdaten aus dem FIFO-Puffer auf ihre Festplatte. Erst danach werden die Ereignisrecorder in die passive Ausgangsstellung gebracht.

3.6 Schnittstellen

Während die bisher beschriebenen Teile des ZM4 für alle Messungen gleichermaßen eingesetzt werden können, da sie zentrale Aufgaben wahrnehmen, dienen Interfaces dazu, die allgemein gehaltene Schnittstelle des ZM4, respektive des Ereignisrecorders, an das Objektsystem anzupassen. Aus diesem Grund gibt es für Interfaces wohl gemeinsame Konstruktionsmerkmale, aber in der Regel ist dennoch für jedes neue Objektsystem ein neues Interface erforderlich. Steht dieses jedoch einmal zur Verfügung, so bewirkt es zusammen mit dem Ereignisrecorder letztlich das gleiche wie der Bau eines speziellen Monitorsystems für das betreffende Meßobjekt. Dies jedoch mit einem Bruchteil des Aufwands für die Entwicklung eines neuen Monitors.

Zur leichteren Einordnung der in diesem Abschnitt beschriebenen Interfaces sei eine funktionale Aufteilung in die vier beim ereignisgesteuerten Monitoring zu erledigenden Aufgaben A, B, C, D vorgenommen.

A Ereignisentstehung und -kennzeichnung im Objekt: Diese Aufgabe wird stets vom Objektsystem wahrgenommen, denn Ereignisse entstehen erst durch aktive Prozesse.

B Ereigniserkennung innerhalb/außerhalb des Objektes: Findet sie außerhalb des Objekts statt, spricht man von reinem Hardwaremonitoring. Wenn das Objekt dagegen an der Ereigniserkennung teilnimmt, spricht man von Hybridmonitoring. In diesem Fall bedarf es lediglich eines sog. *Hybridinterfaces*, welches Ereignisse i.a. nicht erkennen, sondern nur übernehmen muß.

C Kabel- und Schnittstellenanpassung an ZM4: Hier wird die elektrische und mechanische Adaption vorgenommen zwischen den Signalen auf Steckverbindungen und anderen Abgriffspunkten des Objektsystems zu den Steckern des Ereignisrecorders.

D Ereignisaufzeichnung im ZM4: Hier ist wiederum von seiten des Interfaces nichts aktiv zu leisten. Es muß natürlich so konstruiert sein, daß die Anforderungen des Ereignisrecorders hinsichtlich des Zeitverhaltens der angelegten Signale erfüllt werden.

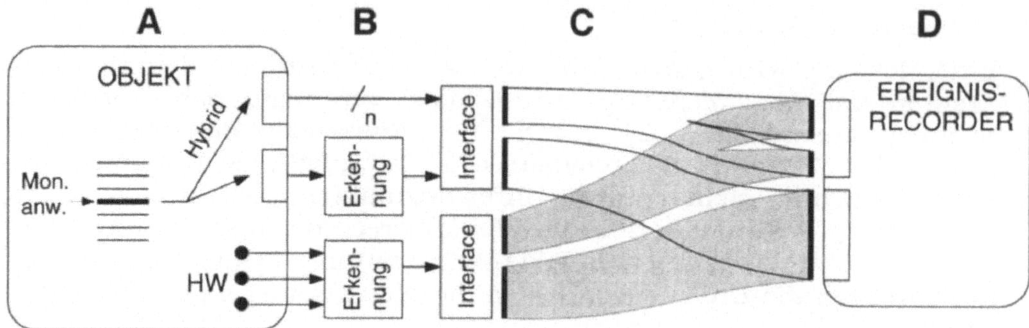

Abbildung 3.12: Aufgaben beim ereignisgesteuerten Monitoring mit ZM4

Es liegt nahe, daß es wegen der Fülle verschiedener Rechnerarchitekturen auch eine Vielzahl unterschiedlicher Interfaces gibt. Um einen Eindruck davon zu vermitteln, sind am Ende dieses Abschnitts in einer Tabelle exemplarisch die für den Hardwaremonitor ZM4 verfügbaren Interfaces angegeben, vgl.Tab. 3.2. Man beachte, daß die Tabelle bis auf das Einzelsignalinterface und das Videointerface ausschließlich Hybridinterfaces enthält, ein Zeichen für deren herausragende Bedeutung. Um die sehr unterschiedliche Struktur der jeweiligen Schnittstellen herauszuarbeiten, wollen wir hier eine Klassifizierung der Interfaces vornehmen und in den folgenden Abschnitten jeweils typische Vertreter jeder Klasse am Beispiel von ZM4-Interfaces etwas detaillierter beschreiben. Strebt man eine Klassifikation nach dem Schwierigkeitsgrad der zu lösenden Interfacing-Aufgabe an, so ergeben sich die folgenden Klassen, aufsteigend von einfachen bis zu komplizierten Interfaces:

Interfaces für Objektsysteme mit Parallelschnittstellen:

Hier liegt die einfachste Art der Ereigniserkennung vor, nämlich die durch Instrumentierung: Im Programmcode werden an interessierenden Stellen Monitoringanweisungen eingefügt (Software-Instrumentierung), die eine parallele Schnittstelle, z.B. die Druckerschnittstelle, ansprechen (vgl. Abschnitt 6.2). Der Monitor braucht nur noch die Ereigniskennung aufzuzeichnen, wenn das Meßobjekt diese mit einem Strobe-Signal als gültig erklärt.

Zu dieser Klasse von Interfaces zählen in Tab. 3.2 das Parallelinterface (Centronics), die Parallelschnittstelle von DIRMU, das Transputer-Link-Interface, die MEMSY-Meßschnittstelle, das Status-Display beim IBM-PC 7552 und die Centronics-Interfaces beim XENIX-PC.

Interfaces mit eigenem Adreßvergleicher:

Solche Interfaces hören den Adreß-/Datenbus sowie den Steuerbus des Meßobjekts ab. Sobald auf einen definierten Adreßbereich ein schreibender Zugriff auftritt, weiß das Interface, daß ein Ereignis eingetreten ist und zeichnet es auf. Die Instrumentierung erfolgt in derselben Weise wie bei den Interfaces für vorhandene Parallelschnittstellen.

System (BS)	Monitoring-Anweisung	Schnittstelle zum Monitor	Aufzeichnungsdauer	Aufzeichnungsbreite	Anmerkungen
Allgemeine Interfaces	keine, direkt per Hardware	Einzelsignal-interface	0,4 μs	8 bit	Erkennt einzelne Bits in der Hardware [CL92]
	Ausgabebefehl	Parallel-Interface (Centronics)	objektabhängig	8 bit	für beliebige Meßobjekte [Hof90]
	Ausgabebefehl	Objekt: V24 Interface: Serienparallel $8\times 1\text{bit}\rightarrow 1\text{Byte}$	4–10 μs	8 bit	für beliebige Meßobjekte
DIRMU (DIRMOS)	Ausgabebefehl (Modula-2)	parallele Schnittstelle	5 μs	16 bit	
Transputer T4xx/T800	Linkausgabe	Link	4 μs	8 bit	Relativ einfache Erkennungs-hardware; Problem ist die SW-Ansteuerung [OQM91]
	Prozedur "mon_out"	Link	220 μs	8 bit	
	Speicherzuweisung	Transputer-Prozessorbus	300 ns	48 bit	Aufwendige Erkennungs-hardware; sehr leistungsfähig
MEMSY	"mmessout (value)"	VME-Bus	4 μs	48 bit	Hybrid angesteuerte Schnittstelle
SUPRENUM-Knoten (PEACE)	Treiberaufruf	Spezielle Meßschnittstelle	120 μs	32 bit	Erkennungs-hardware mittlerer Komplexität [SH92]
IBM-PC 7552 (OS/2; MS-DOS)	Ausgabebefehl (Assembler)	Statusdisplay	3 μs	8 bit	
SIEMENS-Bestückungsautomat	Busausgabe	SMP-Bus	16 μs	8 bit	
PC-Netzwerk (XENIX)	Treiberaufruf	Centronics-Schnittstelle	680 μs	8 bit	
	Systemaufruf (C)	Centronics-Schnittstelle	360 μs	8 bit	
	Systemaufruf (Assembler)	Centronics-Schnittstelle	320 μs	8 bit	
SUN - SPARC	Treiber	VME-Bus-Interface	~ 200 μs	16 bit	
Video (BAS)	entfällt	Ausgangssignal einer Videokamera	entf.	8 bit	

Tabelle 3.2: Für den Hardwaremonitor ZM4 verfügbare Meßschnittstellen

Zu dieser Klasse gehören in Tab. 3.2 das Transputer-Bus-Interface, das SMP-Bus-Interface und das VME-Bus-Interface

Interfaces mit Ereigniserkennung: Hier ist es dem Interface nicht mehr möglich, die Ereigniskennung unmittelbar vom Objektsystem zu übernehmen. Vielmehr muß die Ereigniserkennung durch das Interface selbst erfolgen: Aus dem zeitlichen Verlauf der Signale im Objektsystem muß sowohl die jeweils korrekte Ereigniskennung ermittelt werden als auch ein Kriterium dafür, wann ein Ereignis eingetreten ist. Diese sehr schwierige Aufgabe kann auch vom Objektsystem etwas erleichtert werden, indem es bei einem Ereignis eine kodierte Information an den Monitor gibt.
Zu dieser Klasse gehören in Tab. 3.2 das V24-Interface, die SUPRENUM-Meßschnittstelle und das Video-Interface.

Die Verschiedenartigkeit der Meßobjekte erfordert also eine große Palette an verschiedenen Interfaces mit entsprechend verschiedenen Leistungen: Für den Hardwaremonitor ZM4 existierten mit Stand Ende 1994 die in der Tabelle 3.2 angegebenen Interfaces zur Entgegennahme von Ereigniskennungen und Meßattributen.

Die Bandbreite reicht von einem simplen Interface für Meßobjekte mit Parallelschnittstellen bis zu einem aufwendigen Interface mit Ereignisfilter für Multitransputersysteme. Die Aufzeichnungsdauer — sie ist meist identisch mit der Rückwirkung, d.h. der für die Signalisierung eines Ereignisses benötigten Zeitspanne, innerhalb dessen das Objektsystem keine Nutzarbeit verrichten kann — reicht von unter einer Mikrosekunde bis zu mehr als einer halben Millisekunde, abhängig davon, mit welcher Geschwindigkeit das Objektsystem in der Lage ist, Monitoringinformation über eine Schnittstelle nach außen zu geben.

3.7 Interfaces für Parallelschnittstellen

Die einfachste Form eines Interfaces besteht aus einer elektrischen und mechanischen Adaptierung der Signale am Stecker der Parallelschnittstelle des Meßobjekts an die passenden Signale an den Steckern des Ereignisrecorders. Sind die Signalpegel des Meßobjekts kompatibel mit denjenigen des Ereignisrecorders, dann beschränkt sich die Adaptierung auf die richtige Zuordnung von Steckerbelegungen an Meßobjekt und Ereignisrecorder.

Ein Ereignis wird bei solchen Parallel-Interfaces dadurch ausgelöst, daß die Software eine instrumentierte Stelle im Programmcode durchläuft. Die Instrumentierung gibt dabei eine eindeutige Ereigniskennung parallel auf der betreffenden Schnittstelle aus, welche vom Ereignisrecorder aktiviert durch ein Strobe-Signal an der Schnittstelle aufgezeichnet und mit einem Zeitstempel versehen wird.

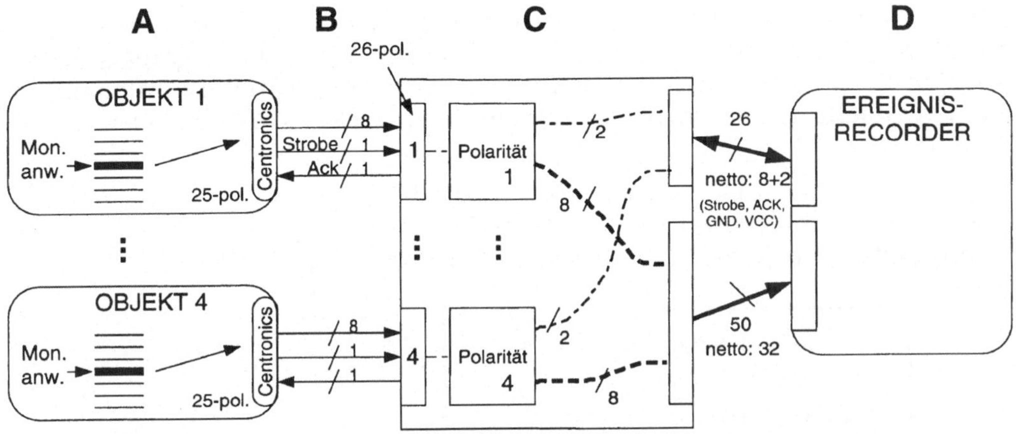

Abbildung 3.13: Aufteilung der Aufgaben beim Centronics-Interface

3.7.1 Das Parallel-Interface für Centronics

Für viele Objektsysteme (z.B. alle PCs) typische Parallel-Schnittstellen sind die Centronics-Drucker-Schnittstellen, die auf einigen Pins eines 25-poligen Steckers 8 Bit Nutzinformation anbieten. Zum Anschluß des ZM4 an derartige Schnittstellen wurde das hier dargestellte Parallel-Interface entwickelt.

Dieses Interface kann an maximal vier Centronics-Parallelschnittstellen im Objektsystem angeschlossen sein. Dort werden jeweils 8 Bit breite Ereigniskennungen sowie ein Gültigkeitssignal "Strobe"[19] angeboten. Der Monitor zeichnet die Ereigniskennung auf, sobald das Strobe-Signal durch die Ausführung der Instrumentierungsanweisung aktiviert wird.

Im Sinne der Struktur von Abb. 3.12 nimmt das Centronics-Parallel-Interface die in Abb. 3.13 dargestellte Gestalt an.

Stufe A: Der Ausgabebefehl schickt eine Ereigniskennung auf die Druckerschnittstelle.

Stufe B entfällt, da keine Erkennung mehr erforderlich ist: die interessierende Ereigniskennung liegt schon an der parallelen Druckerschnittstelle bereit.

Stufe C: Das Parallel-Interface übernimmt die max. 4 Ereigniskennungen zusammen mit 4 Strobe-Signalen. Es teilt diese von insgesamt bis zu 4 Objekten stammenden Signale auf in Strobe- und Datensignale und führt das Resultat auf zwei Ausgangsstecker, die schon die passende Anordnung für die korrespondierenden Stecker des Ereignisrecorders haben.

Stufe D ist der Ereignisrecorder selbst.

---

19 Die Bezeichnung "Strobe", also Abtastsignal, deutet an, daß zum Zeitpunkt seines Erscheinens die interessierenden Daten eingeschwungen sind und abgetastet werden können.

Abb. 3.14 zeigt das Centronics-Parallel-Interface in der Form, wie es sich dem Experimentator darstellt. Es übernimmt an vier Eingangssteckern von den 26-poligen Buchsenleisten vier 26-poliger Kabel die Information, die das Objekt auf einem 25-poligen Sub-D-Stecker von einer Centronics-Schnittstelle[20] aus liefert:

8 Bit Nutzinformation (Ereigniskennung)
je 1 Bit Strobe-Signal und ACK-Signal
je 8 Leitungen Masse (GND) und 5 Leitungen VCC

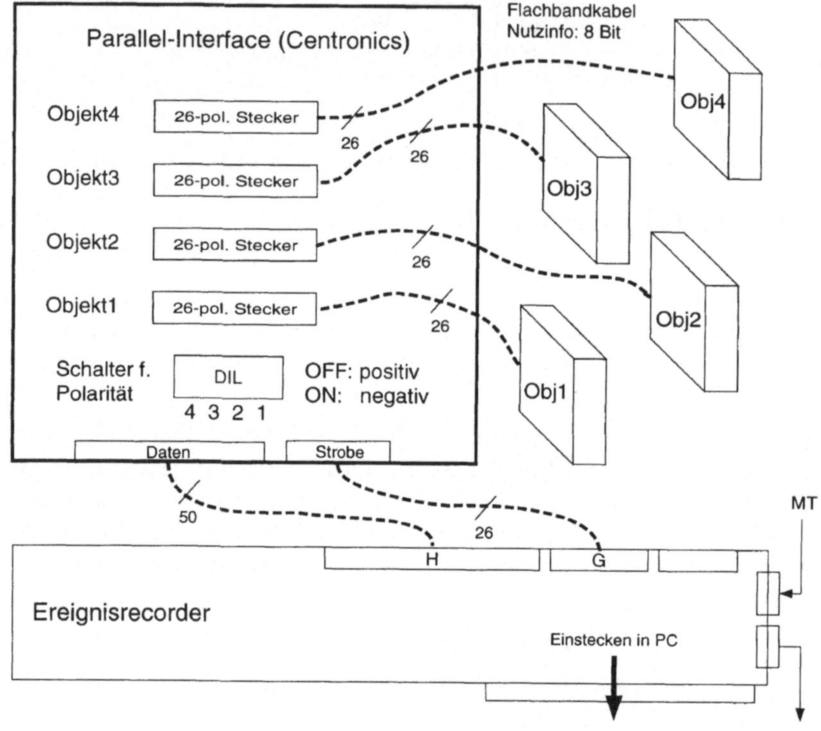

Abbildung 3.14: Parallel-Interface, verbunden mit vier Objektrechnern und mit einem Ereignisrecorder.

Für jeden der vier Eingangsstecker kann an je einem DIL-Schalter festgelegt werden, ob für das Strobe-Signal positive oder negative Logik gelten soll (bei Centronics: "negative Logik"). Die Ereigniskennungen werden nebeneinander in ein 32-Bit Register eingetragen und von dort an den Stecker H geführt, der über ein 50-poliges Kabel mit dem 48-Bit Datenpuffer auf dem Ereignisrecorder verbunden ist. Die Steuersignale zwischen Hybridinterface und Ereignisrecorder werden an den Stecker G geleitet und auf einem 26-Bit breiten Kabel übertragen.

[20] Oder mit einer anderen Kabelkonfektionierung auch von anderen Parallelschnittstellen aus.

3.7.2 MEMSY-Meßschnittstelle

Die MEMSY-Schnittstelle ist ein Beispiel einer im Objektsystem maßgeschneiderten Meßschnittstelle. Es handelt sich bei MEMSY[21] um die seltene Ausnahme einer meßfreundlichen Multiprozessorarchitektur, da schon in der Konzeptionsphase Hardware-Meßschnittstellen für Hybridmessungen vorgesehen wurden.

Exkurs zur MEMSY-Architektur: MEMSY unterscheidet sich von der Mehrzahl anderer Multiprozessor-Architekturen dadurch, daß zur Kommunikation nicht Nachrichten ausgetauscht werden, sondern daß zwischen Nachbarknoten über gemeinsame Variablen kommuniziert wird. Diese Kommunikation ist sehr schnell und macht so die Parallelisierung auch dann sinnvoll, wenn die parallelen Phasen zwischen zwei Kommunikationen relativ kurz sind. Der Geschwindigkeitsvorteil kann aber verloren gehen, wenn sehr weit entfernte Knoten über viele "Mittelsmänner" kommunizieren. Die Leistungsfähigkeit des MEMSY-Hardware- und Software-Systems kann mit den Hardware-Meßschnittstellen für Hybridmonitoring präzise ermittelt werden. Die Architektur eines MEMSY-Knotenrechners ist in Abb. 3.15 dargestellt [H+93]

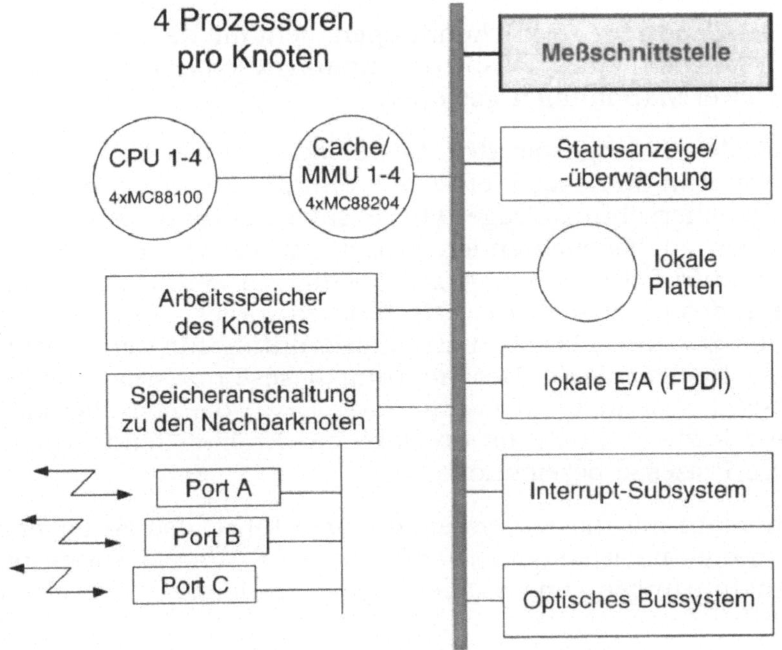

Abbildung 3.15: Architektur eines MEMSY-Knotens

21 *Modular Expandable Multiprocessor SYstem*

Software der MEMSY-Meßschnittstelle: Das Grundprinzip besteht darin, für jeden MEMSY-Knoten *genau eine Adresse* in einem Teil-Adreßraum, der nicht real als Speicherraum belegt ist, zu reservieren. Das Ansprechen dieser Adresse wird als hybride Ausgabe eines Ereignisses gewertet.

Die "Ereignisadresse" liegt geschützt im *Kernbereich* des Adreßraums und kann deshalb nur über einen Systemaufruf des Betriebssystems `MEMSOS` angesprochen werden.

Der Aufruf lautet `mmessout (value)`, wobei `value` ein 32-Bit-Wort ist. `mmessout (value)` ist so implementiert, daß nur einem Prozeß gleichzeitig die Ausgabe von Ereignissen erlaubt ist. Damit wird verhindert, daß versehentlich mehrere Prozesse ihre im allg. verschiedenen Ereignisinformationen ausgeben und dadurch die gemessene Ereignisspur wertlos machen. Müssen dennoch mehrere Prozesse derselben Applikation auf diese Schnittstelle zugreifen, ist dies leicht möglich, indem der erste Prozeß diese Schnittstelle öffnet. Alle von ihm mit Hilfe des `fork`-Systemaufrufs erzeugten Prozesse haben dann automatisch die Zugriffsberechtigung auf die Meßschnittstelle, da Sohn-Prozesse in `MEMSOS` die Ein-/Ausgabe-Softwareschnittstellen erben.

Beschleunigung der Monitoringanweisung

Um die Ausgabe der Ereigniskennungen nicht mit dem bei Systemaufrufen üblichen Aufwand eines kompletten Kontextwechsels zu belasten, wurden folgende zwei Maßnahmen getroffen:

1. Es wurde ein "abgespeckter" Systemaufruf in Assembler geschrieben, der nur etwa 50 Assemblerbefehle umfaßt und in rund 4 μs abläuft.
2. Die Speicherschutzabfrage wurde ganz herausgenommen und vorab für einen zu beobachtenden Prozeß mit einem generellen Öffnungs-Systemaufruf `mmessopen (pid)` erledigt. Dieser überprüft, ob eine Verletzung des gegenseitigen Ausschlusses vorliegt und reserviert die Erlaubnis zur Ausgabe einer Ereigniskennung für den entsprechenden Prozeß. Nach Ende der Beobachtung dieses Prozesses schließt ein zweiter Pseudosystemaufruf `mmessclose (pid)` die Zugriffserlaubnis. Man könnte letzteres auch als Freigabe der Ereigniskennungsausgabe für andere Prozesse bezeichnen.

Ein Meßablauf mit diesen Systemaufrufen führt also zu folgendem Meßablauf, in dem nach einem `mmessopen (pid)` eine Messung mit beliebig vielen Ausführungen von `mmessout (value)` folgt:

```
mmessopen (pid);
    mmessout (value);
     . . . .
    mmessout (value);
mmessclose (pid);
```

Hardware der MEMSY-Meßschnittstelle Die geschilderte Methode, durch Ansprechen einer ausgezeichneten Adresse ein 32-Bit-Wort in ein spezielles Register zu laden, das als Meßschnittstelle dient, stützt sich auf folgende Eigenschaften der Motorola-Prozessor-Architektur, die in MEMSY verwendet wird.
Ein Motorola-Prozessor läßt bis zu 4 Speicherplatinen zu, deren jede mit einem speziellen Ansteuersignal `SELECT i` ausgewählt wird, vgl. Abb. 3.16.

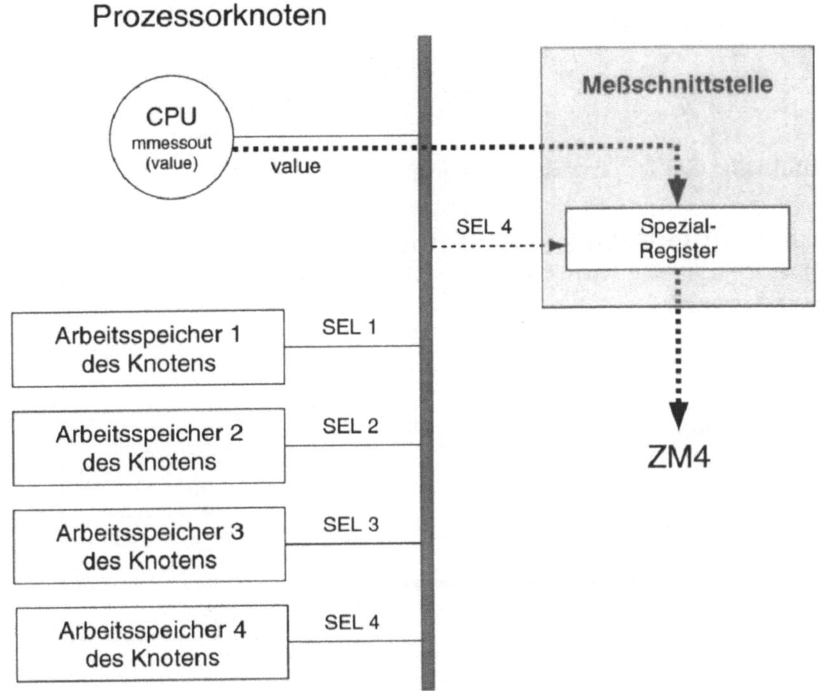

Abbildung 3.16: Für Monitoring modifizierte Motorola-Architektur

Der Motorola-Prozessor-Bus arbeitet mit insgesamt 7 SELECT-Signalen, davon dienen vier (SEL 1-4) der Auswahl von Hauptspeicher-Platinen. Im MEMSY-Knoten fehlt die Hauptspeicher-Platine 4, deshalb kann SEL 4 zur Anwahl des Meßregisters MD[0:31] genommen werden.

Das bei der Messung erforderliche SELECT-Signal SEL 4 entsteht automatisch, wenn mittels `mmessout(value)` der für die "Meßadresse" zuständige Adreß*bereich* angesprochen wird. Die Ereigniskennungsausgabe selbst erfolgt, wenn mittels `mmessout (value)` in die *spezielle Meßadresse* geschrieben wird. Der zeitliche Ablauf ist genau der genannte, erst kommt SEL 4, dann die Datenausgabe in das Register MD[0:31], vgl. Abb. 3.17.

Abschließend sei noch kurz auf die funktionale Strukturierung der MEMSY-Schnittstelle eingegangen, vgl. Abb. 3.18. Da sie für den Einsatz mit dem Hardwaremonitor ZM4 konzipiert wurde, überrascht es nicht,

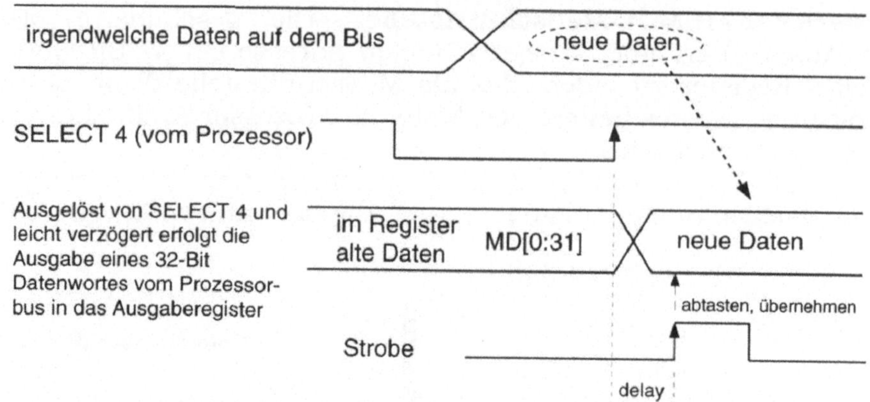

Abbildung 3.17: Timing der Signale an der MEMSY-Meßschnittstelle

daß hier die Stufe B ganz entfällt und die MEMSY-Schnittstelle unmittelbar über eine auf ein Kabel reduzierte Stufe C mit einem Ereignisrecorder (D) verbunden wird.

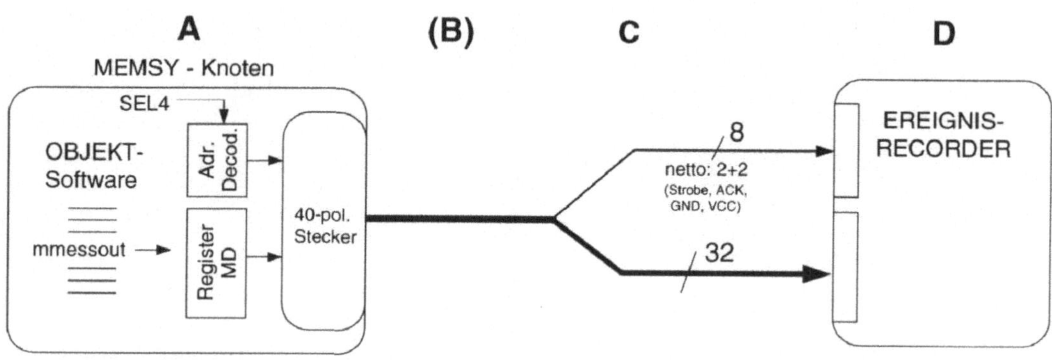

Abbildung 3.18: Aufteilung der Aufgaben an der MEMSY-Meßschnittstelle

3.8 Interfaces mit Adreßvergleich

Während Interfaces mit Adreßvergleich aus der Sicht des Objektsystems auf dieselbe Art angesprochen werden wie einfache Parallelschnittstellen, ist aus der Sicht des Monitors der Aufbau des Interfaces weit komplexer. Hier muß die Stufe **B** des Interfaces aus den Hardwaresignalen an einem Rückwandbus oder direkt an einem Prozessorbus die Ereignisinformation herausfiltern. In diesem Abschnitt wird zunächst ein noch vergleichsweise einfaches Interface für den weitverbreiteten VME-Bus und dann ein recht aufwendiges Interface für den Transputerbus mit einem integrierten Ereignisfilter näher untersucht.

3.8.1 Interface für VME-Bus

Das in Abb. 3.19 dargestellte Interface kann insofern als idealtypisch betrachtet werden, als es alle klassischen Aufgaben erfüllt, die an Interfaces mit eigenem Adreßvergleicher gestellt werden müssen: Es kann über eine feste physikalische Adresse von dem zu untersuchenden Prozeß durch das Schreiben einer Ereigniskennung angesprochen werden. Daraufhin speichert das Interface die Ereigniskennung in seinem Ausgaberegister ab und generiert ein Request-Signal, das dem Ereignisrecorder das Eintreten des Ereignisses mit der Ereigniskennung im Ausgaberegister anzeigt.

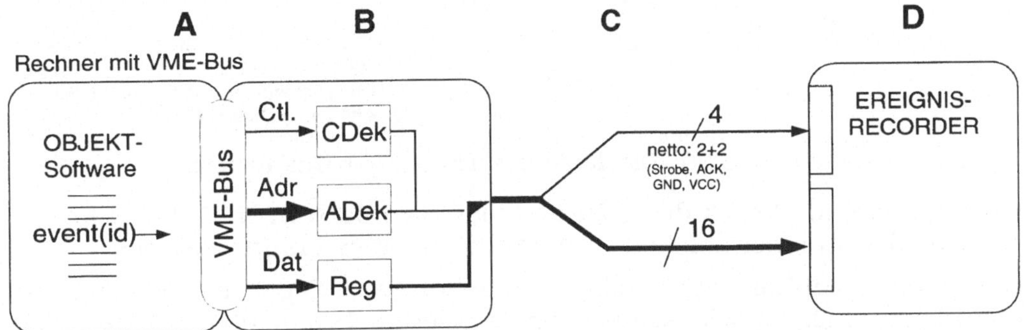

Abbildung 3.19: Aufteilung der Aufgaben beim Interface für VME-Bus

Der in Abb. 3.19 außerhalb des eigentlichen Meßobjekts extra herausgezeichnete Teil B entspricht in seiner Funktion der rechten Seite im Block A der Abb. 3.18. Der Unterschied besteht also im wesentlichen darin, daß die Aufgabe der Ereigniserkennung nun über die Analyse von Adreß- und Steuersignalen nicht mehr im Meßobjekt selbst erfolgt, sondern von der Elektronik im Interface übernommen werden muß. Anders ausgedrückt, der Aufbau des wesentlichen Teils der Interface-Elektronik entspricht genau dem Prinzip, wie es im Abschnitt 3.7.2 detailliert beschrieben wurde.

3.8.2 Transputer-Bus-Interface

Das Transputer-Bus-Interface ist ebenfalls ein Beispiel der häufig vorgeschlagenen Methode, Adreßbereiche, die nicht von Speicher belegt sind, für Meßzwecke zu verwenden. Das Transputer-Bus-Interface horcht auf dem Prozessorbus alle Adressen ab und liest die der Messung gewidmeten und die zugehörigen Daten.

Auf den ersten Blick läge es nahe, die vier Links eines Transputers (T414, T425, T800) als angenehme, leicht ansprechbare Schnittstelle für Messungen heranzuziehen. Zwei wesentliche Nachteile der Link-Schnittstelle verlangen es jedoch bei manchen Anwendungen, eine andere Meßschnittstelle zu entwickeln. Der *erste* Nachteil ist architektonisch bedingt. In regulären "rechteckigen" Feldern von Multitransputersystemen sind alle vier

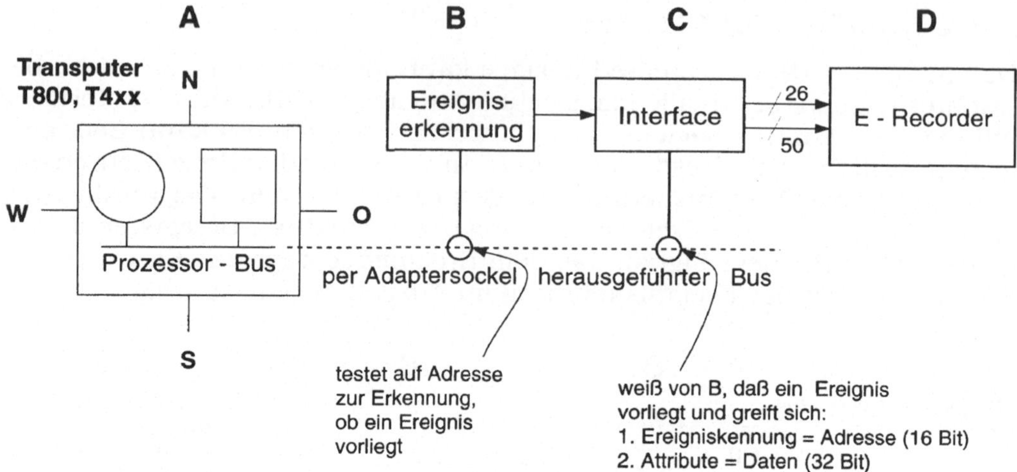

Abbildung 3.20: Blockbild des Transputer-Bus-Interface.

Links bereits als Verbindung zu den vier Nachbarn in N, S, W, O belegt, sie scheiden in einer solchen Architektur als Meßschnittstelle aus.

Der *zweite* Nachteil ergibt sich aus der Software. Die Ausgabe auf Links verursacht einen Prozeßwechsel, der den gerade beobachteten Prozeß verdrängt und damit das dynamische Ablaufverhalten aller Prozesse gegenüber dem nicht instrumentierten Programm ganz erheblich verändert. Will man das verhindern, entsteht erheblicher Software-Aufwand (Prozedur `mon_out` in Tab. 3.2) mit entsprechendem Zeitaufwand von 220 μs für die Ausgabe einer Ereigniskennung. Aus diesen Gründen wurden mit erheblichem Hardware-Aufwand ein *Zugriffsinterface* und ein *Hardware-Ereignisfilter* entwickelt.

Das Zugriffsinterface besteht aus einem Adaptersockel, der zwischen Platinensockel und den Transputerbaustein T800 gesteckt wird und der den externen Zugriff auf den Adreß-/Datenbus des Transputers T800 erlaubt.

Das Hardware-Ereignisfilter basiert darauf, nicht verwendete Speicheradressen als Ereigniskennung zu verwenden. Es liest alle Adressen und Daten auf dem Prozessorbus des Transputers und vergleicht sie mit jenen, die Ereignisse repräsentieren. Tritt eine einschlägige Adresse auf, wird sie zusammen mit dem nachfolgenden Datum an den Ereignisrecorder weitergegeben, vgl. Abb. 3.20. Das Adreßfeld umfaßt 16 Bit für die Ereigniskennung, und für Meßattribute stehen weitere 32 Bit im Datenfeld zur Verfügung.

3.9 Interfaces mit Ereigniserkennung

Interfaces, die mit Hilfe paralleler Schnittstellen im Objektsystem oder außerhalb desselben mit geringem bis moderatem Aufwand realisierbar sind, decken schon einen Großteil aller Meßanwendungen ab. Allerdings ist der Einsatzbereich eines universellen Monitorsystems keineswegs auf diese “meßfreundlichen” Hardware-Architekturen beschränkt. Zwei Beispiele für Interfaces, welche selbst Automaten enthalten, die das Zusammensetzen eines Ereignisses aus seinen Einzelteilen und die Ereignissignalisierung realisieren, sind Thema dieses Abschnittes.

Das zuerst behandelte Handshake-Interface für V24-Schnittstellen hat sogar die Eigenschaft, nahezu universell einsetzbar zu sein, da es die Adaption an eine in Rechnern fast immer vorhandene serielle Schnittstelle herstellt. Allerdings geschieht dies hier zur Reduktion des Meß-Overheads unter Umgehung des in der Schnittstelle eingebauten Parallel-Serienwandlers. Vielmehr werden zwei bei jeder korrekt implementierten V24-Schnittstelle vorhandene Handshake-Leitungen benutzt als Daten- und Taktleitung, die direkt vom Prozessor mit dessen maximaler Geschwindigkeit betrieben werden können.

Ein reizvolles Beispiel dafür, daß auch zunächst recht meßunfreundliche Rechensysteme mit einiger Raffinesse eine Meßschnittstelle bekommen können, stellt die SUPRENUM-Meßschnittstelle dar. Es setzt eine Folge der in 7 Leitungen verschlüsselt zu einer Siebensegmentanzeige geschickten Informationen in eine Folge von 16 Dreibit-Happen um, schreibt sie schrittweise in ein 48 Bit breites Register und signalisiert nach dem Empfang des letzten Happens dem Hardwaremonitor das 48 Bit breite Ereignis.

3.9.1 Handshake-Interface für V24-Schnittstellen

Serielle Schnittstellen nach dem V24-Standard sind bei fast jedem Rechner zu finden. Diese Eigenschaft macht sie grundsätzlich interessant für den Versuch, sie auch für Messungen als Medium für die Signalisierung von Ereignissen verfügbar zu machen. Der nächstliegende Weg führt jedoch zu meist unerträglich langen Zeiten für die Signalisierung eines Ereignisses: Eine Ereigniskennung mit einem Byte Breite bei einer Übertragungsrate von 9600 Bit/s über einen seriellen Schnittstellentreiber auszugeben, dauert allein für die Übertragung der 8 Datenbits und des Start- und Stop-Bits etwas mehr als eine Millisekunde. Hinzu kommt noch der durch den Schnittstellentreiber verursachte Overhead. Obwohl es Schnittstellenbausteine gibt, die bis etwa zur zehnfachen Übertragungsrate funktionieren, liegen doch folgende Probleme auf der Hand:

- Längst nicht jeder Schnittstellenbaustein ist zu solch einer Übertragungsrate in der Lage.
- Bei vielen Schnittstellen ist zwar der Kommunikationsbaustein zu dieser Übertragungsrate in der Lage, nicht aber der Taktgeber, von dem er seine Zeitreferenz bezieht.
- Auch die zehnfache Übertragungsrate ist noch erheblich zu langsam für viele Meßanwendungen.

Betrachtet man die Spezifikation von V24-Schnittstellen genauer, so stellt man fest, daß neben den Datenleitungen in Empfangs- und Senderichtung eine Reihe weiterer Leitungen vorhanden sind. Diese dienen zur Steuerung von Endgeräten bzw. Modems und als Statusinformation für den Rechner, der diese Schnittstelle benutzt. Für das Monitoring interessant sind offensichtlich solche Handshake-Signale, die zweckentfremdet zur Ausgabe von Meßinformation genutzt werden können.

Gelingt es, zwei Signale zu finden, die bei jeder V24-Schnittstelle vom Hauptprozessor beliebig gesetzt werden können, so besitzt man eine serielle Kommunikationsschnittstelle mit einem Datenbit und einem Taktbit. Diese beiden Bits können vom Hauptprozessor typischerweise jede Mikrosekunde ein neues Bit ausgeben. Daraus resultiert eine Ausgabezeit von 8 Mikrosekunden pro Ereignis — ein Wert, der um mehr als zwei Größenordnungen besser ist als der eingangs genannte von einer Millisekunde unter Verwendung des üblichen Parallel-Serienwandlers im Schnittstellenbaustein.

In der Tat gibt es solche Signale: *RTS* (Request to Send) und *DTR* (Data Terminal Ready) signalisieren normalerweise dem Kommunikationspartner den Sendewunsch bzw. die Empfangsbereitschaft. Diese beiden Signale sind bei allen den Autoren bekannten seriellen Schnittstellenbausteinen beliebig vom Prozessor setzbar, so daß sie einen universell verwendbaren Weg für die Ausgabe von Ereignissen beim Hybridmonitoring darstellen.

```
Taktbit = 0;
for ( count  =  0; count < 8; count++ ) {
    Datenbit =  LSB(Token);
    Taktbit  =  1;
    Taktbit  =  0;
    Token    =  Token SHR 1;
}
```

Abbildung 3.21: Pseudocode für serielle 8 Bit Ereignisausgabe

Verwendet man *RTS* als Taktbit und *DTR* als Datenbit, so kann man eine Ereigniskennung mit einem Byte Breite (`Token`) mit dem in Abb. 3.21 dargestellten Pseudocode seriell ausgeben: Dieser Einheitentreiber für die serielle Monitorschnittstelle setzt zuallererst die Taktleitung auf einen definierten Wert. Danach wird achtmal eine Schleife abgearbeitet, die das niedrigstwertige Bit der Ereigniskennung auf die Datenleitung legt, durch Setzen und wieder Rücksetzen der Taktleitung einen Taktimpuls erzeugt und dann am Schleifenende die Ereigniskennung um eine Stelle nach rechts schiebt. Dadurch entsteht auf der Taktleitung ein Rechtecksignal, das immer dann von 0 auf 1 geht, nachdem der Wert für ein neues Datenbit auf die Datenleitung gelegt wurde. Dieses Verhalten muß nun vom Interface umgesetzt werden in eine 1 Byte breite Ereigniskennung und ein Strobe-Signal, das genau dann aktiviert wird, wenn alle Bits der Ereigniskennung ausgegeben wurden.

Ein Interface, das diese Umsetzung bewerkstelligt, zeigt Abb. 3.22 in einem Blockbild. Man erkennt auf der linken Seite den V24-Pegelumsetzer, der zwar keine Bedeutung aus logischer Sicht hat, aber die Pegelverhältnisse einer V24-Schnittstelle[22] an die TTL-Pegel des ZM4 anpaßt. Das aus *RTS* gebildete Taktsignal *T* wird zum Schieberegister (SREG 8 bit) und zu einem Zähler geführt als Zeitreferenz. Bei jeder positiven Flanke im Signal *T* wird das auf der Datenleitung anliegende Signal *D* in die erste Stufe des Schieberegisters eingespeichert, und alle anderen Bits rutschen um eine Stufe nach rechts, bis die ursprünglich von der Software ausgegebene Ereigniskennung im Schieberegister steht. Genau dann hat auch der Zähler seinen Endstand erreicht, der Vergleicher erkennt dies und erzeugt das Strobe-Signal (`Event`) für den Ereignisrecorder.

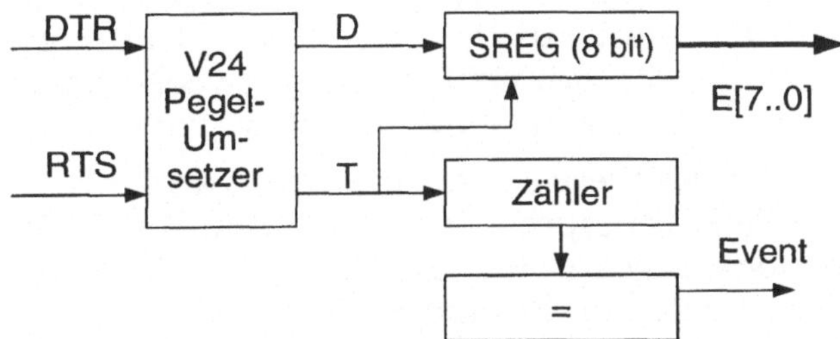

Abbildung 3.22: Blockbild des V24–Interface

Unabdingbare Voraussetzung für ein korrektes Funktionieren dieser Einheit aus Software im Meßobjekt und Hardware im Interface ist natürlich einmal eine korrekte Initialisierung des Interfaces (Zähler rücksetzen). Zum anderen muß sichergestellt sein, daß keine andere Einheit während des Monitorings auf die Handshake-Signale der seriellen Schnittstelle zugreift, da ein Verfälschen der Datenleitung fehlerhafte Ereigniskennungen erzeugt und ein Verfälschen der Taktleitung (zuviel oder zuwenig Takte) einen Verlust der Synchronisation zwischen Software und Interface bewirkt. Mit anderen Worten, die Ereignissignalisierung findet zwar immer noch nach acht Takten der Taktleitung statt; dieser Zeitpunkt ist aber nicht mehr identisch mit dem Ende einer Ereigniskennung, was zur Ausgabe einer fehlerhaften Ereigniskennung führt. Erwiesenermaßen bedeutet dies in der Praxis aber keine Einschränkung: man muß nur am Anfang der Messung auf ein korrektes Rücksetzen des Interfaces achten.

---

22 Für V24–Schnittstellen gilt ein Spannungsbereich von -12V – -3V als High-Pegel und ein solcher von +3V – +12V als Low-Pegel. Für Werte im Zwischenbereich ist das Verhalten der Schnittstellenbausteine nicht definiert, kann also beliebig sein.

3.9.2 SUPRENUM-Meßschnittstelle

Einen Beleg dafür, daß man zwischen ZM4 und einer Architektur, die man rundweg als meßfeindlich bezeichnen muß, eine Verbindung herstellen kann, bietet die SUPRENUM-Meßschnittstelle. Daß es sogar möglich ist, mit geringem Materialaufwand ein solches Interface herzustellen, ist unter anderem ein Verdienst der mittlerweile hoch entwickelten Technologie programmierbarer Logikbausteine, die es erlauben, sehr komplexe Ablaufsteuerungen und Codierungs-/Decodierungsaufgaben in einem einzigen Baustein zu realisieren.

SUPRENUM ist ein Superrechner für parallelisierte numerische Anwendungen mit 16 Prozessorclustern à 16 Prozessoren [Gil88, Pei88]. Seine Enstehungsgeschichte ist ungewöhnlich, weil er als kommerziell angebotenes Rechensystem ganz entscheidend von Hochschulen mitentwickelt wurde. Das hier dargestellte Meßinterface zwischen SUPRENUM und ZM4 wurde an der Universität Erlangen-Nürnberg entwickelt [SH92, SHW91].

Die Schwierigkeit lag darin, daß es a priori keine speziell für Messungen geeignete Schnittstelle in SUPRENUM gibt. Bei der Analyse möglicher Schnittstellen fiel die Wahl auf eine für Zustandsanzeigen vorgesehene Siebensegmentanzeige, die primär für Servicezwecke konzipiert ist, aber als Notinterface für Messungen "mißbraucht" werden kann.

Für Meßzwecke wird die Siebensegmentanzeige aus ihrem Stecker gelöst und stattdessen ein entsprechender dual-in-line-Meßfühlerbaustein in den Anzeigensockel gesteckt, vgl. Abb. 3.23. Da die maximal darstellbaren 16 verschiedenen Bitmuster nicht alle zur Ansteuerung der Siebensegmentanzeige, d.h. Zustandsanzeige, benötigt wurden, konnte ein unbelegtes 4-Bit-Bitmuster als Triggerwort T verwendet werden, das eine unmittelbar nachfolgende Meßinformation von 3 Bit ankündigt. Mit Hilfe dieses Triggerwortes wurde eine Meßschnittstelle geschaffen, die ein durch 48 Bit dargestelltes Ereignis bestehend aus einer 16-Bit Ereigniskennung e und einem 32-Bit Parameterfeld p in hybrider Meßtechnik wie folgt an den ZM4 schickt: Das 48-Bit-Wort wird in 16 Drei-Bit-Portionen m_0, m_1, ..., m_{15} zerlegt und als Sequenz von 16 Paaren Tm_0,Tm_1, ...,Tm_{15} ausgegeben. Dabei war sicherzustellen, daß nirgendwo sonst von dem Triggerwort T Gebrauch gemacht wird[23] und daß alle Paare Tm_μ eine *atomare Aktion* darstellen. Das heißt, daß zwischen T und m_μ keine andere Information an die Siebensegmentanzeige geschickt werden darf.

Die von der SUPRENUM GmbH in das Betriebssystem PEACE eingebrachte und auch den Anwendern zugängliche Instrumentierungsanweisung

```
hybrid_mon (e, p);
```

leistet für eine Ereigniskennung mit e = 16 Bit und für p = 32 Bit Meßparameter gerade die obige 16 x 3 Bit Zerlegung mit sequentieller Ausgabe.

[23] Dies festzustellen, ist eine nichttriviale Aufgabe, da es schwer ist, für ein komplexes Betriebssystem zu garantieren, daß dieses Bitmuster T niemals und nirgends verwendet wird.

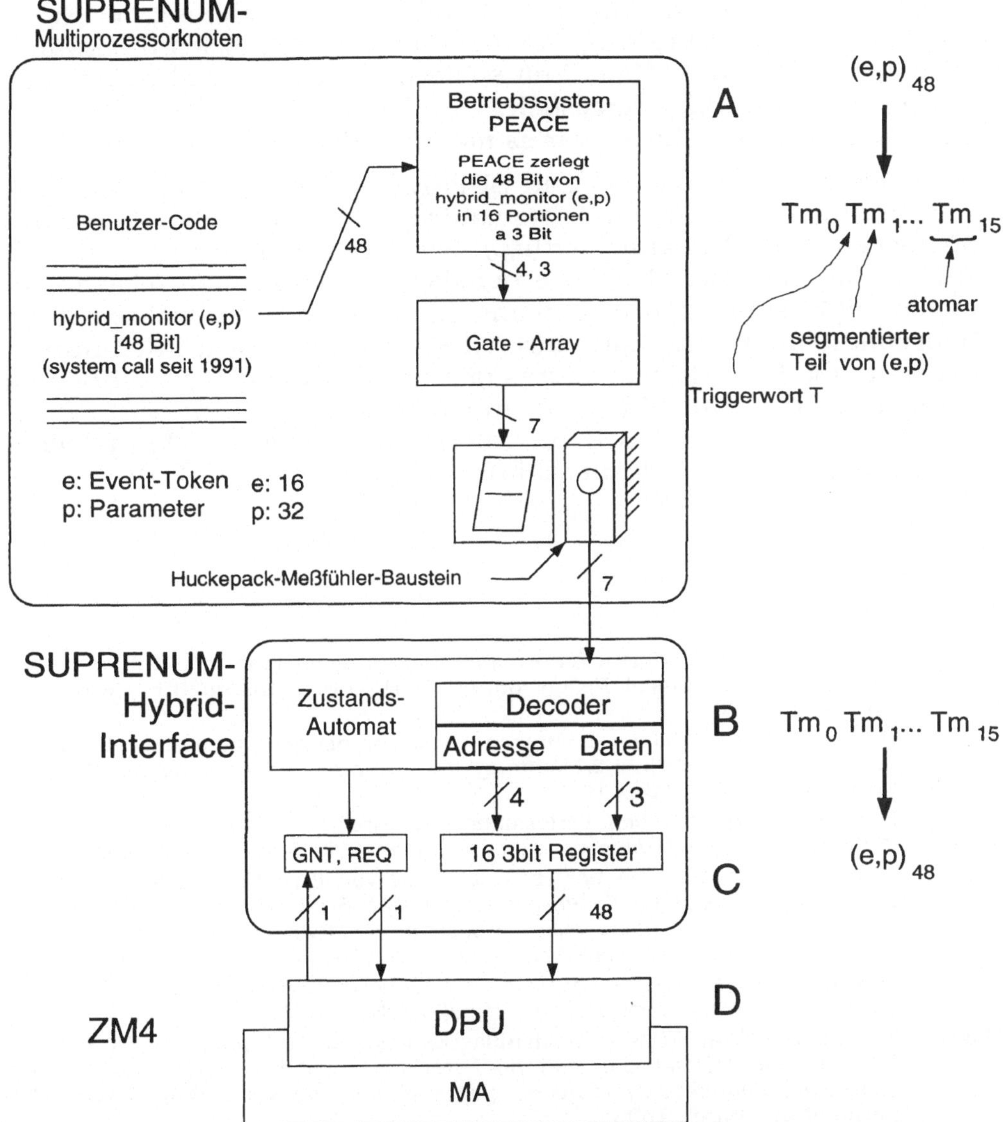

Abbildung 3.23: Blockbild der SUPRENUM-Meßschnittstelle

Als Ereignisdetektor dient ein Zustandsautomat, der sechzehnmal das Triggerwort *T* erkennt, und danach jeweils ohne Zwischenschaltung einer anderen Tätigkeit eine der Dreibit-Portionen entgegennimmt, sie schrittweise zu einem 48-Bit-Meßdatenwort zusammenfügt und via Request an den Ereignisrecorder liefert. Trotz der umständlichen Zerlegung und Übertragung ist die via Siebensegmentanzeige verwirklichte Hybridschnittstelle mit einer Ausgabezeit von 120 μs recht leistungsfähig.

Das recht komplizierte Verfahren der Parallel-Serienwandlung der Ereigniskennung (*e,p*) im SUPRENUM-Knoten und serienparallelen Rückwandlung in der SUPRENUM-Meßschnittstelle mit anschließender Ereignisübergabe ist in Abb. 3.23 dargestellt.
Im Sinne von Abb. 3.12 haben wir es mit folgenden Stufen zu tun:

Stufe A: Die Monitor-Anweisung in SUPRENUM ist kein einfacher Ausgabebefehl, vielmehr ist ein Systemaufruf erforderlich, der die parallel übergebenen 48-Bit-Parameter (*e,p*) serienparallel zerlegt.

Stufe B: Da im normalen Rechenbetrieb die Siebensegmentanzeige immer wieder mit Zustandsinformation angesprochen wird, die nichts mit der Hybridmessung zu tun hat, muß mit einer aufwendigen Erkennungshardware die Meßinformation aus diesem Strom anderer Nachrichten herausgefiltert werden (Zustandsautomat).

Stufe C: Der übrige Teil des Hybridinterfaces ist sowohl Schnittstellenanpassung als auch Kabelanschluß.

Literatur

[BM86] H. Burkhart and R. Millen. Performance Measurement Tools in a Multiprocessor Environment. Technical Report 86/10, ETH Zürich, Institut für Elektronik, November 1986.

[BM88] H. Burkhart und R. Millen. Techniken und Werkzeuge der Programmbeobachtung am Beispiel eines Modula-2 Monitorsystems. *Informatik Forschung und Entwicklung*, 1988(3):6–21, März 1988.

[BM89] H. Burkhart and R. Millen. Performance Measurement Tools in a Multiprocessor Environment. *IEEE Transactions on Computers*, 38(5):725–737, May 1989.

[CL92] A. Cramer und N. Luttenberger. Validierung von Petri–Netz–Modellen auf der Basis von Meßspuren. *Technische Universität Braunschweig, 2. Fachtagung Entwurf komplexer Automatisierungssysteme — Methoden, Anwendungen und Tools auf der Basis von Petri–Netzen*, Seite 151–166, Mai 1992.

[Gil88] W.K. Giloi. SUPRENUM: A trendsetter in modern supercomputer development. *Parallel Computing, North–Holland*, 1988(7):283–296, 1988.

[H+93] F. Hofmann et al. MEMSY A Modular Expandable Multiprocessor System. In A. Bode and M. Dal Cin, editors, *Parallel Computer Architectures: Theory, Hardware, Software, Applications*, pages 15–30. Springer Lecture LNCS 732, Berlin et al., March 1993.

[HKLM87] R. Hofmann, R. Klar, N. Luttenberger und B. Mohr. Zählmonitor 4: Ein Monitorsystem für das Hardware- und Hybridmonitoring von Multiprozessor- und Multicomputer-Systemen. In *Messung, Modellierung und Bewertung von Rechensystemen*, Berlin, Heidelberg, New York, London, Paris, Tokyo, Hong Kong, September/Oktober 1987. 4. GI/ITG-Fachtagung in Erlangen, Springer.

[Hof90] R. Hofmann. Bedienungsanleitung ZM4: Monitoragent und DPUs. Interner Bericht 5/90, Universität Erlangen-Nürnberg, IMMD VII, März 1990.

[Hof93] R. Hofmann. *Gesicherte Zeitbezüge für die Leistungsanalyse in parallelen und verteilten Systemen*, Dissertation, Arbeitsberichte des IMMD (Informatik VII), Universität Erlangen-Nürnberg, 26(3). 1993.

[Lut89] N. Luttenberger. *Monitoring von Multiprozessor– und Multicomputer–Systemen.* Dissertation, Universität Erlangen–Nürnberg, März 1989.

[OQM91] C.-W. Oehlrich, A. Quick, and P. Metzger. Monitor-Supported Analysis of a Communication System for Transputer-Networks. In A. Bode, editor, *Proceedings of the Second European Distributed Memory Computer Conference*, pages 120–129, München, 1991. Springer-Verlag, LNCS 487, Berlin.

[Pei88] K. Peinze. The SUPRENUM preprototype: Status and experiences. *Parallel Computing, North-Holland*, 1988(7):297–313, 1988.

[SH92] M. Siegle and R. Hofmann. Monitoring Program Behaviour on SUPRENUM. *Computer Architecture News*, 20(2):332–341, May 1992.

[SHW91] M. Siegle, R. Hofmann und K.-H. Werner. Messungen an SUPRENUM. *Informatik-Spektrum*, 14(6):356, Dezember 1991.

4 Ereignisspuranalyse

Die grundlegende Voraussetzung für eine erfolgreiche Analyse ereignisorientierter Messungen von komplexen und umfangreichen Problemstellungen ist ein leistungsfähiges ereignisbasiertes Analysesystem. Dies gilt vor allem für die Analyse und Bewertung realer (industrieller) Programme auf parallelen und verteilten Rechensystemen. Hier beträgt die typische Länge einer Ereignisspur zwischen 100 000 und mehreren Millionen (oft komplexer) Ereignisse, die zusammen mit ergänzenden Parametern als sog. *Ereignisrecords* in die Spur eingetragen werden. Da einerseits sich die durchzuführenden Analysen für alle verschiedenen parallelen und verteilten Systeme bzw. die darauf laufenden Anwendungen immer wieder gleichen, andererseits die Aufgaben sehr komplex sind, wäre es vorteilhaft, ein ereignisbasiertes Analysesystem zu besitzen, das nicht auf ein spezielles Rechen- oder Betriebssystem oder eine Klasse von Anwendungen hin zugeschnitten ist. Gelänge es also, ein universell anwendbares ereignisbasiertes Analysesystem zu implementieren, wäre man mit der Analyse und Bewertung verteilter und paralleler Systeme einen großen Schritt weiter.

In diesem Kapitel wird zunächst ganz allgemein der Aufbau und die Struktur ereignisbasierter Analysesysteme diskutiert, indem ein hierarchisches Schichtenmodell für solche Systeme, d.h. die Einordnung der Funktionen des Systems in eine Hierachie von funktional unabhängigen, aber aufeinander aufbauenden Schichten, eingeführt wird. Die folgenden Abschnitte beschreiben dann eine mögliche Implementierung dieses Modells, die Auswerteumgebung SIMPLE[24].

4.1 Allgemeiner Aufbau und Struktur von ereignisbasierten Analysesystemen

Dieser Abschnitt definiert ein *hierarchisches Schichtenmodell*, welches so angelegt ist, daß es allgemein genug ist, um jede denkbare Implementation von ereignisbasierten Analysesystemen zu beschreiben, aber trotzdem die Aufgaben und Struktur der einzelnen Schichten hinreichend exakt wiedergibt. Ein solches hierarchisches Schichtenmodell bildet die Grundlage für einen klar strukturierten Entwurf, Aufbau, Implementierung und Betrieb eines solchen Systems.

Das Schichtenmodell wurde erstmals von Mohr [Moh92a] vorgestellt. Es wird hier nur in groben Zügen wiedergegeben, für eine detaillierte Beschreibung sei auf diese Arbeit verwiesen, die darüber hinaus dieses Schichtenmodell benutzt, um andere implementierte Ereignisspuranalysesysteme zu klassifizieren und vergleichend zu bewerten.

---

24 *S*ource related *I*ntegrated *M*ultiprocessor and -computer *P*erformance evaluation, visualization, and mode*L*ing *E*nviroment

Das Schichtenmodell (siehe Abb. 4.1) umfaßt insgesamt sechs Schichten. Diese sind funktionell abgeschlossen, d.h. die Aufgabenverteilung ist eindeutig festgelegt. Zunächst lassen sich diese in drei große Bereiche einordnen: im Zentrum liegt die eigentliche Analyse von Ereignisspuren mit Fortsetzungen nach "Unten" (Ereignisspur aufzeichnende Monitore) and nach "Oben" (Interaktionen mit dem Benutzer). Die sehr komplexe Ereignisspuranalyse hat in sich eine hierarchische Struktur aus vier Schichten (Schichten 2 bis 5).

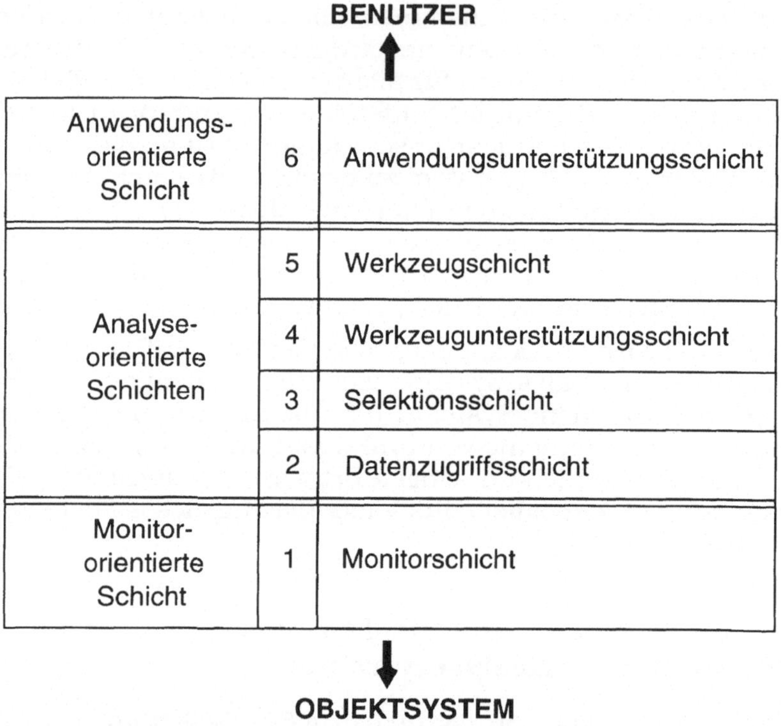

BENUTZER

↑

Anwendungs-orientierte Schicht	6	Anwendungsunterstützungsschicht
Analyse-orientierte Schichten	5	Werkzeugschicht
	4	Werkzeugunterstützungsschicht
	3	Selektionsschicht
	2	Datenzugriffsschicht
Monitor-orientierte Schicht	1	Monitorschicht

↓

OBJEKTSYSTEM

Abbildung 4.1: Hierarchisches Schichtenmodell für ereignisbasierte Analysesysteme

Schicht 1: Monitorschicht

Die Aufgabe dieser Schicht ist das Aufzeichnen des dynamischen Ablaufgeschehens in einem realen Objektsystem bzw. des Simulationsverlaufs in einem Simulationssystem. Sie erkennt die für das Objektsystem definierten Ereignisse und speichert die für die spätere Analyse notwendigen Informationen. Die Schnittstelle zum Objektsystem hängt von der gewählten Monitoringmethode ab (Hardware-, Software- oder Hybridmessung) und natürlich von den Eigenschaften des Objektsystems. Das im Kapitel 3 beschriebene Monitorsystem ZM4 stellt eine mögliche Implementierung dieser Schicht dar.

Schicht 2: Datenzugriffsschicht

Diese Schicht ermöglicht einen logischen Zugriff auf die physikalisch gemessenen Monitordaten. Den darüberliegenden Schichten werden die gemessenen Bits und Bytes als generische, abstrakte Ereignisspur präsentiert, d.h. als eine Folge von Ereignisrecords. Die interne Struktur und die Repräsentation der Daten wird vor den oberen Schichten verborgen. Als eine mögliche Implementierung dieser Schicht beschreiben wir das Ereignisspurzugriffspaket TDL/POET in Abschnitt 4.2.

Schicht 3: Selektionsschicht

In den meisten Fällen enthält eine Ereignisspur mehr Informationen als die einzelnen Analysen benötigen. Oft ist es auch wünschenswert, eine Ereignisspur nach verschiedenen Gesichtspunkten bzw. von *verschiedenen Sichten* (*multiple views*) aus zu analysieren [LMF90]. Man kann abhängig vom Aufbau der Selektionsregeln zwei Arten der Selektion unterscheiden: Bestehen diese Regeln aus Prädikaten, die festlegen, ob ein einzelner Ereignisrecord gewünscht ist oder nicht, spricht man von *Auswählen* (Filtern). Abschnitt 4.3 befaßt sich damit und beschreibt exemplarisch ein entsprechendes Werkzeug FILTER, welches Bestandteil von SIMPLE ist. Im Gegensatz dazu steht das *Zusammenfassen* (Clustering). Hier wird eine definierte Folge von Ereignissen als *ein* Ereignis höherer Ordnung betrachtet, vgl. Abschnitt 3.2, welches wegen seiner von Null verschiedenen Dauer zugleich die Eigenschaft einer *Aktivität* hat, vgl. S.19. Ein Werkzeug zur Erkennung derartiger Aktivitäten (FACT) wird in Abschnitt 4.4.3 beschrieben.

Schicht 4: Werkzeugsunterstützungsschicht

Die Werkzeugsunterstützungsschicht enthält Module, die die *semantikunabhängigen* Operationen auf Ereignisspuren realisieren sowie Hilfsfunktionen wie statistische Funktionen oder Graphikoperationen; also allgemeine Funktionen, die immer wieder von der Werkzeugschicht gebraucht werden.

Schicht 5: Werkzeugschicht

Diese Schicht implementiert die verschiedenen Möglichkeiten, Ereignisspuren zu analysieren: Ereignisspurvalidierung, statistische Auswertung, Visualisierung des Ablaufverhaltens, Animation, Auditivierung, sowie Aufbereitung notwendiger Informationen für andere Werkzeuge wie Modellierungswerkzeuge, Debugger oder Werkzeuge zur Lastbalancierung. Die Werkzeuge können für starr vorgefertigte Analysen konzipiert oder flexibel für unterschiedliche Anforderungen programmierbar sein. Im Abschnitt 4.4 stellen wir verschiedene Auswertewerkzeuge der Analyseumgebung SIMPLE vor.

Schicht 6: Anwendungsunterstützungsschicht

Diese Schicht ist das Bindeglied eines ereignisbasierten Analysesystems zum Auftraggeber der Analyse. Im Falle eines menschlichen Benutzers ist dies die Benutzeroberfläche mit Funktionen wie Dialogführung, Online-Hilfe und Ereignisspurverwaltung. Diese Schicht kann aber auch als eine Funktionsschnittstelle realisiert sein, die die Ereignisspuranalyse anderen Werkzeugen zur Verfügung stellt.

Das Schichtenmodell stellt natürlich eine gewisse Idealisierung dar. In der Realität wird es häufig vorkommen, daß aus Effizienzgründen Schichten weggelassen oder zusammengelegt werden.

4.2 Entkopplung von Messung und Auswertung

Die Datenzugriffsschicht bildet die Verbindung zwischen der monitororientierten Schicht und den restlichen, ganz an der Ereignisspuranalyse orientierten Schichten. Deren Schnittstelle zur Monitorschicht ist eine der ausgeprägtesten Schnittstellen in einem ereignisbasierten Analysesystem. Das zeigt sich schon daran, daß zumeist separate Werkzeuge für die Erfassung der Ereignisspuren und für deren Analyse implementiert werden. Die Schnittstelle zwischen diesen Werkzeugen bilden die Ereignisspuren. Dies ist sinnvoll, da Erfassung und Analyse in sich abgeschlossene Vorgänge sind. Diese ausgeprägte Schnittstelle hat aber auch andere, ganz pragmatische Vorteile: Zunächst kann die Entwicklung und Realisierung von Monitor- und Analysesystemen unabhängig voneinander vorangetrieben werden, es wird dadurch aber auch eine Entkopplung der Durchführung der Messungen und Analysen ermöglicht.

4.2.1 Standardisierungsmöglichkeiten

Ein weiterer Vorteil ist es, bei entsprechender Standardisierung dieser Schnittstelle, zur Analyse von Rechensystemen verschiedene Monitorsysteme und Analysewerkzeuge einsetzen zu können, je nach Anforderungen, Eignung der Werkzeuge oder persönlichem Geschmack. Die zur Debatte stehenden Möglichkeiten bei der Standardisierung dieser Schnittstelle sind schematisch in Abb. 4.2 (Standard-Spurdatei) und Abb. 4.3 (Standard-Schnittstelle) dargestellt.

Die drei Varianten in Abb. 4.2 beschreiben alternative Lösungsmöglichkeiten bei der Verwendung eines fixen Standardformats für Ereignisspuren. Gegen ein solches Format spricht grundsätzlich, daß es wohl angesichts der Vielfalt von bestehenden Rechen-, Betriebs-, Monitor- und Analysesystemen und von parallelen und verteilten Anwendungsprogrammen schwer fallen dürfte, ein Format zu finden, das allgemein genug ist, um allen Anforderungen gerecht zu werden.

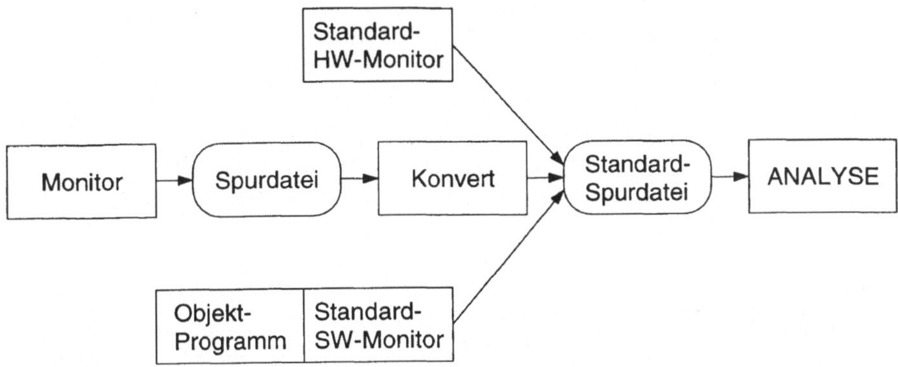

Abbildung 4.2: Standardisierungsvarianten bei Ereignisspurdateien

- Die erste und einfachste Variante besteht darin, ein Format für die Ereignisspur festzulegen und das Monitorsystem so zu implementieren bzw. zu ändern, daß es dieses Standardformat erzeugt.
- Ist dies nicht möglich, wie z.B. bei einem bereits realisierten Hardwaremonitor, so kann die zweite Variante gewählt werden, die mit Hilfe eines Konvertierungsprogramms für jeden Monitor dessen Spuren in das gewünschte Standardformat überführt.

Erfolgversprechend ist der Standardspuransatz nur, wenn man sich für die Analyse auf ein Anwendungsgebiet beschränkt, z.B. auf Prozeduraufrufe wie beim Profiling, so daß man die Gemeinsamkeiten dieser Anwendungen für eine Definition eines festen Ereignisspurformats ausnutzen kann. Dies stellt jedoch nur eine Teillösung dar. Ein Beispiel hierfür ist z.B. auch das PICL-Format [HE91a], ein Spurformat, das auf die Verwendung von nachrichtenbasierten Systemen zugeschnitten ist. PICL wurde bekannt durch das weitverbreitete Analysewerkzeug ParaGraph [HE91b]. Tärnvik berichtet, daß er sein eigenes Spurformat in PICL-Format konvertiert und dann die dafür existierenden Werkzeuge zur Analyse seines Rechensystems benutzt [Tär91]. Es existiert auch eine Implementierung von MPI [For94], dem neuen Message-Passing-"Standard", der das PICL-Format für seine Ereignisspuraufzeichnung verwendet.

- Bei der dritten Variante werden dem Anwender Standardmonitoraufrufe zur Verfügung gestellt, die dann bei Aufruf die Ereignisspur im gewünschten Format generieren. Diese Variante ist portabler und vielseitiger anwendbar, da sie für eine Vielzahl von Betriebssystemen und Programmiersprachen implementiert werden könnte. Sie läßt sich jedoch nur bei Verwendung von Softwaremonitoring anwenden. Außerdem bleibt das grundsätzliche Problem, ein geeignetes, allgemeines Spurformat zu finden, bestehen. Ein Beispiel für diese Variante ist ein Vorschlag, der von einem Arbeitskreis auf dem LANL-Workshop über "*Performance Instrumentation and Visualization*" gemacht wurde [MN90].

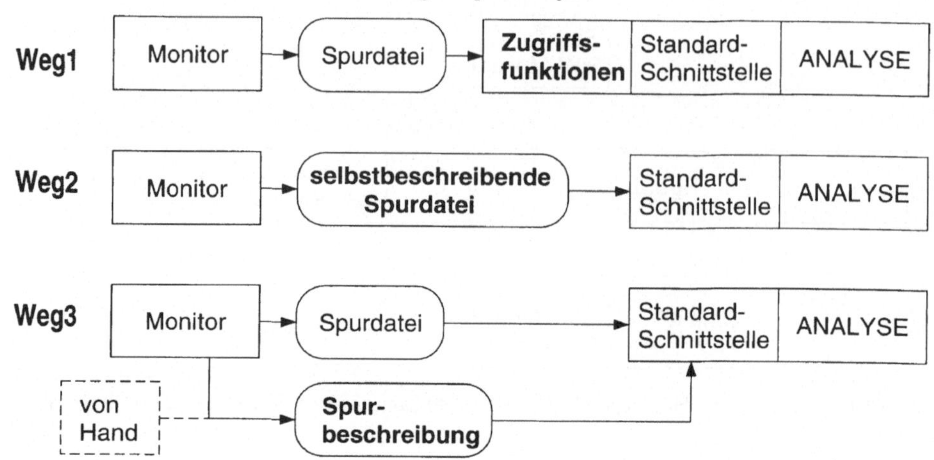

Abbildung 4.3: Standardisierungsvarianten beim Zugriff auf Ereignisspurdateien

Insgesamt gesehen ist jedoch ein standardisiertes Ereignisspurformat zu inflexibel, um allen Anforderungen bei der Analyse paralleler und verteilter Systeme gerecht zu werden.

Eine andere, vielversprechende Möglichkeit ist, nicht das Ereignisspurformat, sondern die Zugriffsschnittstelle des Analysesystems auf die Ereignisspur zu standardisieren. Auch hier gibt es mehrere Varianten (siehe Abb. 4.3):

- Bei der ersten Variante (Weg 1) werden zu der Standard-Zugriffsschnittstelle jeweils Zugriffs- und Decodierungsfunktionen dazugebunden, die das vorliegende Ereignisspurformat einlesen können und die gelesenen Ereignisdaten in gewünschter Form an die Standardschnittstelle weiterreichen. Dies ist analog dem Vorgehen, in Graphiksystemen für die Ansteuerung verschiedener Darstellungsgeräte verschiedene Gerätetreiber zu verwenden. Die eigentlichen Graphikfunktionen sind jedoch immer dieselben. Der wesentliche Nachteil bei dieser Variante liegt im relativ großen Aufwand, da bei jedem neuen Ereignisspurformat neue Funktionen implementiert und diese nach der Übersetzung zu allen Analysewerkzeugen hinzugebunden werden müssen.

- Die zweite Variante (Weg 2) ist eigentlich eine Kombination von Standardspurformat und Standard-Zugriffsschnittstelle. Das Standardspurformat ist allerdings nicht wie bei den oben beschriebenen Varianten ein festes Format, sondern die Ereignisspur enthält zu den eigentlichen Ereignisdaten zusätzlich noch Informationen über deren Aufbau und deren Format. Man bezeichnet dies als *selbstbeschreibendes Format*. Bei der Realisierung hat man zwei Möglichkeiten: Man kann zum einen alle Struktur- und Formatbeschreibungen in einen (standardisierten) Spurkopf unterbringen oder zum anderen jedem Datum eine Typ- bzw.

Formatkennzeichnung (*tag*) voranstellen. Die zweite Möglichkeit wird im Englischen als *tagged datatype* bezeichnet. Ein Beispiel für ein selbstbeschreibendes Spurformat mit Beschreibungskopf ist das Format, das von dem Analysewerkzeug TraceView verwendet wird [MHJ91]. Ein bekannteres Beispiel ist SDDF (*Self Describing Data Format*) [Ayd92], welches vom Ereignisanalysesystem Pablo [RAM+92] verwendet wird. SDDF wird inzwischen auch von Intel für die ParAide Analysewerkzeuge zur Bewertung seiner Paragon-Rechnerserie und von XPVM [KG94], einem Analysewerkzeug für PVM [GBD+94], verwendet. Eine Verwendung von Tags ist z.B. die Codierung von Protokolldateneinheiten gemäß ASN.1 [ISO86]. Durch die Selbstbeschreibung ist das Standardformat dieser Variante im Gegensatz zu einem festen Standardformat äußerst flexibel. Bei geschickter Definition der Selbstbeschreibungsmöglichkeiten können beliebige Ereignisdaten damit beschrieben werden. Das macht dieses Format universell anwendbar, selbst was zukünftige Entwicklungen angeht. Ein Nachteil ergibt sich nur dann, wenn man auch bereits existierende Ereignisspurformate analysieren will. Dazu müßte man, wenn überhaupt möglich, bereits realisierte Monitorsysteme ändern, bzw. Konvertierungsprogramme einsetzen, um das neue selbstbeschreibende Format zu erzeugen. Doch dies wollte man ja gerade vermeiden.

- Diesen Nachteil umgeht die dritte Variante (Weg 3). Die Beschreibung des Spurformats wird nicht im Kopf der Ereignisspur selbst gespeichert, sondern in einer separaten Datei. Der Monitor erzeugt hier nicht nur die Ereignisspur, sondern in der Regel auch die dazu passende Spurbeschreibung. Bei bereits bestehenden Monitorsystemen kann der Benutzer notfalls die nötige Beschreibung selbst (per Hand) erstellen und auf diese Weise Ereignisspuren beliebiger Herkunft (ohne weiteren Aufwand) analysieren. Zur Adaption des Systems an ein neues Ereignisspurformat genügt die Erstellung einer neuen Spurbeschreibung. So kann selbst auf Ereignisspuren anderer Systeme wie Simulatoren oder Netzwerkanalysatoren derart zugegriffen werden, daß sich die dort aufgezeichneten Ereignisspuren einfach decodieren und analysieren lassen.

4.2.2 Abstrakte Datentypen für die Ereignisspuranalyse

Wegen der enormen Vorteile von Weg 3 wird diese Variante in dem Ereignisspuranalysesystem SIMPLE verwendet. Für die Spurbeschreibung wird die dafür speziell entwickelte Ereignisspurbeschreibungssprache TDL (event *T*race *D*escription *L*anguage) verwendet. Die entwickelte Standardschnittstelle heißt POET (*P*roblem *O*riented *E*vent *T*race Interface). Die Implementierung beruht auf dem Konzept, eine Ereignisspur als *generischen, abstrakten Datentyp* zu sehen.

Im Kapitel 3 hatten wir fundamentale (f_i) und pragmatische (p_i) Forderungen in einem "Monitoring-Pflichtenheft" formuliert. Drei dieser Ziele betrafen die Auswertung und waren bei der Konzeption von SIMPLE vorgegeben.

Die Auswertung der Meßergebnisse sollte

- monitorunabhängig (f_5),
- objektsystemunabhängig (f_6) und
- quellbezogen (p_3)

möglich sein.

Unter der wenig einschränkenden Voraussetzung, daß Messungen stets *Folgen von Ereignissen*, also *Ereignisspuren* liefern mögen, kann obiges Ziel mit folgendem abstrakten Datentyp (Abb 4.4) erreicht werden.

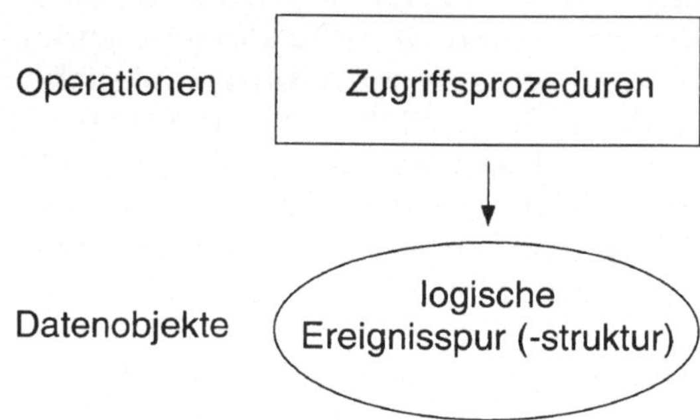

Abbildung 4.4: Generischer abstrakter Datentyp "Ereignisspur"

Von einem *generischen* Datentyp wird gesprochen, weil

- mehrere verschiedene Instanzen des Datenobjektes (Ereignisspur) möglich sind. Man denke an gemessene (physische) Ereignisspuren unterschiedlicher Struktur und Formatierung und weil
- die gleiche Operation auf jeder Instanz die gleiche Wirkung hat.

Die Realisierung des Anspruches allgemein gültiger Zugriffe auf beliebig formatierte physische Ereignisspuren (jeweils eine Instanz der logischen Ereignisspurstruktur) wird erreicht durch

- eine einheitliche Prozedurschnittstelle,
- eine spezifische Spurbeschreibung, vgl. Abb. 4.5, und
- eine spezifische Kommandobeschreibung.

Die einheitliche Prozedurschnittstelle und die Werkzeuge des Auswertesystems bilden den spurunabhängigen Teil der Auswerteumgebung. Sie werden nur einmal übersetzt und bleiben bei veränderten Ereignisspuren vom selben Format unverändert.

Unter Zugrundelegung eines abstrakten Datentyps gemäß Abb. 4.4 kann dem spurunabhängigen Teil über eine Spurbeschreibung mitgeteilt werden, wie eine gemessene, physische Ereignisspur zu interpretieren ist und wie auf sie zugegriffen werden kann. Mit anderen Worten: Die Auswertewerkzeuge und die Zugriffsprozeduren POET erwarten Meßresultate in

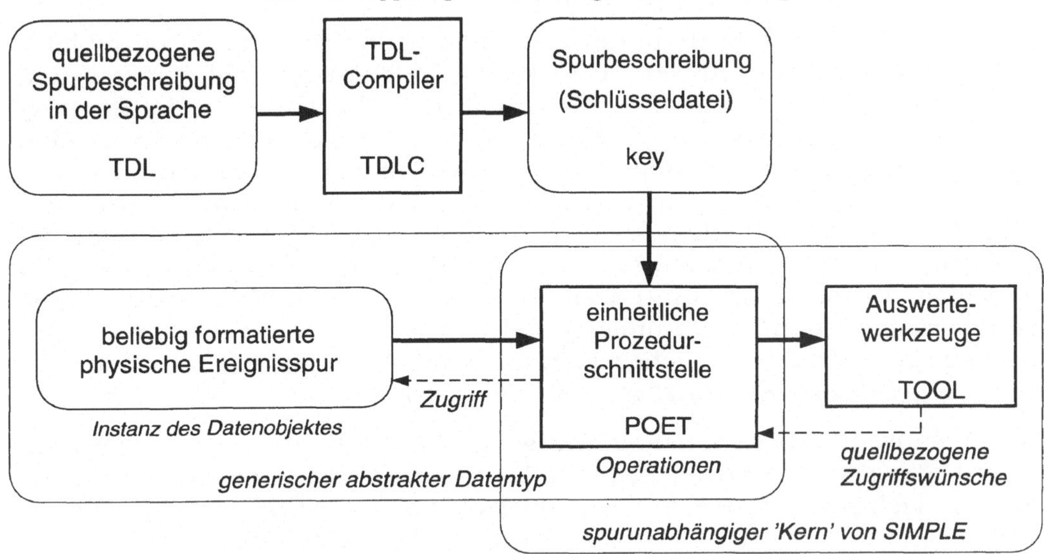

Abbildung 4.5: POET und TDL realisieren eine objekt- und monitorunabhängige, quellbezogene Auswerteumgebung

Form einer logischen Ereignisspurstruktur, wobei die Schlüsseldatei beschreibt, wie "logische Felder" in der physischen Meßspur real dargestellt sind. Alle Spezifika einer zu analysierenden physischen Spur sind damit in die zugehörige Schlüsseldatei verlagert.

Damit die Schlüsseldatei eine syntaktisch korrekte und konsistente Spurbeschreibung liefert, wurde von Mohr [Moh87] die Spurbeschreibungssprache TDL geschaffen und ein Compiler TDLC geschrieben, der eine in TDL problemorientiert geschriebene Spurbeschreibung in eine Schlüsseldatei übersetzt, vgl. Abb. 4.5 oben. Die Sprache TDL hat die Funktion, die Spur präzise zu beschreiben. Die syntaktische Korrektheit dieser Beschreibung wird von TDLC bei der Compilation statisch überprüft, TDLC liefert eine korrekte Schlüsseldatei. Bei der Spurauswertung kann daher auf zeitraubende laufzeitinhärente Überprüfungen verzichtet werden. Die Zugriffsfunktionen POET bauen darauf auf und ermöglichen systematischen Zugriff auf nur durch die Schlüsseldatei spezifizierte Datenobjekte in der Ereignisspur.

4.2.3 Logische Ereignisspuren und ihre Beschreibung mit TDL

Beim ereignisgesteuerten Monitoring aktiviert jedes Eintreffen eines Ereignisses den Monitor, der dann die Aufzeichnung aller relevanten Daten, die dieses Ereignis beschreiben, vornimmt. Im Normalfall werden dann diese Daten zusammen mit einer Zeitinformation, die angibt, wann das Ereignis erfaßt wurde, und einer Angabe, wo das Ereignis aufgetreten ist, in einem Datensatz abgespeichert. Ein solcher Datensatz heißt *Ereignisrecord*.

Jeder Ereignisrecord besteht aus einem oder mehreren sog. *Recordfeldern*, deren Inhalte jeweils entweder die Aktion (Ereigniskennung), die Zeit, den Ort (Lokation) oder ein anderes Ereignisattribut beschreiben. Es ist möglich, daß abhängig vom Inhalt eines anderen Recordfeldes ein Recordfeld oder gar eine Gruppe von Recordfeldern nicht in jedem Ereignisrecord vorkommt oder daß ein Recordfeldinhalt verschiedene Attribute beschreibt und daher unterschiedlich zu interpretieren ist. Deswegen können Ereignisrecords verschieden viele Recordfelder besitzen, sogar bei ein und derselben Messung. Er kann deshalb mit einem varianten Recordtyp, wie er in verschiedenen Programmiersprachen definiert ist, verglichen werden. Hier spiegelt sich die Tatsache wider, daß einer Aktion unterschiedlich viele bzw. verschiedene Attribute zugeordnet sein können.

Wenn während einer laufenden Messung alle erfaßten Ereignisrecords in einer Datei gespeichert werden, erhält man eine Folge von Ereignisrecords, automatisch sortiert nach aufsteigend geordnetem Zeitattribut. Man nennt eine solche sortierte Folge von Ereignisrecords *Ereignisspurdatei*. Die Endung “datei” wird normalerweise weggelassen, wenn eine Verwechslung mit dem Modellbegriff *Ereignisspur* ausgeschlossen ist. Außerdem soll damit angedeutet werden, daß eine Realisierung als Datei nicht zwingend notwendig ist. Die Ereignisspur repräsentiert einen Strom von Bytes (im Sinne von UNIX), der genauso von einer Pipe, einem Socket oder einem anderen Device gelesen werden kann.

Ereignisrecords können verloren gehen, sei es, weil der Aufzeichnungspuffer des Monitors belegt ist und der Monitor nicht in der Lage ist, gleichzeitig Ereignisse aufzuzeichnen und Ereignisrecords abzuspeichern, sei es, weil der zeitliche Abstand zweier Ereignisse so klein ist, daß der Monitor diesen nicht auflösen kann. Dies ist zwar selten der Fall, kann aber dennoch auftreten. Auf diese Weise bekommt man eine unvollständige Ereignisspurdatei. Einen Abschnitt in einer Ereignisspurdatei, der lückenlos aufgezeichnet wurde, nennt man *Spursegment*. Ein Spursegment beschreibt das dynamische, interne Verhalten des Objektsystems in einem vollständig beobachteten Zeitintervall. Die Kenntnis solcher Spursegmentgrenzen ist wichtig, besonders für die Validierung von Ereignisspuren. Es ist darüber hinaus möglich, daß jedes Spursegment mit einem speziellen Datensatz beginnt, dem sog. *Segmentkopf*. Dieser enthält einige nützliche Informationen über das folgende Spursegment, wie z.B. die Anzahl der darin enthaltenen Ereignisrecords, oder er wird einfach dazu benutzt, den Anfang eines neuen Spursegments zu kennzeichnen. Der komplette Aufbau einer Ereignisspurdatei ist zusammenfassend in Abb. 4.6 dargestellt.

Die Spurbeschreibungssprache TDL wurde für eine problemorientierte Beschreibung der abstrakten und konkreten Syntax von Ereignisspuren entworfen. Die Entwicklung von TDL hatte zwei primäre Ziele: Erstens sollte eine Sprache geschaffen werden, die auf natürliche Weise den fundamentalen Aufbau von beliebigen Ereignisspuren und Ereignisrecords widerspie-

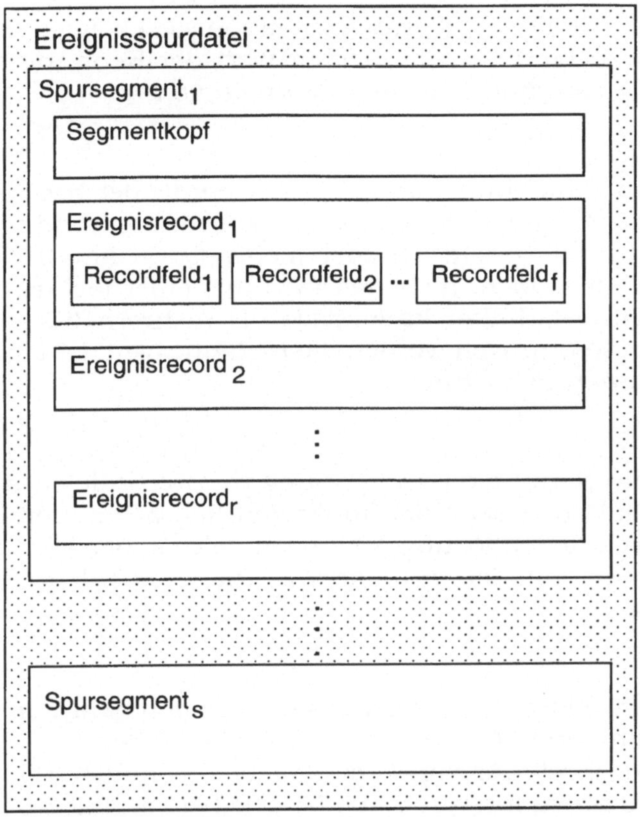

Abbildung 4.6: Aufbau von Ereignisspuren

gelt. Und zweitens sollte auch ein Benutzer, der nicht mit allen Details der Sprache vertraut ist, in der Lage sein, eine TDL-Beschreibung zu lesen und zu verstehen. Aus diesem Grund ist TDL weitestgehend an die englische Sprache angelehnt. So stellt eine Beschreibung in TDL gleichzeitig eine Dokumentation der Messung dar. Die Notation der Sprachkonstrukte und die allgemeine Struktur sind an ähnliche Konstrukte der weitverbreiteten Programmiersprachen PASCAL und C angelehnt. Die Sprachkonstrukte von TDL zur Beschreibung der abstrakten Syntax einer Ereignisspur sind so ausgewählt, daß sie die Anforderungen, die sich bei der Beschreibung allgemeiner Ereignisspuren ergeben, möglichst gut erfüllen. Für die Beschreibung der Ereignisdaten selbst hat TDL die Sprachkonstrukte Liste, varianten Record und die vier folgenden Grunddatentypen (TDL-Bezeichnung in Klammern):

Kennung (`TOKEN`):

Recordfelder des Typs Kennung enthalten *genau einen* Wert aus einer fest definierten Menge von Konstanten. Der Typ Kennung entspricht einem Aufzählungstyp in gängigen Programmiersprachen. Er kann dazu benutzt werden, codierte Information wie Ereignis- oder Prozessorkennungen zu beschreiben. Jedem Wert der Kennung wird eine feste Bedeutung zugeordnet, die sog. *Interpretation*.

Bitkennung (FLAGS):

Mit dem Typ Bitkennung lassen sich Recordfelder beschreiben, bei denen den einzelnen Bits Bedeutungen zugeordnet sind in Abhängigkeit davon, ob das Bit gesetzt ist oder nicht. Er ist ähnlich dem Typ Kennung, nur daß er *mehr als einen* Wert aus einer fest definierten Menge von Konstanten enthalten kann, da ja z.B. mehrere Bits gesetzt sein können. Wie bei Kennungen werden die Bedeutungen der einzelnen Bits als Interpretationen bezeichnet.

Zeit (TIME):

Der Typ Zeit erlaubt die Beschreibung von Recordfeldern, die Zeitinformation enthalten. Neben der konkreten Repräsentation des Zeitwertes wird hier auch die Auflösung der zugrundeliegenden Uhr und der Modus der Zeitinformation (Zeitpunkt oder Zeitdauer seit dem letzten Ereignis) beschrieben.

Wert (DATA):

Der Typ Wert bildet eine Obermenge der in den gängigen Programmiersprachen definierten Grunddatentypen wie Integer, Real oder String. Er dient der Beschreibung von Recordfeldern, von denen nur bekannt ist, wie deren Inhalt zu interpretieren ist (wie bei Variablen in Programmiersprachen).

Mit Hilfe des Sprachkonstrukts *varianter Record* lassen sich auch Ereignisrecords mit unterschiedlich vielen Feldern oder Felder mit unterschiedlichen Längen beschreiben. Darüber hinaus gibt es Sprachkonstrukte für die Beschreibung von Ereignisspurelementen, die nur zur Decodierung der Spur notwendig sind. Hierunter fallen z.B. Längenfelder, die die Länge des aktuellen oder letzten Ereignisrecords, Segmentkopfs oder gar der ganzen Spur angeben. Ereignisrecordfelder, die irrelevante oder für das Analysesystem uninteressante Informationen enthalten, wie Prüfsummen oder Leerfelder, können als Füllfelder (FILLER) deklariert werden [Moh92b].

Ein Ereignisrecordfeld ist durch seinen Datentyp und seinen Namen charakterisiert. Diese beiden Angaben werden von der Zugriffsschnittstelle benutzt, um auf ein gewünschtes Recordfeld zuzugreifen (und nicht die Position des Feldes innerhalb des Ereignisrecords oder etwas ähnliches). Die Namen, die durch den Benutzer vergeben werden, dienen dazu, ein Ereignisrecordfeld in Beziehung zu einem (Hardware- oder Software-) Objekt des beobachteten Rechensystems zu setzen, dessen Zustand durch den Inhalt des Feldes beschrieben wird. Der Name sollte deswegen die Bedeutung der Information, die das Feld enthält, ausdrücken.

TRACE DESCRIPTION:
Beschreibung der allgemeinen Eigenschaften der Ereignisspur wie Segmentierung o. ä.

DATA REPRESENTATION:
Beschreibung allgemeiner Eigenschaften der Zahldarstellung wie Byteordnung u. ä.

SEGMENT HEADER:
Beschreibung der Felder des Segmentkopfes, falls vorhanden

EVENT RECORD:
Beschreibung der Felder eines Ereignisrecords mit Hilfe der TDL-Datentypen

Abbildung 4.7: Aufbau einer TDL-Beschreibung

Den allgemeinen Aufbau einer Ereignisspurbeschreibung in TDL und die Bedeutung der einzelnen Teile gibt Abb. 4.7 wieder. Eine TDL-Beschreibung ist aus vier Blöcken aufgebaut (die fettgedruckten Wörter geben die Schlüsselwörter an, die den entsprechenden Teil der Beschreibung einleiten): die allgemeine Ereignisspurbeschreibung, die Datenrepräsentations-, die Segmentkopf- und die Ereignisrecordbeschreibung.

Über die bereits beschriebenen Sprachkonstrukte hinaus und im Gegensatz zu anderen Datenbeschreibungssprachen enthält TDL auch Elemente zur Angabe der konkreten Syntax der Ereignisdaten. Zum einen kann in einem Datenrepräsentationsteil die Byteordnung in den verschiedenen Zahlendarstellungen spezifiziert werden, so daß auch Ereignisspuren aus einem heterogenen Rechnernetz analysiert werden können. Zum anderen kann in TDL die Länge eines jeden Recordfeldes in Bytes und bei Kennungen die Repräsentation der einzelnen Interpretationen angegeben werden.

TDL erlaubt die Beschreibung der konkreten und abstrakten Syntax der Ereignisdaten, nicht jedoch deren Bedeutung. Die Ausnahme bildet hier der Datentyp Zeit, mit dem natürlich eine gewisse Semantik verbunden ist. Die gewählten Namen und Interpretationen drücken zwar für den Benutzer die Bedeutung der damit verbundenen Daten aus (was sie auch sollen), stellen für TDL aber lediglich frei wählbare Bezeichnungen dar. Man kann deshalb TDL als *semantikfreie* Datenbeschreibungssprache bezeichnen. Dadurch ist die Anwendung von TDL nicht von vornherein auf die Beschreibung von Daten nur gewisser Anwendungsklassen oder bestimmter Rechensysteme beschränkt.

4.2.4 TDL-Beschreibung für eine Messung am E-ISDN-Testsystem

Die wichtigsten syntaktischen Elemente der Spurbeschreibungssprache TDL wollen wir anhand der Bewertung eines Konformanz-Testsystems für den D-Kanal des EURO-ISDN vorstellen.

Das EURO-ISDN-Testsystem

Das dienstintegrierte digitale Nachrichtennetz ISDN bietet die Möglichkeit, Daten jeder Art (Sprache, Text, Bild, Video) zwischen zwei oder mehreren Teilnehmern digital über ein gemeinsames Anschlußnetz zu übertragen. Die Qualität der übermittelten Daten wird neben der digitalen Technologie auch durch die Trennung von Nutz- und Steuerinformationen verbessert. Die Signalisierung von Verbindungsaufbau, Verbindungskontrolle und Verbindungsabbau wird über den sog. D-Kanal abgewickelt; der Austausch von Nutzdaten geschieht über die sog. B-Kanäle. Im EURO-ISDN, einer europaweiten ISDN-Standardisierung, wurden normierte Schnittstellen und ein gemeinsames D-Kanal-Protokoll (European Digital Signalling System No. 1, E-DSS1) festgelegt.

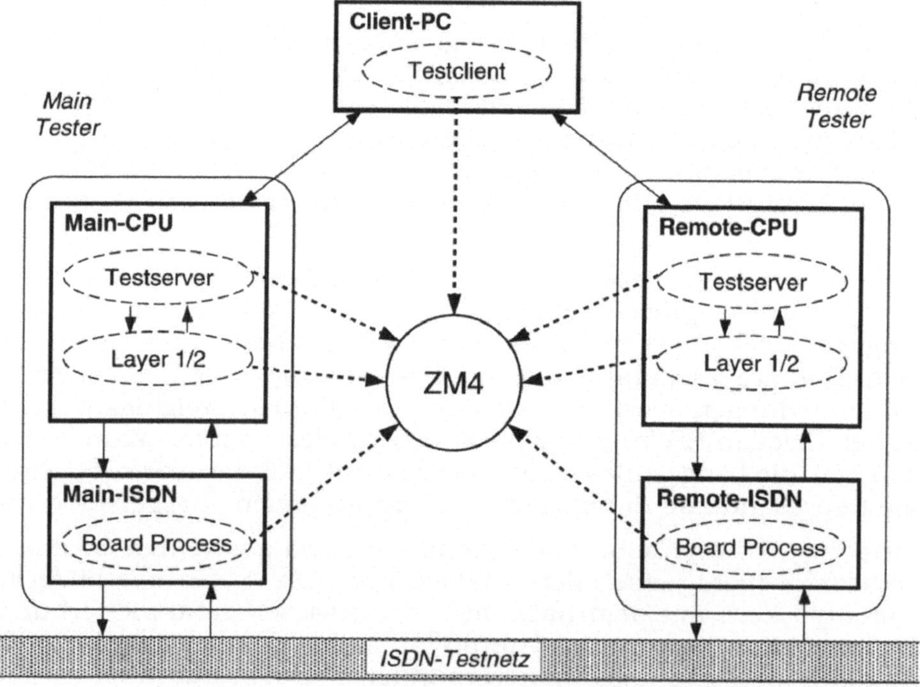

Abbildung 4.8: Blockstruktur des E-ISDN-Testsystems und Meßanordnung

Meßanordnung für das EURO-ISDN-Testsystem

Die hier betrachtete Messung soll überprüfen, ob für die verschiedenen nationalen Realisierungen eine korrekte, normkonforme Signalisierung im

D-Kanal zwischen dem Teilnehmeranschluß und der zugeordneten ISDN-Vermittlungsstelle vorliegt.

Ereignis	Bedeutung	Prozeß-zuordnung	Codie-rung
`DL_EST_REQ`	Aufforderung zum Verbindungsaufbau (Establish Request)	Testserver	#11
`DL_EST_CNF`	Bestätigung des Verbindungsaufbaus (Establish Confirm)		#52
`DL_REL_REQ`	Aufforderung zum Verbindungsabbau (Release Request)		#12
`DL_REL_CNF`	Bestätigung des Verbindungsabbaus (Release Confirm)		#54
`DL_DATA_REQ`	Senden eines Nutzdatenpaketes		#13
`DL_DATA_IND`	Empfangen eines Nutzdatenpaketes		#51
`ESC_COMM`	Kontrollpaket (Escape Command)		#1F, #5F
`L2-Frame -> ISDN`	Senden eines Schicht 2 Paketes	Layer 1/2	2
`L3-Frame -> ISDN`	Senden eines Schicht 3 Paketes		3
`L2-Frame <- ISDN`	Empfangen eines Schicht 2 Paketes		#42
`L3-Frame <- ISDN`	Empfangen eines Schicht 3 Paketes		#43
`TE_S0`	Paket vom Endgerät	Board Process	#0102
`NT_S0`	Paket vom ISDN-Netz		#0120

Tabelle 4.1: Auswahl von Instumentierungspunkten für die Messung am E-ISDN-Testsystem

Die funktionelle Struktur für das Testsystem des D-Kanals im EURO-ISDN zeigt Abb. 4.8 (Ellipsen veranschaulichen Prozesse, Rechtecke repräsentieren Prozessoren). Das Testsystem arbeitet nach dem Prinzip des Client-Server-Modells. Auf dem Prozessor `Client-PC` läuft der Prozeß `Testclient`, der für das Speichern, Auswählen, Koordinieren und Dokumentieren der Testfälle verantwortlich ist. Für die beobachtete Testsituation, in der der korrekte Verbindungsaufbau zwischen zwei Teilnehmern getestet wurde, sind zwei Testkomponenten *Main Tester* und *Remote Tester* notwendig, die über das *ISDN-Testnetz* miteinander in Verbindung stehen. Beide Tester bestehen aus einem `Testserver`-Prozeß, der die OSI-Schicht 3 simuliert, dem für die OSI-Schichten 1 und 2 verantwortlichen `Layer 1/2`-Prozeß und dem `Board`-Prozeß, der die Verbindung zum *ISDN-Testnetz* herstellt. `Testserver` und `Layer 1/2`-Prozeß laufen konkurrierend auf der CPU des Testers, während dem `Board`-Prozeß auf einer eigenen Karte ein eigener Prozessor zur Verfügung steht. *Main Tester* und *Remote Tester* sind identisch bzgl. Hardware und unterstützter Software. Der *Main Tester* als aktiver Teil der Testanordnung initiiert Kontroll- und Steueranforderungen, während der *Remote Tester* als passiver Teil der Testanordnung lediglich auf empfangene Pakete reagiert.

Zur Messung der Abfolge und Dauer dieser Prozesse wurde der Hardwaremonitor ZM4 wie in Abb. 4.8 gezeigt an die Prozessoren Main-CPU, Client-PC und Remote-CPU angeschlossen.

Eine Auswahl der wichtigsten Instrumentierungspunkte bei der Messung am E-ISDN-Testsystem zeigt Tab. 4.1 auf S.101. Die semantische Bedeutung der einzelnen Ereignisse für die Auswertung sind ebenso enthalten wie die Zuordnung zu den verschiedenen am Testsystem beteiligten — und gemessenen — Prozessen. Die letzte Spalte der Tabelle zeigt die Codierungen der Ereignisse, wie sie vom Monitor aufgezeichnet werden. Zahlen, die mit dem Zeichen # beginnen, repräsentieren dabei Hexadezimalzahlen.

TDL-Beschreibung für das Meßszenario am EURO-ISDN-Testsystem

Die Spurbeschreibung beginnt mit Angaben zu allgemeinen Spureigenschaften und der Darstellung der Daten. Die aufgezeichnete Ereignisspur ist unsegmentiert. Die Repräsentation der Daten entspricht nicht der Standardrepräsentation von TDL und ist deswegen explizit angegeben. Das Spursegment enthält keinen Segmentkopf. Kommentare in C-Notation sind an beliebiger Stelle in der Spurbeschreibung zugelassen:

```
/*********************************************************/
/*         TDL-Beschreibung fuer Messungen am            */
/*                   E-ISDN-Testsystem                   */
/*********************************************************/

TRACE DESCRIPTION:
  TRACE IS UNSEGMENTED;

DATA REPRESENTATION:
  5-BYTE ORDER IS 4-3-2-1-0;
  4-BYTE ORDER IS 3-2-1-0;
  2-BYTE ORDER IS 1-0;
```

Im Anschluß an die Beschreibung allgemeiner Spur- und Segmenteigenschaften folgt die detaillierte Beschreibung des Aufbaus eines E-Records. In der vorliegenden Ereignisspur besteht jeder E-Record aus einem festen und einem variablen/abhängigen Teil.

Der feste Teil setzt sich aus vier Recordfeldern zusammen: drei Tokenfelder gefolgt von einem Zeitfeld. Die Beschreibung jedes Tokenfeldes enthält stets

- einen frei wählbaren Namen (`NAME IS`),
- die Länge des Feldes (`LENGTH IS`),
- eine Auflistung aller möglichen Werte, die das Feld annehmen kann (`VALUES ARE`), und
- anwendungsspezifische Interpretationen der potentiellen Werte des Feldes (`INTERPRETATIONS`).

```
EVENT RECORD:

  /* --- Prozessor-Kennung --------------------------- */
  TOKEN:
    NAME IS PROCESSOR;
    LENGTH IS 1 BYTE;
    VALUES ARE [ 1 .. 3, 5, 6 ];
    INTERPRETATION
       1 = 'Client-PC',
       2 = 'Remote-CPU',
       3 = 'Main-CPU',
       5 = 'Main-ISDN',
       6 = 'Remote-ISDN';

  /* --- Prozess-Kennung ----------------------------- */
  TOKEN:
    NAME IS PROCESS;
    LENGTH IS 1 BYTE;
    VALUES ARE [ 0..19 ];
    INTERPRETATION

       3,  7, 11, 15                        = 'Testclient',
       1,  2,  5,  6,  9, 10, 13, 14        = 'Testserver',
       0,  4,  8, 12                        = 'Layer1/2',
       16 .. 19                             = 'Board Process';

  /* --- Ereignis-Kennung ---------------------------- */
  TOKEN:
    NAME IS EVENT;
    LENGTH IS 2 BYTE;
    VALUES ARE [  /* Werte fuer ZM4 */
                 2,3, #11..#13, #1F, #20..#28,
```

```
                #30..#38, #42, #43, #51..#56,
                #60..#68, #70..#78, #B0..#B8,
                #5F, #F0..#F8,
                 /* Werte fuer ISDN-Karte */
                #0101, #0102, #0104, #0108,
                #0110, #0120, #0140, #0180 ];

INTERPRETATION
/* Interpretationen fuer ZM4 */
   2                        = 'L2-Frame -> ISDN',
   3                        = 'L3-Frame -> ISDN',
   #42                      = 'L2-Frame <- ISDN',
   #43                      = 'L3-Frame <- ISDN',
   #11                      = 'DL_EST_REQ',
   #12                      = 'DL_REL_REQ',
   #13                      = 'DL_DATA_REQ',
   #1F,#5F                  = 'ESC_COMM',
   #51                      = 'DL_DATA_IND',
   #52                      = 'DL_EST_CNF',
   #53                      = 'DL_EST_IND',
   #54                      = 'DL_REL_CNF',
   #55                      = 'DL_REL_IND',
   #56                      = 'DL_UNIT_DATA_IND',
   #20,#30,#60,#70,#B0,#F0 = 'USER_INFO',
   #21,#31,#61,#71,#B1,#F1 = 'ACTIVATE',
   #22,#32,#62,#72,#B2,#F2 = 'SC_VERDICT',
   #23,#33,#63,#73,#B3,#F3 = 'STARTCASE',
   #24,#34,#64,#74,#B4,#F4 = 'ENDCASE',
   #25,#35,#65,#75,#B5,#F5 = '** unknown Event **',
   #26,#36,#66,#76,#B6,#F6 = 'END_SESSION',
   #27,#37,#67,#77,#B7,#F7 = 'NO_SUCH_TC',
   #28,#38,#68,#78,#B8,#F8 = 'EMERGENCY_STOP',
/* Interpretationen fuer ISDN-Karte */
   #0101                    = 'TE_UP0',
   #0102                    = 'TE_S0',
   #0104                    = 'TE_UK0',
   #0108                    = 'TE_S2M',
   #0110                    = 'NT_UP0',
   #0120                    = 'NT_S0',
   #0140                    = 'NT_UK0',
   #0180                    = 'NT_S2M';
```

Als Namen der Tokenfelder wurden hier die Schlüsselworte PROCESSOR, PROCESS und EVENT verwendet. Dies sind Namen mit vordefinierter Semantik, die von verschiedenen SIMPLE-Werkzeugen ausgenutzt wird (siehe Abschnitt 4.4.1). Bei Werten von Tokenfeldern, die mit dem Zeichen # beginnen, handelt es sich um hexadezimal dargestellte Werte. Verschiedene Tokenwerte können ein und derselben anwendungsspezifischen Interpretation zugeordnet werden (siehe Tokenfelder für die Prozeß- und Ereignis-Kennung). Die Längen der drei Tokenfelder betragen 1 bzw. 2 Bytes.

Den konstanten E-Recordteil beschließt das Zeitfeld, vgl. Abb. 4.9. Die Beschreibung des Zeitfeldes besteht aus

- einem Namen, der ebenfalls frei wählbar ist (NAME IS),
- einer Formatangabe (FORMAT IS) und
- einer Festlegung der Art der Zeit (MODE IS).

```
/* --- Zeit-Stempel ----------------------------- */

TIME:
  NAME IS ACQUISITION;
  FORMAT IS ( UNSIGNED*5, 100 ns );
  MODE IS POINT;
```

Hier wurde für den Namen des Zeitfeldes ebenfalls ein vordefinierter Name, nämlich ACQUISITION gewählt. Das Zeitfeld besteht aus einem Wertefeld, das eine Länge von 5 Bytes besitzt. Die Zeitwerte sind als *Zeitpunkte* (POINT) in einer Auflösung von 100 ns zu interpretieren. Neben dem Zeitmodus POINT wird auch der Modus DISTANCE unterstützt. Dann wäre im Zeitfeld eines E-Records die vergangene *Zeitdauer*, also der zeitliche Abstand zum vorangegangenen E-Record aufgezeichnet.

Die E-Records der zu beschreibenden Spur unterscheiden sich in ihrer Länge. Ereignisse, die auf den Prozessoren Main-ISDN oder Remote-ISDN auftreten, enthalten zusätzliche Daten. Dies wird in TDL mit Hilfe von *abhängigen Feldern* beschrieben. Die vorliegende Spur hat deren vier, ein Füllfeld und drei Datenfelder:

```
/* --- Zusaetzliche Informationen bei Ereignissen -- */
/* --- auf den Prozessoren 'Main-ISDN' und --------- */
/* --- 'Remote-ISDN' -------------------------------- */

CASE PROCESSOR IN 'Main-ISDN', 'Remote-ISDN':

    FILLER OF 2 BYTE;

    DATA:
       NAME IS Paketnummer;
       FORMAT IS UNSIGNED * 4;

    DATA:
       NAME IS String;
       FORMAT IS UNTYPED * 4;
```

```
    DATA:
      NAME IS ZZK_Daten;
      IN RUCKSACK, LENGTH IN 2 BYTE;

END
```

Das erste zusätzliche E-Recordfeld enthält irrelevante/uninteressante Information (FILLER). Für eine korrekte Decodierung der Ereignisspur ist die Länge dieser irrelevanten Daten allerdings unumgänglich. Sie beträgt 2 Bytes. Bei den weiteren drei zusätzlichen Feldern handelt es sich um Datenfelder (DATA) mit relevanter Information. Das erste dieser Datenfelder enthält in 4 Bytes die Paketnummer von den an der ISDN-Karte ankommenden oder abgehenden Paketen. Dieses E-Recordfeld wird gefolgt von einem Datenfeld, das einen 4 Bytes langen String enthält. Das letzte Datenfeld enthält Daten des zentralen Zeichenkanals (ZZK_Daten). Seine Länge ist variabel, sie läßt sich allerdings aus seinen ersten 2 Bytes ermitteln. Damit hat dieses Datenfeld eine Mindestlänge von 2 Bytes. Ist der Eintrag in den ersten 2 Bytes 0, so ist kein Rucksack vorhanden. Die maximal zulässige Länge des Rucksacks beträgt $65535 = 2^{16} - 1$. Abb. 4.9 faßt den eben beschriebenen Aufbau der E-Records bildlich zusammen.

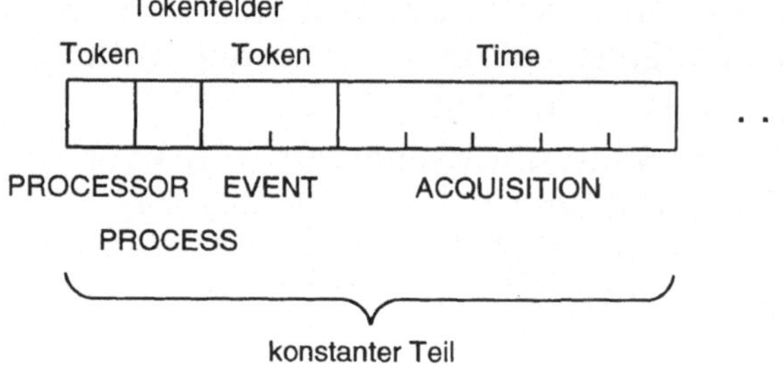

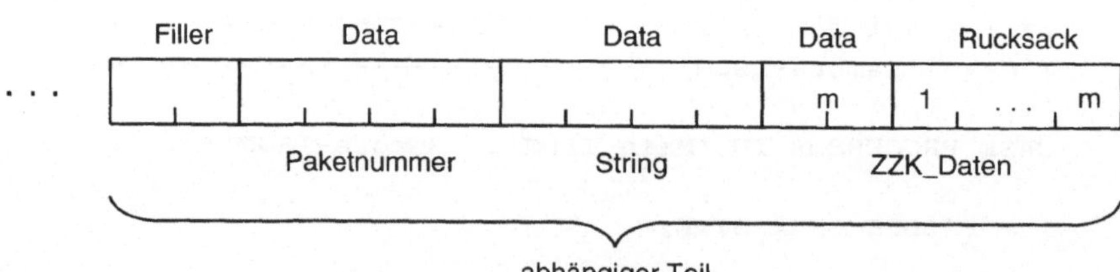

Abbildung 4.9: Physikalischer Aufbau eines E-Records aus der Messung am E-ISDN-Testsystem

4.2.5 Die Datenzugriffsschnittstelle POET

Dieser Abschnitt beschreibt die Lösung für das in Abschnitt 4.2.3 offen gebliebene Problem der Standardisierung der Zugriffsfunktionen auf Ereignisspuren. Diese Funktionen müssen beliebig formatierte und deshalb verschieden umfangreiche Ereignisdaten mit unterschiedlichen Bedeutungen verarbeiten und geeignet an das Analysepaket weitergeben können.

Für genau diese Aufgabenstellung wurde die POET-Schnittstelle von Mohr entwickelt [Moh87]. POET ist eine Sammlung von monitor- und objektsystemunabhängigen Funktionen, die dem Benutzer[25] auf einfache und effiziente Weise ermöglichen, auf beliebig formatierte Ereignisspuren problemorientiert zuzugreifen. Die POET-Funktionen benutzen die in einer TDL-Beschreibung enthaltenen Informationen, um auf die verschiedenen Ereignisspurformate zugreifen und diese decodieren zu können:

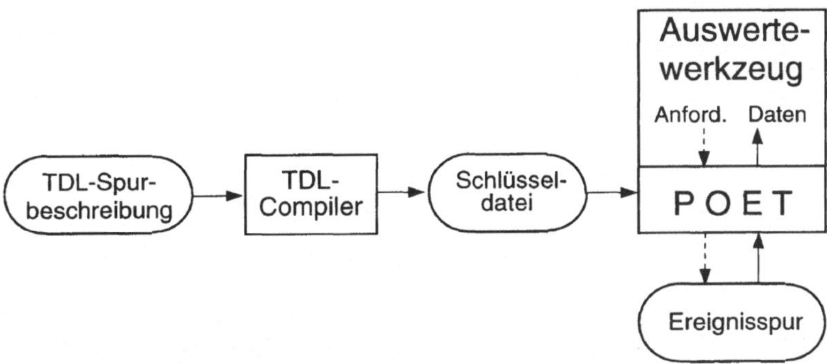

Abbildung 4.10: Ereignisspurzugriff mit TDL/POET

Wie in Abb. 4.10 dargestellt, lesen sie dazu jedoch nicht direkt die Datei mit der TDL-Beschreibung, sondern benutzen die sog. *Schlüsseldatei*. Diese wird durch einen Übersetzungsvorgang mit Hilfe des TDL-Compilers gewonnen und enthält dieselbe Information wie die TDL-Beschreibung, jedoch in kompakter und binärer Form. Diese Vorgehensweise hat mehrere Vorteile:

- Die aufwendige Überprüfung auf syntaktische Korrektheit der TDL-Beschreibung muß nicht jedesmal bei der Initialisierung des Ereignisspurzugriffs vorgenommen werden, sondern nur einmal bei der Erstellung der Schlüsseldatei durch den TDL-Compiler. Dadurch können sowohl die Überprüfungen selbst als auch die Fehlerlokalisierung und eine eventuelle Korrektur etwas umfassender gestaltet werden, ohne die Initialisierung zu verlangsamen. Der Compiler kann neben Syntaxfehlern auch semantische Unstimmigkeiten erkennen, wie z.B. die mehrfache Verwendung desselben Wertes für die Repräsentation verschiedener Interpretationen einer Kennung in einer TDL-Beschreibung.

[25] In der Regel wird der "Benutzer" diesen Vorteil nur mittelbar genießen; es wird zumeist der Werkzeugentwickler sein, der mit POET einen problemorientierten Zugriff auf die Spur ermöglicht. Vgl. Abschnitt 4.4.8

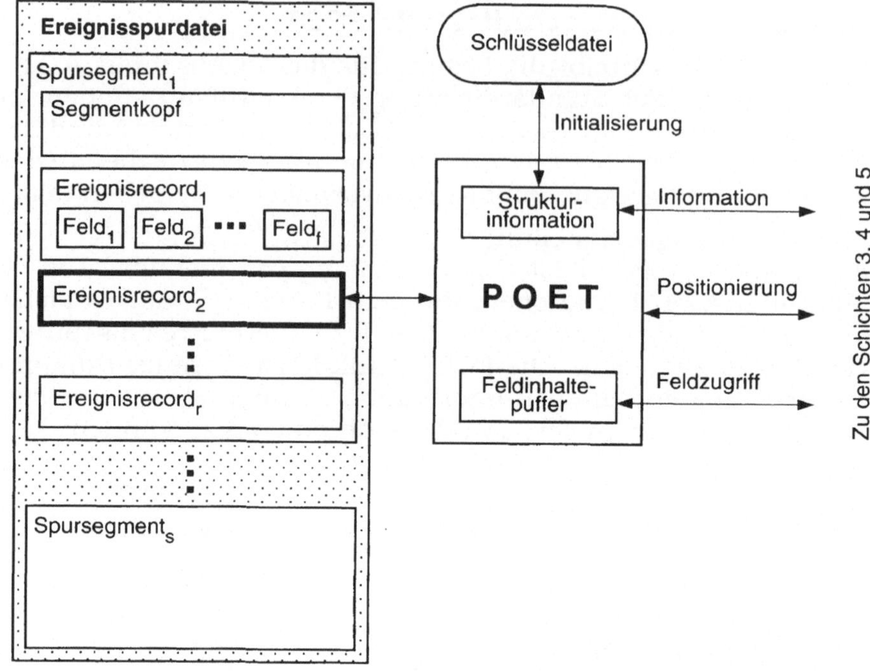

Abbildung 4.11: Funktionsweise von POET

- Das Einlesen der binären Schlüsseldatei und damit die Initialisierung der Zugriffsschnittstelle geht erheblich schneller vor sich, da diese kompakter ist und nur einfache, wenige Überprüfungen der Korrektheit des Schlüsseldatei-Inhalts notwendig sind. Dazu vermerkt der TDL-Compiler eine spezielle Typkennung für Schlüsseldateien und deren Länge am Anfang dieser Datei. Bei der Initialisierung werden dann diese beiden Angaben überprüft.

Da die Schlüsseldatei denselben Informationsgehalt wie die dazugehörige TDL-Beschreibung hat, kann man auch den Übersetzungsvorgang umkehren, um z.B. die TDL-Beschreibung bei einem eventuellen Verlust wiederherzustellen. Lediglich die Originalformatierung und die Kommentare können nicht rekonstruiert werden.

Doch welche Funktionalität und interne Struktur muß eine Datenzugriffsschnittstelle bieten, so daß sie bei der Analyse beliebig strukturierter Ereignisspuren verwendet werden kann? Die Basis bildet eine einfache Idee: Die Ereignisspur wird als generischer, abstrakter Datentyp, s. S. 94, oder wie bei der objektorientierten Programmierung als Objekt betrachtet. Die Analysewerkzeuge können auf die Ereignisspur nur über eine für alle Ereignisspurformate einheitliche und standardisierte Menge von generischen Funktionen zugreifen. Als Anhaltspunkt für den Grunddatentyp *Ereignisspur* und die darauf definierten Funktionen kann der in Abschnitt 4.2.3 beschriebene Aufbau von Ereignisspurdateien dienen (vgl. Abb. 4.6). Jede

Ereignisspur kann als Liste von Spursegmenten, die jeweils eine Liste von Ereignisrecords darstellen, betrachtet werden. Lediglich die Anzahl und der Typ der Ereignisrecordfelder ist unterschiedlich. Die für die Behandlung des Datentyps notwendigen Funktionen lassen sich bei POET in vier Gruppen einteilen (siehe Abb. 4.11):

- **Initialisierung:**
  Zunächst muß dem Zugriffssystem mitgeteilt werden, welches Format die zu lesende Ereignisspur aufweist, indem dem System die entsprechende Schlüsseldatei übergeben wird. Das POET-System liest die Datei ein und initialisiert mit deren Inhalt seine interne Strukturinformation.
- **Information:**
  Die über der Datenzugriffsschicht liegenden Schichten haben nun die Gelegenheit, mit Hilfe von Funktionen auf die Strukturinformation zuzugreifen. Sie können somit feststellen, welche Recordfelder mit welchem Namen und Typ die zu analysierende Ereignisspur besitzt. Darüber hinaus stellt POET Funktionen zur Verfügung, um auch andere Attribute von Recordfeldern, wie z.B. die Auflösung einer Zeitinformation oder eine Liste aller Interpretationen einer Kennung zu erfragen.
- **Positionierung:**
  Der eigentliche Zugriff auf die Ereignisdaten zerfällt in zwei Phasen. In der ersten wird zunächst der Ereignisrecord ausgewählt, dessen Inhalt als nächstes analysiert werden soll. Da Ereignisrecords eine variable Länge haben können, die vom Inhalt der Ereignisrecords wie z.B. Typkennzeichen abhängt, kann die Positionierung nur unter Decodierung der Ereignisspur mit Hilfe der Strukturinformation erfolgen. Die Decodierung wird solange weitergeführt, bis der gewünschte Ereignisrecord erreicht wird. Als Nebenprodukt bei der Decodierung werden interne Puffer mit den decodierten Feldinhalten gefüllt. POET stellt drei Möglichkeiten der Positionierung zur Verfügung: sequentielle ("gib mir den nächsten Record"), relative ("vorwärts/rückwärts") und absolute ("gehe zum n-ten Record") Positionierung.
- **Feldzugriff:**
  In der zweiten Phase erfolgt dann der eigentliche Zugriff auf die Ereignisdaten. Die Zugriffsfunktionen von POET liefern den darüberliegenden Schichten die in den Puffern gespeicherten Feldinhalte in einer effizienten Form.

4.2.6 Vorteile des TDL/POET-Zugriffskonzepts

Das TDL/POET-Zugriffspaket wurde unter dem Betriebssystem UNIX in der Programmiersprache C implementiert. Ein Prototyp wurde 1987 entwickelt und seitdem in zahlreichen Projekten eingesetzt. Das steigende Interesse und zwei Jahre Erfahrungen im Umgang mit diesem Werkzeug führten 1989 zu einer kompletten Neuentwicklung und -implementierung des Pakets und der dazugehörigen Werkzeuge. Die nun verfügbare Version 5.3 erlaubt trotz erweiterter Funktionalität gegenüber dem Prototyp einen 10 bis 20 mal schnelleren Zugriff auf die Ereignisspur. Für diese Version existiert eine ausführliche Beschreibung und Benutzerdokumentation [Moh92b]. Wegen der Bedeutung der Schnittstellen der Datenzugriffsschicht, insbesondere was die universelle Anwendbarkeit der Analysen der darüberliegenden Schichten angeht, fassen wir noch einmal die Vorteile des TDL/POET-Zugriffskonzepts zusammen:

- TDL/POET ermöglicht einen effizienten, einfachen und problemorientierten Zugriff auf Ereignisspuren beliebiger Herkunft. Dadurch kann die Analyse unabhängig von konkreten Realisierungen des Monitor- oder Objektsystems durchgeführt werden.
- TDL/POET stellt eine universelle Schnittstelle zwischen Monitoring und Analyse der Ereignisdaten dar. Dies ermöglicht sowohl eine unabhängige Entwicklung von Monitor- und Analysesystem als auch eine (zeitliche und personelle) Entkopplung zwischen der Aufzeichnung und der Analyse der Daten.
- POET ist eine wiederverwendbare, portable Funktionsbibliothek in der Programmiersprache C. Falls mit den bereits existierenden Auswertewerkzeugen die gewünschten Analysen nicht vorgenommen werden können, kann der Benutzer mit Hilfe von POET schnell und einfach eigene Analyseprogramme erstellen. Diese sind dann automatisch auf beliebig formatierte Ereignisspuren anwendbar. Ein Beispielprogramm findet der interessierte Leser in Abschnitt 4.4.8.
- Durch die Verwendung von Schnittstellen wie z.B. TDL/POET wird eine (durchaus problematische) Standardisierung eines Ereignisspurformats für die Analyse von parallelen und verteilten Systemen überflüssig.

Man könnte nun meinen, daß man durch die Benutzung eines solch komplexen Datenzugriffspakets wie TDL/POET spürbare Leistungs- und Effizienzeinbußen hinnehmen muß. Eine Messung zeigte jedoch, daß ein übliches Analyseprogramm nur 5 bis 10% seiner Zeit in der Datenzugriffsschicht verbringt. Bei Werkzeugen, die graphische Darstellungen generieren und heutige Graphikpakete wie das X-Fenstersystem benutzen, liegt der Wert sogar unter 1%. Würde man nun die universell anwendbaren POET-Routinen durch speziell auf ein Ereignisspurformat optimierte Funktionen ersetzen, so könnte man selbst bei einem zehnmal so schnellen Datenzugriff (was im Bereich des Möglichen liegt) die Gesamtleistung nur unwesentlich steigern, man würde aber dabei die Unabhängigkeit vom Ereignisspurformat verlieren [Zie90].

4.3 Selektion von Ereignissen

In praktisch allen Fällen wird eine Ereignisspur mehr Information enthalten, als zu einer einzelnen Analyse benötigt wird, oder auch zusätzliche Daten, die für eine bestimmte Auswertung irrelevant oder gar störend sind. Es liegt also nahe, nur die gewünschten Teile aus der Ereignisspur zu selektieren. Ein selektierter Teilbereich oder Teilaspekt wird zumeist als *Sicht* (view) bezeichnet. Wie in Abschnitt 4.1 bereits erwähnt, unterscheidet man je nach Art der Selektionsvorschrift zwischen *Auswählen* (Filtern) und *Zusammenfassen* (Cluster-Bildung).

Beim Filtern wird die Ereignisspur unidirektional durchsucht. Dabei werden die Inhalte der Felder des aktuellen Ereignisrecords mit Konstanten, Variablen und anderen Werten desselben Ereignisrecords verglichen. Aus den Ergebnissen dieser Vergleiche wird durch vorgegebene logische Verknüpfungen ein Wahrheitswert errechnet, der angibt, ob der aktuelle Record selektiert wird oder nicht. Für das Filtern stehen prinzipiell zwei Vorgehensweisen zur Wahl (siehe Abb. 4.12):

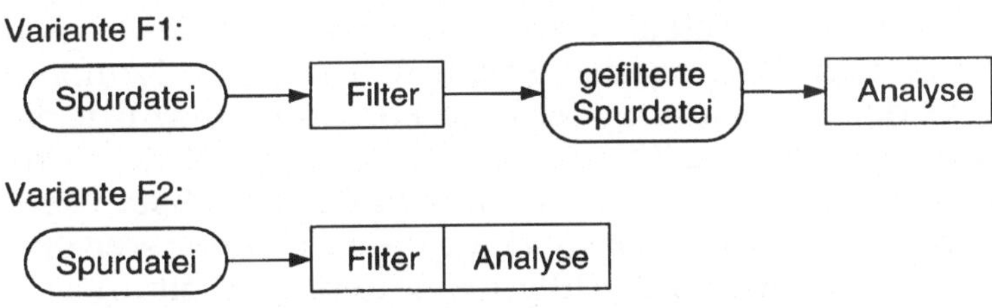

Abbildung 4.12: Varianten der Ereignisspurfilterung

- Bei der ersten Variante (F1) ist der Filter ein eigenständiges Programm. Mit dessen Hilfe wird aus der gemessenen Ereignisspur eine neue, reduzierte Ereignisspur gewonnen, die dann an Stelle der ursprünglichen Spur zur Analyse herangezogen wird. Dies hat den Vorteil, daß die Analyse nicht durch die Filteroperationen verlangsamt wird. Wird die reduzierte Spur mehrmals zur Analyse verwendet, ergibt sich ein Zeitgewinn gegenüber der Variante F2. Der große Nachteil ist jedoch, daß auf dem Speichermedium des Analyserechners eine Menge redundanter Daten entsteht. Dies wiegt um so mehr, als Ereignisspuren normalerweise sehr viel Speicherplatz benötigen und oft mehrmals mit verschiedenen Filterkriterien untersucht werden. Außerdem ist ein höherer Aufwand zur Datenverwaltung nötig.
- Bei der anderen Variante (F2) ist der Filter Bestandteil des Analysesystems. Der Filter ermöglicht hier auf Anforderung des Analyseteils einen bedingten (gefilterten) Zugriff auf den nächsten gewünschten Ereignisrecord. Bei dieser Realisierung wird eine redundante Datenhaltung vermieden, dafür müssen bei mehrmaliger Analyse derselben Ereignisspur jedesmal die Filteroperationen von neuem durchgeführt werden.

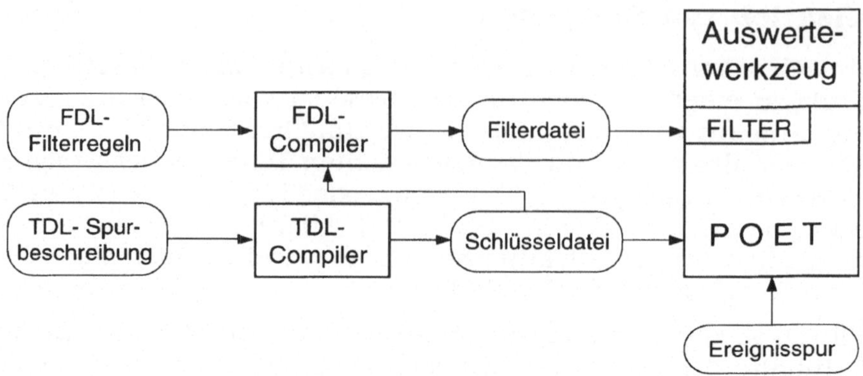

Abbildung 4.13: Zusammenspiel zwischen FILTER und TDL/POET

In SIMPLE wurde Variante F2 verwendet, da eine Speicherung redundanter Daten unerwünscht war. Zweck des Filterns ist ja Datenreduktion. Außerdem kann sehr leicht durch Austausch der Analyse- mit einer Ausgabekomponente mit der gleichen Filterimplementierung bei Bedarf ein Filterprogramm vom Typ F1 erstellt werden. Die Struktur der Implementierung des Filters und sein Zusammenspiel mit den anderen Komponenten zeigt Abb. 4.13. Bei der Realisierung der Filterkomponente wurde ein ähnlicher Ansatz gewählt wie bei TDL/POET. Es gibt eine zusätzliche Funktion in der POET-Schnittstelle, die die Positionierung auf den nächsten Ereignisrecord erlaubt, der den vom Benutzer vorgegebenen Selektionsregeln entspricht. Diese Filterregeln können mit Hilfe der Filterbeschreibungssprache FDL (*F*ilter *D*escription *L*anguage) angegeben werden.

Analog zu der Vorgehensweise bei POET wird auch hier die Beschreibungsdatei zunächst mit Hilfe des FDL-Compilers in eine kompakte binäre Form, die Filterdatei, übersetzt. Da der FDL-Übersetzer auch die dazugehörige Schlüsseldatei benutzt, können zur Spezifikation der Filterregeln die Namen und Interpretationen, die für die Ereignisspur in TDL definiert sind, verwendet werden bzw. der FDL-Compiler kann deren richtige Verwendung sicherstellen.

4.3.1 Die Filterbeschreibungssprache FDL

Der Sprachumfang von FDL ist sehr umfangreich und läßt auch die Spezifikation komplexer Selektionsregeln zu. Die Basis bilden Bedingungen, die aus logischen Verknüpfungen von Vergleichen von Konstanten, Filtervariablen und Ereignisrecordfeldern gebildet werden können. In Abhängigkeit von den Bedingungen kann ein Ereignisrecord selektiert, eine Filtervariable geändert oder zu anderen Filterregeln verzweigt werden. Letzteres wird erreicht, indem Filterregeln in sog. *Filtermodule* zusammengefaßt werden. Zum besseren Verständnis der Sprache wird zunächst ein einfaches Beispiel betrachtet. Das Beispiel 4.1 baut auf dem in Abschnitt 4.2.4 beschriebenen TDL-Beispiel eines ISDN-Testsystems auf.

Beispiel 4.1: Ein einfacher Filter

Für die Messung des E-ISDN-Testsystems von Abb. 4.8 wird angenommen, daß man nur an Ereignissen des Main-Testers interessiert sei, da ja der Remote-Tester identisch aufgebaut ist. Diese Beschränkung auf Ereignisse des Main-Testers kann mit der folgenden Beschreibung erreicht werden:

```
FILTERMODULE:
   NAME IS MainTester;
   ACTIONS
     IF (PROCESSOR == 'Main-CPU' OR PROCESSOR == 'Main-ISDN')
        PASS RECORD;
```

Jedes Filtermodul besteht aus einem Kopfteil (eingeleitet durch das Schlüsselwort `FILTERMODULE`, gefolgt von einer Namensdeklaration) und dem Filterhauptteil (eingeleitet vom Wort `ACTIONS`, gefolgt von den Filteranweisungen). In diesem Beispiel bestehen die Anweisungen nur aus einer *bedingten Anweisung*, nämlich dem Kommando `PASS RECORD`. Dieses veranlaßt das Weiterreichen des derzeitigen Ereignisrecords an die Anwendung/das Werkzeug. Sie wird jedoch nur ausgeführt, wenn die angegebene Bedingung wahr ist (hier: wenn die Prozessorkennung `Main-CPU` oder `Main-ISDN` ist).

Das Filterwerkzeug durchläuft mit Hilfe von POET-Funktionen die Ereignisspur recordweise und führt für jeden Ereignisrekord die Regeln und Kommandos des jeweils aktiven Filtermoduls aus. War eines der auszuführenden Kommandos ein `PASS RECORD`, so gibt das Filterwerkzeug die Kontrolle an das Auswertewerkzeug ab, so daß dieses den Ereignisrecord analysieren kann. Andernfalls fordert es den nächsten Ereignisrecord an und beginnt die Auswertung des Filtermoduls von neuem.

Filterbeschreibungen können sehr komplex[26] sein. Das folgende Beispiel zeigt die Verwendung von mehr als einem Filtermodul und die Benutzung von Zählern (`COUNTER`) zur Verwaltung der Vorgeschichte.

Beispiel 4.2: Ein Filter mit Gedächtnis

Durch andere Werkzeuge, z.B. durch Validierungswerkzeuge, habe man Hinweise bekommen, daß irgend etwas schief gelaufen ist, nachdem das 235-te Nutzpaket vom Main-Tester verschickt wurde. Man möchte nun alle Ereignisse betrachten, die zwischen dem Senden dieses Paketes und den nächsten zehn Paketen aufgetreten sind. Dies kann folgendermaßen

---

26 Komplex deshalb, weil nunmehr statt einfacher Abfragen von Inhalten einzelner E-Recordfelder diese Inhalte von FILTER in internen Berechnungen weiterverarbeitet werden, wobei i.a. kontextabhängige Entscheidungen getroffen werden. Der in Beispiel 4.2 betrachtete Zähler ist ein einfaches Beispiel für ein die Vorgeschichte beschreibendes "Gedächtnis".

beschrieben werden:

```
START FILTERMODULE:
   NAME IS SearchBegin;
   INIT COUNTER sent = 0;
   ACTIONS
     IF EVENT == 'DL_DATA_REQ'
        INCREMENT sent;
     IF sent >= 235 DO
        PASS RECORD;
        SWITCH TO NextTen;
     END

FILTERMODULE:
   NAME IS NextTen;
   INIT COUNTER got = 0;
   ACTIONS
     PASS RECORD;
     IF EVENT == 'DL_DATA_IND'
        INCREMENT got;
     IF got == 10 EXIT;
```

Zunächst beschreiben wir das Filtermodul `SearchBegin`, welches das 235-te Nutzpaket findet, das vom Main-Tester verschickt wird. Wir deklarieren einen Zähler `sent`, der jedesmal um eins erhöht wird, wenn ein entsprechendes Paket verschickt wird. Wenn beim Durchsuchen der Spur das entsprechende Sende-Ereignis erreicht ist, geben wir den zugehörigen Ereignisrecord weiter und springen zum Filtermodul `NextTen`. Dieses wird ab dem nächsten Ereignisrecord verwendet.

Mit dem Filtermodul `NextTen` zählen wir empfangene Nutzpakete auf dem Remote-Tester. Durch ein unbedingtes `PASS RECORD` Kommando erreicht man, daß jeder Ereignis-Rekord an das Werkzeug weitergegeben wird. Falls das zehnte Nutzpaket erreicht wird, beenden wir die Analyse (mit dem Kommando `EXIT`).

Die Filtersprache FDL bietet noch weitergehende Möglichkeiten, Filterregeln zu spezifizieren (z.B. Filtervariablen, um Werte von Ereignisfeldern zu speichern, sowie einen ausgeklügelten Mechanismus, verschiedene Rückgabewerte an die übergeordneten Schichten weiterzugeben). Der interessierte Leser sei hier auf die Benutzerdokumentation [Lah90, Moh92a, Moh92b] verwiesen.

4.4 Auswertewerkzeuge

Gemessene Ereignisspuren enthalten eine Ansammlung von mehr oder weniger detaillierten Informationen über das dynamische Ablaufgeschehen des beobachteten Rechensystems. Die Wahrnehmung des Menschen hat allerdings Schwierigkeiten, aus einer unaufbereiteten Auflistung der enthaltenen Ereignisse geeignete Schlüsse zu ziehen. Außerdem ist nicht immer jedes Detail in der Ereignisspur für jedes gewünschte Auswerteziel von Bedeutung. Vielmehr ist gefordert, verschiedene Sichten auf ein und dieselbe Ereignisspur zu ermöglichen, wobei unterschiedliche Aspekte der in der Ereignisspur enthaltenen Information Betonung finden. Deshalb bietet die Auswerteumgebung SIMPLE einen Kasten von Werkzeugen an, die dieser Forderung nach unterschiedlichen Sichten auf eine Ereignisspur Rechnung tragen.

Welche Arten von Darstellungen für Meßergebnisse aus Rechensystemen im allgemeinen — und für parallele und verteilte Systeme im besonderen — aussagekräftig sind, fassen wir in Anlehnung an Ferrari [FSZ83] in nachfolgender Liste zusammen:

- Histogramme (statistisch)
- Stabdiagramme (statistisch)
- Kurvendiagramme (statistisch)
- Kiviatgraphen (statistisch)
- Boxplots (statistisch)
- Zeit-Zustands-Diagramme (ablauforientiert)
- Kausalitätsdiagramme (ablauforientiert)

In der Liste wurde eine Klassifizierung der Ergebnisdarstellungen nach ihrer Eignung für die Darstellung statistischer oder ablauforientierter Auswertungen vorgenommen. Unter *statistischer Auswertung* verstehen wir dabei summarische Berechnungen wie Mittelwert, Median und Varianz, wo bereits eine erste Abstraktion der aufgezeichneten Ereignisspur vorgenommen und von den individuellen Zeitwerten jedes einzelnen E-Records abstrahiert wird. Gerade der individuelle Zeitwert jedes E-Records spielt aber bei *ablauforientierten Auswertungen* eine entscheidende Rolle: Die Abszisse graphisch dargestellter ablauforientierter Auswertungen ist stets die reale Zeitachse. Die vorgeschlagene Klassifizierung ist auf die Auswertewerkzeuge von SIMPLE übertragbar. Unter die Klasse der *statistikorientierten Auswertewerkzeuge* fallen

- TRCSTAT (*TRaCe STAT*istics) zur Berechnung von Ereignishäufigkeiten und Abständen zwischen Ereignissen und
- FACT (*F*ind *ACT*ivities) zur Berechnung der Dauer von Aktivitäten.

Ablauforientierte Auswertewerkzeuge sind

- GANTT (*GANTT*-diagrams) zur Darstellung der Wechsel zwischen verschiedenen Zuständen über der Zeit,

- HASSE (*HASSE*-diagrams) zur Darstellung von Kausalitätsbeziehungen über der Zeit, sowie
- VISIMON (*VIS*ual*I*zation of *MON*itoring data) und SMART (*S*low *M*otion *A*nimated *R*eview of *T*races) zur Animation von Ereignisspuren.

Neben diesen auf Leistungsaussagen abzielenden Auswertewerkzeugen existieren in SIMPLE *Validierungswerkzeuge*, mit denen die Ereignisspur auf die Erfüllung gewisser Regeln und Zusicherungen hin überprüft werden kann. Ein Beispiel hierfür stellt das Werkzeug VARUS dar. Aber auch FACT, das für statistische Auswertungen eingesetzt wird, erfüllt durch sein Suchen nach Vorkommen spezifizierter Aktivitäten die Aufgaben eines Validierungswerkzeuges.

Im nachfolgenden Abschnitt wird auf die grundsätzliche Struktur von Analysewerkzeugen eingegangen, die nach dem Konzept der separaten Spurbeschreibung (Weg 3 in Abb. 4.3) arbeiten. Auf die konkreten Eigenschaften und Möglichkeiten der so konstruierten Auswertewerkzeuge TRCSTAT, FACT, GANTT, HASSE und VARUS werden wir näher eingehen. Ein Überblick über zur Zeit verfügbare Werkzeuge schließt das Kapitel ab.

4.4.1 Grundsätzliche Struktur der Analysewerkzeuge

Wie in den letzten Abschnitten gezeigt, können unter Verwendung des TDL/POET-Zugriffspakets Werkzeuge implementiert werden, die sowohl die Aufzeichnung als auch den Zugriff und die Selektion unabhängig von der Struktur und Repräsentation der Ereignisspur und von den beobachteten Anwendungen erlauben. Dies ist möglich, weil diese Aufgaben keine Kenntnis der Semantik der Monitoringdaten benötigen. Da die Analyse im Gegensatz dazu ein semantik-behafteter Vorgang ist, können Analysewerkzeuge nicht vollständig unabhängig von der zu analysierenden Anwendung bzw. vom Objektsystem implementiert werden. Dieser Abschnitt beschäftigt sich damit, wie Analysewerkzeuge aufgebaut sein müssen, damit sie für eine möglichst große Zahl verschiedener Anwendungen verwendet werden können. Der schon für den Zugriff auf Felder in der Ereignisspur entwickelte Ansatz, mit einer separaten Spurbeschreibung Spurformat und Auswerteverfahren zu entkoppeln, vgl. Abb. 4.3, wird sinngemäß auch auf das Filtern und die Ansteuerung der Auswertewerkzeuge übertragen (siehe Abb. 4.14):

- Alle Werkzeuge benutzen das TDL/POET-Zugriffspaket für den Datenzugriff und das FILTER-Modul für die Selektion von Ereignisspuren. Dies hat mehrere Vorteile: Zunächst sind damit die Analysewerkzeuge unabhängig von der Struktur und Repräsentation der Monitoringdaten und können so Ereignisspuren beliebiger Herkunft analysieren. Zweitens sind mit der (einmaligen) Erstellung der nötigen TDL-Beschreibung sämtliche Werkzeuge dem neuen Spurformat angepaßt. Durch die Verwendung derselben Selektionsschicht haben alle Werkzeuge bezüglich des Filterns die gleiche Benutzeroberfläche. Darüber hinaus können häufig

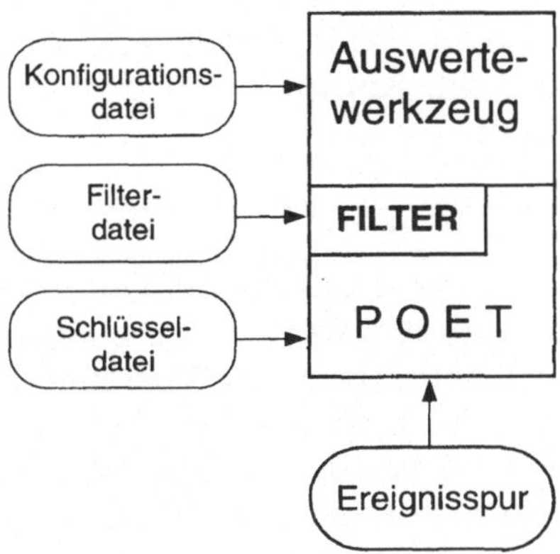

Abbildung 4.14: Grundsätzliche Philosophie bei SIMPLE-Werkzeugen

die gleichen Filterdateien für die verschiedenen Analysewerkzeuge benutzt werden. Der letzte Vorteil liegt darin, daß die Analysewerkzeuge über die TDL-Schnittstelle auf die Namen und Interpretationen, die für die jeweilige Ereignisspur definiert sind, zugreifen können und diese für eine problemorientierte Ein- und Ausgabe, wie z.B. bei Beschriftungen in graphischen Darstellungen, verwenden können.

- Die Analysewerkzeuge selbst sind so implementiert, daß sie zur Durchführung der gewünschten Analyse die Semantik der Meßdaten nicht benötigen. Dies geschieht folgendermaßen: Jedes Werkzeug stellt für den Aufruf seiner Analysemöglichkeiten eine flexible Kommandosprache zur Verfügung. Diese umfaßt zum einen einen festen Vorrat von Schlüsselwörtern, der den Leistungsumfang des Werkzeugs, also die angebotenen Kommandos u.ä., repräsentieren. Zum anderen können hier vom Benutzer Recordfeldnamen angegeben werden. Dies bedeutet, daß das Kommando bei jedem Ereignisrecord die Inhalte der entsprechenden Recordfelder für seine Berechnung benutzen soll. Der Benutzer speichert sodann alle von ihm gewünschten Analysen in einer sog. Konfigurationsdatei[27]. Auf diese Weise kann er, nachdem er diese Datei einmal erstellt hat, die darin gespeicherten Analysevorschriften auf mehrere Ereignisspuren anwenden.

  Diese Vorgehensweise hat ebenfalls mehrere Vorteile: Erstens ist das Werkzeug sehr leicht an neue Systeme oder Problemstellungen anpaßbar, da es durch die flexible Kommandosprache einfach und schnell programmiert werden kann. Zweitens kann das Auswertewerkzeug prüfen, ob die angegebenen Recordfelder in der Ereignisspur definiert sind und deren Typ dem vom aufgerufenen Kommando benötigten Typ entspricht. Für das Analysewerkzeug sind die angegebenen Namen frei wählbare, semantikfreie Bezeichner, so daß das Werkzeug unabhängig von der Bedeutung der Ereignisdaten arbeiten kann. Da die Namen jedoch für den

---

27 Die Auswertewerkzeuge von SIMPLE sind auf vielfältige Weise einstellbar, sei es mit Parametern zur Gestaltung der Ergebnisdarstellung (z.B. bei GANTT), sei es durch Kommandofolgen für die Auswertung (z.B. bei TRCSTAT). Wir wollen derartige Parameter- und Kommandodateien in Kap. 4 unter der Bezeichnung "Konfigurationsdatei" zusammenfassen.

Benutzer mit einer gewissen Bedeutung verknüpft sind, entsteht für ihn der Eindruck, er könne die Kommandos problemorientiert und anwendungsorientiert angeben.

Durch die vielfältigen Programmiermöglichkeiten ist natürlich der Einarbeitungsaufwand hoch, und die Bedienung der Werkzeuge erfordert eine gewisse Erfahrung seitens des Benutzers. Doch gerade diese Möglichkeit der Programmierung des Analysewerkzeugs zusammen mit seiner universellen Anwendbarkeit bietet noch weitere Vorteile: Es ist sichergestellt, daß auch bei sehr großen und komplexen Anwendungen die Werkzeuge noch benutzt werden können und von erfahrenen Anwendern auch verwendet werden wollen! Und zweitens kann ein erfahrener Monitoringexperte bei Bedarf sehr schnell ein mit dem Verfahren separater Spurbeschreibungen arbeitendes Analysesystem an ein neues Objektsystem und die dafür gewünschten Analysen anpassen, indem er einfach die erforderlichen Spur- und Filter-Beschreibungen und Konfigurationsdateien erstellt. Dann können z.B. mit Hilfe eines Menüsystems die damit erstellten Analysemöglichkeiten auch für unerfahrene Benutzer zur Verfügung gestellt werden. Reichen diesem Benutzer dann die angebotenen Analysen nicht aus, so können diese einfach und schnell angepaßt oder erweitert werden. Dies wäre bei einem nur für ein bestimmtes Objektsystem benutzbaren oder einem auf nur ein Programmiermodell (z.B. *message passing*) festgelegten Analysewerkzeug[28] nicht oder nur mit sehr großem (Programmier-)Aufwand möglich.

Das Filtermodul ist ein gutes Beispiel dafür, wie ein Werkzeug unabhängig von der Bedeutung der Eingabedaten implementiert werden kann. Leider ist das nicht immer ganz möglich. Man denke nur an ein Werkzeug zur Aktivitätenerkennung, das natürlich wissen muß, in welchem Feld des Ereignisrecords die aufgetretene Aktivität vermerkt ist. Bei vielen Monitoringprojekten hat sich jedoch gezeigt, daß man mit einer erstaunlich geringen Informationsmenge über die Bedeutung der Ereignisdaten in praktisch allen Fällen auskommt. Für viele Analysen genügt schon die Kenntnis der Hauptattribute eines Ereignisses, also des Ereignisnamens, der Zeit und des Ortes. Diese Erkenntnis führte bei der Implementierung der SIMPLE-Analysewerkzeuge dazu, daß ein Auswertewerkzeug nur mit einer Reihe von fest definierten Standardnamen auf die Hauptattribute zugreift. Folgende Standard-Recordfeldnamen wurden dafür definiert:

EVENT

Dieses Recordfeld enthält die Kennung des aufgetretenen Ereignisses. Deswegen hat dieses Feld immer den Typ Kennung oder Bitkennung. Die Interpretationen dieses Recordfelds geben die Menge aller für diese Ereignisspur definierten Ereignisse wieder.

---

[28] Beispiele hierfür sind so erfolgreiche Auswerteumgebungen wie ParaGraph [HE91a, HE91b], PIE [L+89], Multiple Views [LMF90], TraceView [MHJ91] oder IPS-2 [MCH+90]

ACQUISITION

Dieses Feld enthält die Zeit, zu der das Ereignis vom Monitorsystem erfaßt (acquire) und aufgezeichnet wurde. In einer korrekten Spur sind die Ereignisrecords nach dieser Zeitinformation geordnet.

PROCESS

Ein Feld, das angibt, welcher Prozeß das Ereignis ausgelöst hat. Hat dieses Recordfeld den Typ Kennung oder Bitkennung, geben die Interpretationen die Menge aller Prozeßidentifikationen wieder, die für diese Ereignisspur definiert sind.

PROCESSOR

Dieses Feld gibt an, auf welchem Prozessor (Objektknoten) das Ereignis stattgefunden hat. Auch hier geben die eventuell definierten Interpretationen die Menge aller Prozessorkennungen wieder.

CHANNEL

Dieses Feld gibt an, auf welchem Kommunikationskanal das Ereignis aufgetreten ist. Die eventuell definierten Interpretationen geben die Menge aller Kanalkennungen wieder.

Mit der Benennung eines Recordfeldes mit einem der oben aufgeführten Namen gibt der Benutzer an, daß der Inhalt dieses Feldes semantisch die entsprechende Bedeutung hat. Die Analysewerkzeuge können dann mit dieser semantischen Absicherung auf die Felder im Ereignisrecord zugreifen. Bei Bedarf kann natürlich diese Liste von Namen erweitert werden. Es ist auch denkbar, einige Namen von Ereignissen, die in vielen Objektsystemen definiert sind, z.B. Kommunikationsereignisse, zu standardisieren. Diese könnte man dann beispielsweise für die Implementierung eines Werkzeuges zur graphischen Darstellung der Kommunikation eines parallelen Programms ausnutzen.

4.4.2 Statistische Auswertungen über Elementarereignisse

Der einfachste Weg zum Nachweis der höheren Leistungsfähigkeit eines parallelen oder verteilten Systems gegenüber einem sequentiellen sind einfache Rechenzeitmessungen und Häufigkeitszählungen, die meist in Form von Mittelwerten etc. statistisch aufbereitet werden. Statistische Auswertungen lassen sich meist einer der folgenden Gruppen zuordnen:

- Das *Zählen des Auftretens* bestimmter Ereignisse, um absolute/relative Häufigkeiten bzgl. der Inanspruchnahme bestimmter Dienste und Prozeduren im dynamischen Ablauf bestimmen zu können.
- Die *Bestimmung der Distanz* zwischen dem mehrfachen Auftreten ein und desselben Ereignisses. Zwischenankunftszeiten und Abfertigungszeiten von Paketen sind typische Beispiele für derartige Auswertungen.

- Die *Bestimmung der Dauer* interessierender Abschnitte des Gesamtsystems. Beispiele hierfür sind Laufzeiten von Prozeduren oder Übertragungszeiten von Nachrichten.

Derartige Auswertungen lassen sich mit jedem gängigen Statistikprogramm ausführen. In der SIMPLE-Analyseumgebung steht dafür das Auswertewerkzeug TRCSTAT [Moh92b] zur Verfügung. Es unterstützt obige drei Gruppen von möglichen statistischen Auswertungen durch die drei Berechnungskommandos

- FREQUENCY, zur Berechnung der Häufigkeiten des Auftretens von Interpretationen eines Tokenfeldes,
- DISTANCE, zur Berechnung des zeitlichen Abstandes zwischen dem jeweiligen Auftreten von Ereignisrecords mit einer bestimmten Interpretation eines Tokenfeldes, und
- DURATION, zur Berechnung der zeitlichen Dauer zwischen Ereignisrecords mit bestimmten Interpretationen von Tokenfeldern.

Alle in der Konfigurationsdatei spezifizierten statistischen Auswertungen werden von TRCSTAT in einem einzigen Lauf durch die auszuwertende Ereignisspur berechnet und in textueller Form ausgegeben, wobei das Ergebnis jeder spezifizierten Auswertung durch eine eigene Kennung von anderen Auswertungen unterschieden werden kann. Diese Kennzeichnung der spezifizierten Auswertungen erlaubt es, die berechneten Ergebnisse mit Standard-Unix-Werkzeugen wie AWK und SED [Her91, Dou92] in Verbindung mit gängigen Graphikpaketen wie XGRAPH[29], XMGR[30] [Tur92] oder GNUPLOT[31] [WK93] geeignet aufzubereiten.

Beispiel 4.3: Ereignishäufigkeiten

Für die Auswertung der Messung am E-ISDN-Testsystem interessieren uns die Häufigkeiten des Auftretens der durch die Instrumentierung festgelegten Ereignisse. Dies können wir durch die folgende TRCSTAT-Anweisung in der zugehörigen Konfigurationsdatei erreichen:

```
FREQUENCY EVENT PROCESSOR
```

Das Auftreten der Interpretationen des Tokenfeldes EVENT wird gezählt. Die Angabe des Tokenfeldes PROCESSOR erzwingt eine Auffächerung der Berechnung der Häufigkeiten nach den unterschiedlichen Prozessoren (Interpretationen des Tokenfeldes PROCESSOR).

[29] XGRAPH ist ein Zeichenprogramm von David Harrison (University of Carlifornia, Berkeley Electronics Research Lab), das als Public Domain Software frei verfügbar ist (FTP-Server: shambhala.Berkely.EDU (128.32.132.54), Verzeichnis: /pub).

[30] XMGR ist ein Zeichenprogramm von Paul J. Turner, das als Public Domain Software frei verfügbar ist (FTP-Server: ftp.ccalmr.ogi.edu (129.95.72.34), Verzeichnis: /CCALMR/pub/acegr).

[31] GNUPLOT ist ein interaktives Zeichenprogramm von T. Williams et.al., das als Public Domain Software frei verfügbar ist (FTP-Server: irisa.irisa.fr (131.254.2.3), Verzeichnis: /pub).

Würde die Angabe PROCESSOR beim FREQUENCY-Kommando fehlen, so würde TRCSTAT lediglich eine globale Häufigkeitsverteilung der Ereignisse ermitteln. Eine Auffächerung, wie für das FREQUENCY-Kommando angegeben, ist in TRCSTAT für jedes Berechnungskommando erlaubt, so daß auch zeitliche Dauern und Distanzen aufgefächert nach Prozessen, Prozessoren u.ä. leicht zu ermitteln sind.

Das Ergebnis, das TRCSTAT mit obiger Konfigurationsdatei erzielt, zeigt Tab. 4.2. Aufgefächert nach den fünf gemessenen Prozessoren werden die absoluten Häufigkeiten der aufgetretenen Ereignisse aufgelistet. Wir erkennen beispielsweise, daß die Zahl der abgehenden Schicht-2- und Schicht-3-Pakete (Summe der Ereignisse `L2-Frame -> ISDN` und `L3-Frame -> ISDN`) der Zahl der von der ISDN-Karte weiterverarbeiteten Pakete (Ereignis `TE_S0`) entspricht. Dies gilt für den *Main-Tester* ebenso wie für den *Remote-Tester*. Betrachten wir die 287 an der ISDN-Karte entgegengenommenen Pakete (Ereignis `NT_S0`), so stimmt diese mit der auf der `Main-CPU` (148) bzw. `Remote-CPU` (139) insgesamt ankommenden Zahl der Schicht-2- und Schicht-3-Pakete überein. Die letzte Spalte der Tabelle gibt die Gesamthäufigkeit jedes Ereignisses an (entspricht der TRCSTAT-Anweisung `FREQUENCY EVENT`). Die letzte Zeile der Tabelle gibt die Anzahl der Ereignisse auf jedem Prozessor an. 2348 ist die Zahl aller aufgezeichneten E-Records. Eine detaillierte Auffächerung der Ereignisse des beobachteten Systems läßt sich auch nach Prozessen vornehmen. Dies macht die TRCSTAT-Anweisung `FREQUENCY EVENT PROCESS`. Da auf `Main-CPU` und `Remote-CPU` jeweils zwei Prozesse laufen (`Layer 1/2` und `Testserver`), würde durch die TRCSTAT-Anweisung `FREQUENCY EVENT PROCESS` insgesamt auf 7 Prozesse aufgefächert.

Beispiel 4.4: Zeitliche Dauer zwischen Ereignissen

Im Bereich der Verbindung eines Teilnehmeranschlusses mit dem ISDN-Netz interessiert die Verteilung der Ankunftszeiten von ankommenden ISDN-Paketen. Ankommende Pakete lösen das Ereignis `NT_S0` (siehe Tab. 4.1) aus. Für ein angekommenes Paket interessiert ferner die zeitliche Verzögerung, bis es in der übergeordneten ISO-Schicht (`Layer 1/2`–Prozeß) weiterverarbeitet werden kann. Da die Zahl der Schicht-3-Pakete gering gegenüber der Zahl der Schicht-2-Pakete ist (siehe Tab. 4.2), beschränken wir uns dabei ausschließlich auf Schicht-2-Pakete, welche im `Layer 1/2`–Prozeß das Ereignis `L2-Frame <- ISDN` hervorrufen.

Main- und *Remote-Tester* sind identisch aufgebaut. Die Auswertung kann deswegen auf den *Main-Tester* beschränkt werden. Dies erreichen wir, indem wir den einfachen Filter aus Beispiel 4.1 verwenden. Damit werden ausschließlich Ereignisse auf den Prozessoren `Main-CPU` und `Main-ISDN` bei der Auswertung mit TRCSTAT berücksichtigt.

#01I FREQUENCY EVENT PROCESSOR

#01T		Client	Remote-CPU	Main-CPU	Main-ISDN	Remote-ISDN	
#01T	L2-Frame -> ISDN	0	154	154	0	0	308
#01T	L3-Frame -> ISDN	0	12	12	0	0	24
#01T	L2-Frame <- ISDN	0	138	138	0	0	276
#01T	L3-Frame <- ISDN	0	1	10	0	0	11
#01T	DL_EST_REQ	0	0	10	0	0	10
#01T	DL_REL_REQ	0	0	10	0	0	10
#01T	DL_DATA_REQ	0	0	40	0	0	40
#01T	ESC_COMM	0	0	30	0	0	30
#01T	DL_DATA_IND	0	0	30	0	0	30
#01T	DL_EST_CNF	0	0	10	0	0	10
#01T	DL_REL_CNF	0	0	10	0	0	10
#01T	DL_UNIT_DATA_IND	0	0	10	0	0	10
#01T	USER_INFO	132	62	202	0	0	396
#01T	ACTIVATE	10	0	20	0	0	30
#01T	SC_VERDICT	140	160	120	0	0	420
#01T	STARTCASE	22	11	11	0	0	44
#01T	ENDCASE	22	22	22	0	0	66
#01T	END_SESSION	2	1	1	0	0	4
#01T	TE_S0	0	0	0	166	166	332
#01T	NT_S0	0	0	0	148	139	287
#01T		328	561	840	314	305	2348

Tabelle 4.2: Häufigkeit der gemessenen Ereignisse aufgeschlüsselt nach Prozessoren[32]

32 Ereignisse, die in der Ergebnisliste fehlen, traten in der zugrundeliegenden Messung nicht auf.

Die Konfigurationsdatei beginnt mit zwei Kommandos, die die Darstellung

```
RESOLUTION [us]
QUALIFIER SDEV

DISTANCE   'NT_S0'

DURATION   'NT_S0'   'L2-Frame <- ISDN'   STACK = 12
```

der Ergebnisse betreffen. Die berechneten Zeiten sollen in Mikrosekunden (us) angegeben werden. Die Standardabweichung (SDEV) als Maß für die Konfidenz der statistischen Ergebnisse ist gewünscht. Die Berechnung der Zwischenankunftszeiten von ankommenden ISDN-Paketen wird durch das DISTANCE-Kommando, angewendet auf das Ereignis NT_S0, erreicht. Für die Berechnung der zeitlichen Dauer des Hochreichens eines empfangenen ISDN-Paketes wird das DURATION-Kommando verwendet. Das Startereignis ist dabei NT_S0, das Endeereignis L2-Frame <- ISDN. Da im Layer 1/2-Prozeß zwischen Schicht-2- und Schicht-3-Paketen unterschieden wird, nicht jedoch auf der Ebene der ISDN-Karte, kann das Ereignis NT_S0 sowohl die Ankunft eines Schicht-2- als auch eines Schicht-3-Paketes anzeigen. Da hier nur Schicht-2-Pakete interessieren, muß dafür gesorgt werden, daß bei der Berechnung der Dauer der L2-Frames das diesen jeweils zugeordnete Ereignis NT_S0 als Startpunkt der Berechnung verwendet wird. Da bekannt ist, daß die Weitergabe ankommender Pakete von der ISDN-Karte zum Layer 1/2-Prozeß entsprechend ihrer Ankunftsreihenfolge erfolgt, ist einem L2-Frame <- ISDN-Ereignis stets das letzte NT_S0-Ereignis als Start zuzuordnen. Dies erreichen wir in der Konfigurationsdatei durch das Schlüsselwort STACK gefolgt von der maximal notwendigen Größe (= 12) des als Stack arbeitenden Puffers (vgl. Tab. 4.2). Neben diesem LIFO-Puffer bietet TRCSTAT die Möglichkeit einen FIFO-Puffer mit einer vorgegebenen Größe bei der Zuordnung von Start- und Endeereignissen (Schlüsselwort QUEUE) zu verwenden. Außerdem ist eine Zuordnung in Abhängigkeit von einem anderen in der Ereignisspur enthaltenen Tokenfeld (Schlüsselwort IDENT) möglich.

TRCSTAT erzielt mit der vorliegenden Konfigurationsdatei folgende Ergebnisse, wobei zunächst die durchzuführenden Auswertungen mit ihren Randbedingungen, dann die Folge der während der sequentiellen Abarbeitung der Ereignisspur auftretenden Einzeldauern und schließlich eine zusammenfassende Statistik für DISTANCE und DURATION angegeben sind:

```
#01I  DISTANCE 'NT_S0'
#02I  DURATION 'NT_S0' 'L2-Frame <- ISDN' STACK=12
```

Sequentielle Folge der Einzeldauern:

```
#01S           65678 [ us ]
#02S           47640 [ us ] on level 1
#01S         1070787 [ us ]
#02S            7645 [ us ] on level 1
#01S         4803855 [ us ]
#02S           43499 [ us ] on level 1
       ...
#01S          800729 [ us ]
#02S           47143 [ us ] on level 11
#01S           60938 [ us ]
#02S           46474 [ us ] on level 11
#01S         1149217 [ us ]
#02S            7398 [ us ] on level 11
```

Zusammenfassende Statistik für DISTANCE und DURATION:

```
#01T    no:           142
#01T   min:         20727  [ us ]
#01T   max:      10001242  [ us ]
#01T   sum:     383495117  [ us ]
#01T  mean:       2700670  [ us ]
#01T   25%:         72413  [ us ]
#01T   med:        539342  [ us ]
#01T   75%:       4687228  [ us ]
#01T  sdev:       3877674  [ us ]

#02I  UNUSED 11 start event(s) 'NT_SO'

#02T    no:           132
#02T   min:           948  [ us ]
#02T   max:         58104  [ us ]
#02T   sum:       4653513  [ us ]
#02T  mean:         35254  [ us ]
#02T   25%:         25719  [ us ]
#02T   med:         42332  [ us ]
#02T   75%:         46609  [ us ]
#02T  sdev:         15355  [ us ]
```

Jede Zeile wird durch eine eindeutig entweder einer DISTANCE(#01) oder DURATION (#02) zugeordneten Kennung eingeleitet, die mit einem #-Zeichen gefolgt von einer eindeutigen Zahl beginnt und mit einem der drei Buchstaben `I`, `S`, oder `T` endet. `I` weist dabei auf eine Informationszeile hin, `S` auf eine Zeile mit einem einzelnen Wert (Single) und `T` auf eine Tabellenzeile. Die Tabellen zu den TRCSTAT-Kommandos DISTANCE und DURA-

TION enthalten die Zahl der in die Statistik eingehenden Zeitintervalle (`no`), das minimale (`min`) und maximale (`max`) Zeitintervall, die Summe (`sum`) aller Zeitintervalle, den Mittelwert (`mean`), den Median (`med`), die Standardabweichung (`sdev`) oder Varianz, sowie das 25%- (`25%`) und 75%-Quantil (`75%`) aller Zeitintervalle. Die Zeilen mit einzelnen Werten zu den DURATION- und DISTANCE-Kommandos werden entsprechend der Reihenfolge ihres Auftretens während der Abarbeitung der Ereignisspur ausgegeben. Die Ausgaben zum DURATION-Kommando enthalten zusätzlich den aktuellen Füllstand des definierten LIFO-Puffers. Anhand der Informationszeilen wird eine Zuordnung der Ergebnisse zu den in der Konfigurationsdatei spezifizierten Berechnungen möglich. Eine spezielle Informationszeile informiert uns über den Füllstand des Stacks des DURATION-Kommandos nach Abarbeitung der Ereignisspur. Er enthält 11 Startereignisse `NT_S0`, zu denen kein Endeereignis `L2-Frame <- ISDN` in der Spur gefunden wurde. Dies entspricht der Zahl der Schicht-3-Pakete (siehe Tab. 4.2).

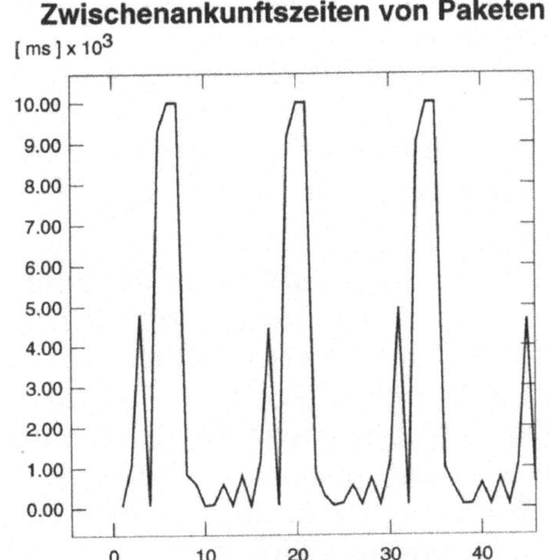

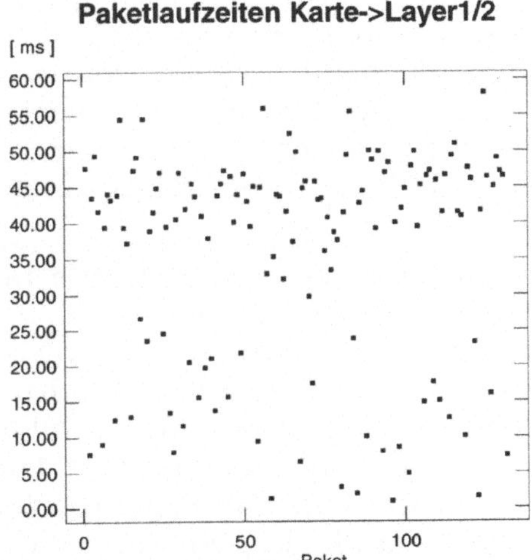

Abbildung 4.15: Umsetzung der TRCSTAT-Ergebnisse in eine graphische Form mittels XGRAPH

Die eindeutige Kennzeichnung jeder TRCSTAT-Ausgabezeile erlaubt ein einfaches Umsetzen der statistischen Ergebnisse in verschiedene graphische Darstellungen mit Hilfe von z.B. XGRAPH[33], zwei davon zeigt Abb. 4.15. Das linke Bild der Abb. 4.15 zeigt einen Ausschnitt der mit dem DISTANCE-Kommando berechneten Zwischenankunftszeiten von ankommenden ISDN-Paketen in der Reihenfolge ihres Auftretens in der Ereignisspur. Auffällig ist ein nach rund 13 Paketen wiederkehrendes Muster von Zwischenankunftszeiten. Es hat seine Ursache im gemessenen Testszenario, das aus mehreren identischen Einzeltests besteht: Jeder Test führt einen Verbindungs-

33 Für die Transformation der TRCSTAT-Ausgaben in eine für XGRAPH verständliche Form wurde das SIMPLE-Werkzeug VAL2XG verwendet.

aufbau und -abbau durch (kleine Zwischenankunftszeiten). Zwischen den Einzeltests sind Dokumentations- und Reinitialisierungsaufgaben durchzuführen (große Zwischenankunftszeiten).

Das rechte Bild der Abb. 4.15 zeigt mit der stark verzögerten Weiterverarbeitung der angekommenen Schicht-2-Pakete im `Layer 1/2`-Prozeß ein häufig auftretendes Kommunikationsproblem, nämlich signifikante Verzögerungen in der Protokollsoftware. Dargestellt ist jede einzelne Paketlaufzeit in der Reihenfolge des zeitlichen Auftretens in der Ereignisspur. Die Verteilung zeigt auf, daß die Spanne der Verzögerungen von wenigen Millisekunden bis zu 60 ms schwankt, wobei eine Häufung im Bereich von 45 ms zu sehen ist (Mittelwert ist 35.254 ms).

4.4.3 Statistische Auswertungen über Ereignisse höherer Ordnung

Häufig sind die charakteristischen Größen, die wir mit statistischen Auswertungen ermitteln wollen, nicht einfach durch ein oder zwei Ereignisse beschreibbar, wie dies die TRCSTAT-Berechnungskommandos voraussetzen. Vielmehr ergeben sich viele rechnerisch aus mehreren (>=3) Ereignissen. Solchen charakteristischen Größen liegen *Aktivitäten* zugrunde, welchen im Gegensatz zu den zeitlosen Ereignissen in einer Ereignisspur eine zeitliche Dauer zugeordnet werden kann.

Das SIMPLE-Werkzeug FACT [Moh92b] unterstützt die Spezifikation von Aktivitäten sowie statistische Berechnungen für spezifizierte Aktivitäten. Die Spezifikation einer Aktivität geschieht nach den Regeln zur Beschreibung regulärer Ausdrücke wie sie in vielen Unix-Werkzeugen verwendet werden. Jeder *reguläre Ausdruck* beschreibt eine Folge von Ereignissen, die zusammen eine Aktivtät bilden. Er besteht aus mehreren Alternativen (`|`). Jede *Alternative* ist eine Folge von Atomen, die durch Pfeile (->) getrennt werden. Die Pfeile repräsentieren eine Kausalitätsrelation ("direkt gefolgt von"). Ein *Atom* ist ein Wert, der optional von einem Wiederholungsfaktor gefolgt sein kann. *Wert* steht für eine mögliche Interpretation des vordefinierten Tokens EVENT, das Schlüsselwort ANY (eine beliebige Ereignisinterpretation ist gültig), das Schlüsselwort NONE (keine gültige Ereignisinterpretation), eine Menge möglicher Interpretationen des Tokens EVENT in Klammern (`[`, `]`) oder wieder einem regulären Ausdruck.

Die statistischen Berechnungen bzgl. einer spezifizierten Aktivität beschränken sich auf die Bestimmung statistischer Werte zur Dauer einer Aktivität. Dazu zählen die minimale und maximale Dauer einer Aktivität, die Summe der gesamten von einer Aktivität verbrauchten Zeit, Mittelwert, Median, Varianz oder Standardabweichung sowie 25%- und 75%-Quantil. Die Ergebnisse werden wie bei TRCSTAT in textueller Form ausgegeben, wobei jede Zeile durch eine Kennzeichnung mit dem Bezeichner der zugehörigen Aktivtät eingeleitet wird. Dies erlaubt (wie bei TRCSTAT) eine einfache Aufbereitung mit Unix-Werkzeugen (siehe Abschnitt 4.4.2).

Beispiel 4.5: Zeitliche Dauer von Aktivitäten

Main- und *Remote-Tester* besitzen jeweils zwei Prozessoren: Main-CPU und Main-ISDN bzw. Remote-CPU und Remote-ISDN. Die Leistungsfähigkeit der Kommunikation zwischen den beiden Prozessoren bzgl. ankommender und abgehender ISDN-Pakete soll ermittelt werden. Dazu berechnen wir die Verzögerung die ein zu sendendes Paket erfährt, bis es vom Layer 1/2-*Prozeß* an den Board-*Prozeß* übergeben ist. Analog ermitteln wir die Verzögerung eines ankommenden ISDN-Paketes bei der Übergabe vom Board-*Prozeß* zum Layer 1/2-*Prozeß*.

Da *Main-* und *Remote-Tester* identisch aufgebaut sind, beschränken wir uns wie in Beispiel 4.4 auf den *Main-Tester* und nutzen dazu den dort verwendeten Filter.

Wir definieren zwei Aktivitäten, 'ISDN -> CPU' und 'CPU -> ISDN', wobei erstere die Verzögerung von empfangenen Paketen und letztere die Verzögerung von zu sendenden Paketen an der Schnittstelle zwischen ISDN-Karte und CPU repräsentiert. Im Layer 1/2-*Prozeß* wird zwischen Schicht-2- und Schicht-3-Paketen unterschieden, nicht so auf der ISDN-Karte.

```
ACTIVITY 'ISDN -> CPU' IS
  'NT_S0' ->> ('L2-Frame <- ISDN' | 'L3-Frame <- ISDN')
END

ACTIVITY 'CPU -> ISDN' IS
  ('L2-Frame -> ISDN' | 'L3-Frame -> ISDN') ->> 'TE_S0'
END
```

Die Aktivität 'ISDN -> CPU' hat somit zwar genau ein Startereignis (NT_S0), aber zwei mögliche Endeereignisse (L2-Frame <- ISDN, L3-Frame <- ISDN), die im regulären Ausdruck der Aktivität als Alternativen aufgeführt sind. Zwischen Start- und Endeereignissen dürfen beliebig viele andere Ereignisse auftreten, was durch –>>, einer abkürzenden Schreibweise für –> ANY * –>, spezifiziert wird. Aktivität CPU -> ISDN ist analog aufgebaut mit dem Unterschied, daß wir hier zwei Startereignisse (L2-Frame -> ISDN, L3-Frame -> ISDN) und genau ein Endeereignis (TE_S0) haben.

FACT ermittelt für die am E-ISDN-Testsystem gemessene Ereignisspur unter Verwendung obiger Konfigurationsdatei folgende textuelle Ausgabe:

```
'ISDN -> CPU'[  1]:      37138 [ us ]      0 -     1
'ISDN -> CPU'[  2]:      41297 [ us ]      2 -     6
'ISDN -> CPU'[  3]:      45002 [ us ]      8 -     9
'ISDN -> CPU'[  4]:      43648 [ us ]     35 -    38
                   ...
'ISDN -> CPU'[144]:      46474 [ us ]   2294 -  2295
'ISDN -> CPU'[145]:       7398 [ us ]   2334 -  2335
```

```
'ISDN -> CPU'   no:        145
'ISDN -> CPU'  min:        948 [ us ]
'ISDN -> CPU'  max:      58104 [ us ]
'ISDN -> CPU'  sum:    5016095 [ us ]
'ISDN -> CPU' mean:      34594 [ us ]
'ISDN -> CPU'  25%:      24732 [ us ]
'ISDN -> CPU'  med:      42026 [ us ]
'ISDN -> CPU'  75%:      46494 [ us ]
'ISDN -> CPU'  var:  252451582 [ (us)^2 ]

'CPU -> ISDN'[  1]:       5528 [ us ]     28 -    29
'CPU -> ISDN'[  2]:       5034 [ us ]     33 -    34
'CPU -> ISDN'[  3]:       4806 [ us ]     39 -    40
                   ...
'CPU -> ISDN'[164]:       1809 [ us ]   2309 -  2310
'CPU -> ISDN'[165]:       1764 [ us ]   2336 -  2337

'CPU -> ISDN'   no:        165
'CPU -> ISDN'  min:       1758 [ us ]
'CPU -> ISDN'  max:       5820 [ us ]
'CPU -> ISDN'  sum:     689789 [ us ]
'CPU -> ISDN' mean:       4181 [ us ]
'CPU -> ISDN'  25%:       3422 [ us ]
'CPU -> ISDN'  med:       4477 [ us ]
'CPU -> ISDN'  75%:       4785 [ us ]
'CPU -> ISDN'  var:    1075020 [ (us)^2 ]
```

Vor den summarischen Ergebnissen wird für jede in der Ereignisspur gefundene Aktivität die Dauer sowie die E-Recordnummer des Start- und Endeereignisses ausgegeben. Durch die eindeutige Kennung lassen sich die Ergebnisse mit Statistikpaketen leicht weiterverarbeiten. Abb. 4.16 zeigt exemplarisch eine graphische Darstellung der Verteilung der berechneten Verzögerungen, die mit Hilfe des Zeichenprogramms XGRAPH erstellt wurde.

Auffallend in Abb. 4.16 ist der große Mittelwert (34,594 ms) und die breite Streuung der Verzögerungen bei der Übergabe eines empfangenen Paketes an den `Layer 1/2`-Prozeß (`ISDN -> CPU`), während derselbe Vorgang in umgekehrter Richtung (`CPU -> ISDN`) mit im Mittel 4,181 ms eine signifikant kürzere Verzögerung mit einer sehr geringen Schwankungsbreite aufweist. Die starke Verzögerung vor dem Weiterverarbeiten empfangener Pakete im `Layer 1/2`-Prozeß läßt sich dadurch erklären, daß auf den Prozessor `Main-CPU` zwei Prozesse konkurrierend zugreifen und eine nichtunterbrechende Schedulingstrategie verwendet wird: Besitzt der `Testserver`-Prozeß den Prozessor `Main-CPU` und soll gleichzeitig ein empfangenes ISDN-Paket an den `Layer 1/2`-Prozeß weitergereicht werden, so muß der `Layer 1/2`-Prozeß mindestens solange warten, bis die Zeitscheibe für den `Testserver`-Prozeß (60 ms) abgelaufen ist. Erst dann kann das empfangene Paket weiterverarbeitet werden.

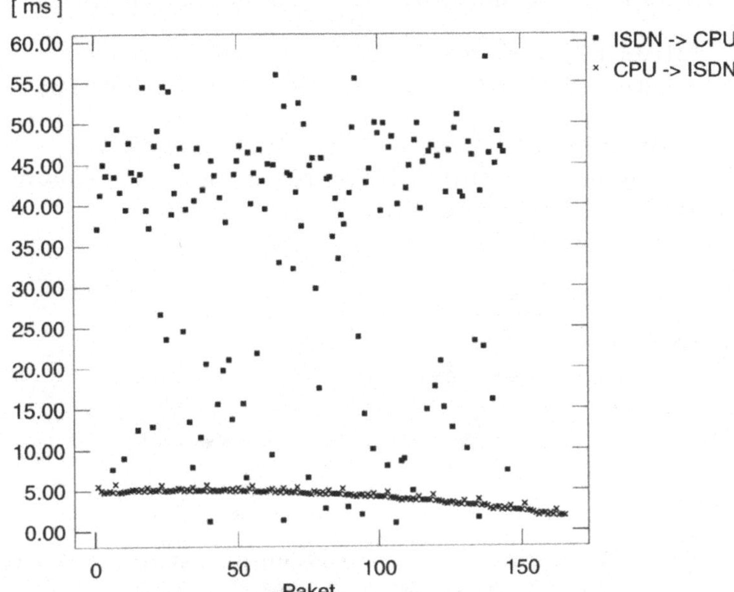

Abbildung 4.16: Umsetzung der FACT-Ergebnisse in eine graphische Form mittels XGRAPH.

Neben statistischen Auswertungen kann FACT auch zur Validierung von Ereignisspuren eingesetzt werden. Dies geschieht, indem man nach gewünschten (*positive Validierung*) oder unerwünschten (*negative Validierung*) Ereignisfolgen sucht.

4.4.4 Ablauforientierte Auswertung mit Kausalitätsdiagrammen

Werden in parallelen und verteilten Programmen Kausalitätsbeziehungen verletzt, so führt dies zu funktionalen Fehlern und/oder Leistungsverlusten. Für die Darstellung von Kausalitätsbeziehungen in Ereignisspuren werden *Hasse-Diagramme*[34] verwendet. Daher wurde als Name des entsprechenden Werkzeugs "HASSE" gewählt. Es kann Kausalitätsbeziehungen paralleler und verteilter Systeme anhand beobachteter Ereignisspuren graphisch darstellen und verifizieren. HASSE kann sowohl zur funktionalen Validierung als auch beim Tuning eingesetzt werden.

Für HASSE steht eine Konfigurationssprache zur Verfügung, die die Beschreibung von Kausalitätsbeziehungen ermöglicht [DH94, Dau94b]. Jede *kausale Abhängigkeit* besteht aus *auslösenden Ereignissen* und *ausgelösten Ereignissen*. Beide werden durch die Nachfolgerrelation "$\rightarrow$" zu einer

[34] Hasse-Diagramme sind nach dem Mathematiker Helmut Hasse (1898–1979) benannt. Sie dienen der Darstellung von Ordnungsrelationen in endlichen Verbänden bzw. in endlichen Halbordnungen. In der englischsprachigen Welt wird anstelle von Hasse-Diagrammen häufig von Feynman-Diagrammen gesprochen. Der amerikanische Physiker Feynman verwendete dieselbe graphische Darstellungsform erstmals für Niveauübergänge von Elektronen.

Kausalbeziehung verbunden. Auslösende und ausgelöste Ereignisse sind durch folgende zwei Attribute eindeutig gekennzeichnet:

1. das Attribut *Ereignisname* und
2. das Attribut *Ereignisort*, an dem ein Ereignis auftritt.

Ereignisnamen sind dabei gültige Interpretationen des Tokenfeldes EVENT, Ereignisorte gültige Interpretationen der Tokenfelder PROCESSOR, PROCESS und CHANNEL.

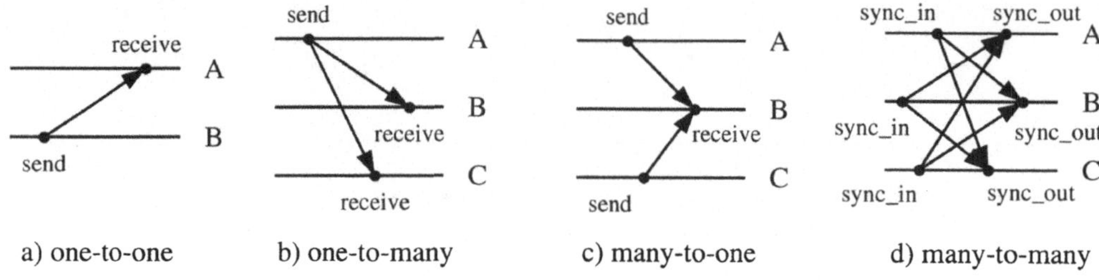

Abbildung 4.17: Basiskommunikationsstrukturen in parallelen und verteilten Systemen

Die Beschreibungssprache von HASSE erlaubt die Formulierung der bekannten Basiskommunikationsstrukturen (siehe Abb. 4.17):

- *one-to-one*:
  Diese einfachste Art der Kommunikation besteht aus genau zwei kommunizierenden Partnern. Das Senden einer Nachricht von Prozeß B nach Prozeß A in Abb. 4.17.a wird beispielsweise beschrieben durch

```
DEPENDENCE 'one-to-one' IS
 send ON PROCESS B -> receive ON PROCESS A
END
```

- *one-to-many*:
  Vertreter dieser Kommunikationsstruktur sind Broadcast- und Multicast-Nachrichten. Abb. 4.17.b wird formuliert als

```
DEPENDENCE 'one-to-many' IS
 send ON PROCESS A -> receive ON ALL PROCESSES OF { B, C }
END
```

- *many-to-one*:
  Bei dieser Kommunikationsstruktur denken wir an globale oder lokale Synchronisationsstellen, sog. Barrieren. Die Situation in Abb. 4.17.c wird folgendermaßen spezifiziert:

```
DEPENDENCE 'many-to-one' IS
 send ON ALL PROCESSES OF { A, C } -> receive ON PROCESS OF B
END
```

- *many-to-many*:
  Hierbei handelt es sich um eine Kombination aus den beiden vorangegangenen Kommunikationsstrukturen. Abb. 4.17.d läßt sich demnach auch analog zu den beiden vorangegangenen Situationen beschreiben durch:

```
DEPENDENCE 'many-to-many' IS
 send ON ALL PROCESSES -> receive ON ALL PROCESSES
END
```

Das Formulieren der Basiskommunikationsstrukturen wird unterstützt durch Quantoren, die bei der Spezifikation des Ereignisortes angegeben werden. Folgende Quantoren sind möglich:

- ONE: Das zugehörige Ereignis muß *genau einmal* auftreten. Dies kann aber an einem *beliebigen*, nicht näher spezifizierten Ort geschehen. Es handelt sich dabei um den Default-Quantor.
- ALL: Das zugehörige Ereignis muß an *jedem* spezifizierten Ort auftreten.
- SOME: Das zugehörige Ereignis muß an *mindestens einem* der spezifizierten Orte auftreten.
- eine *positive ganze Zahl*: Das zugehörige Ereignis muß an einer angegebenen *Zahl* von Orten auftreten.

Um kausale Beziehungen für Protokolle formulieren zu können, die Fehlerkorrektur im Falle von gestörten oder verlorenen Paketen durchführen, ist die Angabe eines *Wiederholungsfaktors* notwendig:

```
DEPENDENCE 'fault tolerant protocol' IS
 send { 1, 10 } ON PROCESS A -> receive ON PROCESS B
END
```

Nach dieser Konfigurationsdatei kann Prozeß A bis zu zehnmal Daten an Prozeß B senden (Ereignis `send`). Falls Prozeß B die Daten innerhalb dieser zehn Versuche empfängt, ist die spezifizierte kausale Abhängigkeit mit dem ersten `receive`-Ereignis des Prozesses B erfüllt. Andernfalls ist die Abhängigkeit verletzt.

Der Algorithmus, welcher Kausalitätsbeziehungen in einer gegebenen Ereignisspur sucht, ordnet *implizit* den auslösenden und ausgelösten Ereignissen einer beschriebenen Kausalitätsbeziehung getrennte FIFO-Puffer zu. Das Paaren von Ereignissen erfolgt entsprechend der Reihenfolge der auslösenden und ausgelösten Ereignisse in den FIFO-Puffern — das erste auslösende Ereignis wird immer dem ersten ausgelösten Ereignis zugeordnet. In Fällen, wo sich beispielsweise Nachrichten überholen, schlägt das implizite Paarungskriterium fehl. Zusätzliche Information ist nötig, um ein korrektes Finden solcher Kausalitätsbeziehungen zu gewährleisten. Ein Beispiel für solche zusätzliche Information stellen Paketnummern in Kommunikationsprotokollen dar. Die zusätzliche Information wird als *explizites Kriterium* zum Paaren von Ereignissen angesehen. Häufig ist ein explizites Kriterium in Ereignisspuren nicht enthalten, sondern muß durch umfangreiche Berechnungen aus den Daten in der Ereignisspur ermittelt werden. Dabei handelt es sich um die typische Aufgabe des Berechnens höherwertiger Ereignisse, wie sie beim Filtern und Clustern von Ereignissen auftritt. Sie wird in die Filterschicht der SIMPLE-Auswertumgebung verlagert (siehe Abschnitt 4.3). Die Ergebnisse solcher Berechnung werden dem Werkzeug HASSE über den Filterstatus mitgeteilt. Auslösende und ausgelöste Ereignisse sind damit durch ein drittes Attribut, den *Filterstatus*, gekennzeichnet. Der Filterstatus stellt zusammen mit den Attributen *Ereignisname* und *Ereignisort* die Eindeutigkeit beim Auffinden von Kausalitätsbeziehungen auch dann wieder her, wenn das implizite Paaren von Ereignissen nach dem FIFO-Kriterium fehlschlägt.

Beispiel 4.6: Kausalitätsdiagramm

Wir betrachten die Schnittstelle im *Main-Tester* zwischen dem `Board`-Prozeß auf `Main-ISDN` und dem `Layer 1/2`-Prozeß auf `Main-CPU`. Beide Prozesse kommunizieren miteinander, was in der Ereignisspur durch bestimmte Ereignisse wiedergegeben wird. Ein Ereignis `L2-Frame -> ISDN` im `Layer 1/2`-Prozeß löst ein Ereignis `TE_S0` im `Board`-Prozeß aus. Dasselbe gilt für ein Ereignis `L3-Frame -> ISDN`. Ein aktuell betrachtetes `TE_S0`-Ereignis wird dem letzten `L2-Frame -> ISDN`- oder `L3-Frame -> ISDN`-Ereignis zugeordnet.

```
NO INTERNAL EVENTS
DRAWING ORDER :  'Main-CPU', 'Main-ISDN'

DEPENDENCE 'Main-CPU --> Main-ISDN' IS
   {'L2-Frame -> ISDN', 'L3-Frame -> ISDN'} ON PROCESS 'Main-CPU'
        -> 'TE_S0' ON PROCESS 'Main-ISDN'
END

DEPENDENCE 'Main-ISDN --> Main-CPU' IS
   'NT_S0' ON PROCESS 'Main-ISDN'
        -> {'L2-Frame <- ISDN', 'L3-Frame <- ISDN'}
                                               ON PROCESS 'Main-CPU'
END
```

Dies entspricht dem impliziten Paarungskriterium in HASSE. Die Ereignisse `L2-Frame <- ISDN` und `L3-Frame <- ISDN` sind kausal abhängig vom Ereignis `NT_S0`, welches die Ankunft eines ISDN-Paketes anzeigt. Auch hier

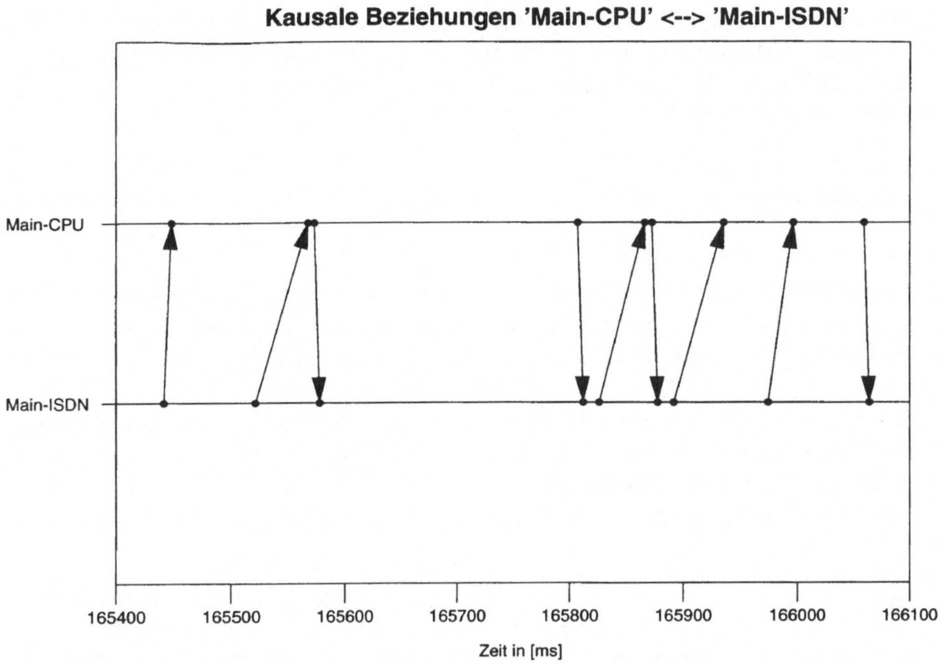

Kausale Beziehungen 'Main-CPU' <--> 'Main-ISDN'

Main-CPU
Main-ISDN
165400 165500 165600 165700 165800 165900 166000 166100
Zeit in [ms]

Abbildung 4.18: Hasse-Diagramm zu den Kausalitätsbeziehungen zwischen den Prozessen `Main-CPU` und `Main-ISDN`

ist das implizite Paarungskriterium von HASSE ausreichend, da jeweils das letzte `NT_S0`-Ereignis dem letzten `L2-Frame <- ISDN`- oder `L3-Frame <- ISDN`-Ereignis zuzuordnen ist. Die beiden kausalen Abhängigkeiten '`Main-CPU --> Main-ISDN`' und '`Main-ISDN --> Main-CPU`' werden in obiger Konfigurationsdatei wiedergegeben.
Die Abhängigkeit '`Main-CPU --> Main-ISDN`' besitzt zwei auslösende und ein ausgelöstes Ereignis, während die Abhängigkeit '`Main-ISDN --> Main-CPU`' ein auslösendes und zwei ausgelöste Ereignisse aufweist. Eingeleitet wird die Konfigurationsdatei durch einige die Darstellung des resultierenden Hasse-Diagramms betreffende Anweisungen: Mit `NO INTERNAL EVENTS` wird festgelegt, daß neben den in spezifizierten Abhängigkeiten verwendeten Ereignissen keine prozeßinternen Ereignisse dargestellt werden sollen. Außerdem wird durch die Schlüsselwörter `DRAWING ORDER` gefolgt von einer Liste von Prozessoren die Reihenfolge, in denen die Prozessoren im Hasse-Diagramm aufgetragen werden, festgelegt (standardmäßig wird die Reihenfolge in der TDL-Beschreibung bei der Anordnung zugrundegelegt).

Einen Ausschnitt des resultierenden Hasse-Diagramms zeigt Abb. 4.18. Wir erkennen, daß die kausale Abhängigkeit '`Main-CPU --> Main-ISDN`' stets in sehr kurzer Zeit erfüllt wird, während die kausale Abhängigkeit '`Main-ISDN --> Main-CPU`' unterschiedlich lange Verzögerungen erfährt (siehe auch Abb. 4.16).

Die Kausalitätsbeschreibungssprache erlaubt die Anwendung des Werkzeugs HASSE auf alle Arten von Kommunikationsschemata. Darüber hinaus bietet HASSE eine interaktive Benutzerschnittstelle (X11-Motif User Interface). HASSE erlaubt:

- *Allgemeine Manipulationen* an einem erstellten Kausalitätsdiagramm, wie z.B das Ändern von Layout-Parametern, das Ändern der zeitlichen Auflösung der Zeitachse, das Erstellen einer Hardcopy des aktuellen Kausalitätsdiagramms;
- *Herausvergrößern beliebiger Zeitintervalle*, um einen detaillierteren Einblick in dargestellte Kausalitätsbeziehungen zu erhalten;
- *Anzeigen von Vor- und Nachbereich* bzgl. eines dargestellten Ereignisses (siehe Abschnitt 2.2.3);
- *Abfragen von Informationen* bzgl. einer dargestellten kausalen Abhängigkeit, wie z.B. Name, E-Recordnummer und exakte Zeit der an einer Abhängigkeit beteiligten Ereignisse;
- *Schrittweises Aufbauen eines Diagramms*, um das Lokalisieren von Leistungsengpässen zu erleichtern (siehe Abschnitt 6.5.5)

Die Auswirkung unterschiedlicher Zielvorstellungen bei der Definition von Ereignissen auf die Mächtigkeit von Auswerteumgebungen zeigt exemplarisch für ParaGraph und SIMPLE die Tabelle 4.3. Sie zieht zum Vergleich die Werkzeuge HASSE und FEYNMAN aus den Auswerteumgebungen ParaGraph [HE91b] und SIMPLE heran. Man erkennt, daß HASSE aufgrund der für Benutzer offenen Ereignisdefinition und des mittels TDL möglichen Ereignisspurzugriffs auf beliebig formatierte Spuren deutlich weitergehend ist.

Aus Anwendersicht bedeutet dies, daß mit HASSE neben den Kommunikationsereignissen auch prozeßinterne Ereignisse im Diagramm zeitgerecht dargestellt werden können. Die Abhängigkeiten müssen vom Benutzer in der Konfigurationsdatei spezifiziert werden, was zwar einen höheren Aufwand vor dem Einsatz von HASSE bedeutet, sich aber lohnt, weil sowohl Kommunikation via Message-Passing als auch via Shared-Variables erfaßt werden kann. Die Diagrammerzeugung ist in beiden Werkzeugen vom Benutzer kontrollierbar und kann schrittweise erfolgen. Interaktionsmöglichkeiten des Benutzers, insbesondere die Berechnung von Vor- und Nachbereichen, ist allerdings nur in HASSE möglich.

Spezifikation von Kausalitätsbeziehungen mit SDL/MSC.
Bei der Entwicklung von Kommunikationsprotokollen wird häufig die Modellierungssprache *SDL* (*Specification and Description Language*) [CCI92a] zur Spezifikation von Kausalitätsbeziehungen eingesetzt (siehe Abschnitt 5.4.4). Für die Beschreibung des Kommunikationsverhaltens, d.h. der kausalen Abhängigkeiten, werden *Message Sequence Charts* (*MSC*) [CCI92b] verwendet. MSCs zeigen in graphischer (MSC-GR) oder textueller (MSC-PR) Form die Reihenfolge der zwischen Systemkomponenten verschickten Nachrichten sowie interner Zustände beteiligter Prozesse über

	FEYNMAN-Diagramm (ParaGraph)	HASSE-Diagramm (SIMPLE)
Ereignisspurformat	fest (PICL)	beliebig
konfigurierbar	nein	ja
darstellbare Ereignisse	Kommunikations-ereignisse	Kommunikations-ereignisse, prozeßinterne Ereignisse
Definition der Abhängigkeiten	vordefiniert	benutzerdefiniert
unterstützte Kausalitäten	message passing Ereignisse	beliebige Ereignisse
Diagrammerzeugung	schrittweise, kontrollierbar durch Benutzer	schrittweise, kontrollierbar durch Benutzer
Benutzerinteraktion	nein	ja
Vor- und Nachbe-reichsberechnung	nein	ja

Tabelle 4.3: Vergleich von Werkzeugen zur Darstellung von Kausalitätsdiagrammen in ParaGraph und SIMPLE

einer gemeinsamen *logischen* Zeitachse. Die wesentlichen Informationen zur Generierung von MSCs, nämlich die algorithmisch vorgegebenen Kausalitätsbeziehungen, sind auch für das Erzeugen von Hasse-Diagrammen unumgänglich. Unterschiede betreffen interne Zustände, die in MSCs dargestellt sind, in Hasse-Diagrammen aber fehlen. Um MSCs aus Ereignisspuren zu generieren, sind somit neben Kausalitätsbeziehungen auch interne Zustände zu beschreiben. Eine Erweiterung des Werkzeugs HASSE und seiner Konfigurationssprache erlaubt die Spezifikation interner Zustände und verwendet sie zusammen mit den für Hasse-Diagramme spezifizierten Kausalitätsbeziehungen, um aus Ereignisspuren MSCs in textueller Form (MSC-PR) ableiten zu können [Dau94c]. Die abgeleiteten MSCs können dann beispielsweise für Konformanztests eingesetzt werden.

4.4.5 Ablauforientierte Auswertung mit Zeit-Zustands-Diagrammen

Das Gantt-Diagramm gehört zu den ältesten graphischen Darstellungsformen für ablauforientierte Leistungsbetrachtungen. Es wurde bereits 1919 von H.L. Gantt dazu eingesetzt, Leistungsaussagen über die Organisation industrieller Prozesse aufzuzeigen [Gan19]. In den meisten Leistungsbewertungsumgebungen für parallele und verteilte Systeme sind Gantt-Diagramme deswegen in der einen oder anderen Form vertreten.

Gantt-Diagramme visualisieren detaillierte Leistungsaussagen in zwei Dimensionen: *Ort* (Prozessor, Prozeß oder Programm) und *Zeit*. Ein Ort kann verschiedene *Zustände* annehmen, die durch Rechtecke, Linien oder in textueller Form im Gantt-Diagramm dargestellt werden können. Aufgrund der Darstellung der zeitlichen Entwicklung verschiedener Zustände eines untersuchten Systems über einer gemeinsamen Zeitachse werden Gantt-Diagramme auch als *Zeit-Zustands-Diagramme* bezeichnet.

Gantt-Diagramme besitzen den großen Vorteil, daß sie leicht interpretierbar sind, obwohl sie sehr detaillierte Informationen über das betrachtete Objektsystem enthalten. Nachteilig wirkt sich aus, daß die Darstellung nur für eng begrenzte Zeitintervalle übersichtlich bleibt. Lange Beobachtungszeiträume als Ganzes zu veranschaulichen, kann nicht empfohlen werden. Dieselbe Aussage gilt auch für die zweite Dimension neben der Zeit: Gantt-Diagramme sind ungeeignet, eine große Anzahl von Prozessoren oder Prozessen darzustellen. Während der Nachteil der Begrenzung auf kleine Zeitintervalle durch entsprechende Unterstützung des Herausvergrößerns gewisser Intervalle entkräftet werden kann, gibt es für die Darstellung hochparalleler Systeme mit sehr vielen Prozessen noch keine vielversprechende Lösung.

In der Werkzeugumgebung SIMPLE lassen sich Gantt-Diagramme mit dem Werkzeug GANTT [Dau94a] erzeugen. GANTT kann drei unterschiedliche Arten von Zeit-Zustands-Diagrammen aus Ereignisspuren ableiten:

- *Gantt-Diagramme,*
- *Aktivitäten-Diagramme* und
- *Zähl-Diagramme.*

Die *Gantt-Diagramme* in GANTT zeichnen sich dadurch aus, daß über der Zeitachse die Zustandswechsel *einer* betrachteten Komponente, z.B. eines Prozessors, Prozesses oder Programms aufgetragen werden. Für die Zustände des Diagramms muß in einer Konfigurationsdatei spezifiziert werden, welche der aufgezeichneten Ereignisse in welchen darzustellenden Zustand führen. Das resultierende Diagramm besteht aus genau einer durchgehenden Polygonlinie, die abwechselnd einen Zustand (horizontal) und einen Zustandwechsel (vertikal) darstellt. Exemplarisch zeigt dies Abb. 4.19 für die Zustände und Zustandswechsel der schon bekannten Komponente **`Main Tester`**.

Beispiel 4.7: Gantt-Diagramm

Wir interessieren uns für den Zeitablauf im Main-Tester während der Abwicklung eines Testszenarios. Welche Komponenten des Main-Testers verbrauchen die meiste Zeit und wofür? Dazu definieren wir ein Gantt-Diagramm mit sieben Zuständen, die durch strategisch richtig plazierte Ereignisse meßtechnisch erkennbar werden: Der Zustand `"ISDN-Karte (vom ISDN-Netz)"` tritt ein, wenn das Ereignis `NT_S0` in der Ereignisspur

```
/* ---------------- Prolog ------------------- */

TITLE       IS "Zeitverbrauch im Main Tester"
SUBTITLE    IS "Zeit in [%r]"
RESOLUTION  IS s
LOWER BOUND IS 128 [s]
UPPER BOUND IS 129 [s]

/* -------- Definition des Gantt-Diagramm ------ */

GANTT DIAGRAM "Main Tester" WITH
    "ISDN-Karte (vom ISDN-Netz)"          : 'NT_S0';
    "Service Provider (von ISDN-Karte)"   : 'L2-Frame <- ISDN',
                                            'L3-Frame <- ISDN';
    "Datenpaket im Testserver"            : 'DL_DATA_IND';
    "Verarbeitung im Testserver"          : 'USER_INFO',
                                            'SC_VERDICT';
    "Datenpaket aus Testserver"           : 'DL_DATA_REQ';
    "Service Provider (an ISDN-Karte)"    : 'L2-Frame -> ISDN',
                                            'L3-Frame -> ISDN';
    "ISDN-Karte (zum ISDN-Netz)"          : 'TE_S0'
END
```

erkannt wird, d.h. ein ISDN-Paket angekommen ist. Ein empfangenes Datenpaket wird an den `Layer 1/2`-Prozeß weitergereicht (Zustand `"Service Provider (von ISDN-Karte)"`), was durch die Ereignisse `'L2-Frame <- ISDN'` und `'L3-Frame <- ISDN'` in der Ereignisspur repräsentiert wird. In den Zustand `"Datenpaket im Testserver"` gelangen wir, wenn die Ankunft eines Datenpaketes im `Testserver`-Prozeß durch `DL_DATA_IND` angezeigt wird. Der Zustand `"Verarbeitung im Testserver"` wird erreicht, wenn eines der beiden Ereignisse `USER_INFO` oder `SC_VERDICT` in der Ereignisspur gelesen wird. Ein Datenpaket verläßt den `Testserver`-Prozeß (Zustand `"Datenpaket aus Testserver"`), sobald wir das Ereignis `DL_DATA_REQ` antreffen. Das abzuschickende Datenpaket verfolgt seinen Weg durch den `Layer 1/2`-Prozeß (Zustand `"Service Provider (an ISDN-Karte)"` mit den Ereignissen `'L2-Frame -> ISDN'` und `'L3-Frame -> ISDN'`), ehe es auf der ISDN-Karte des Main-Testers (Zustand `"ISDN-Karte (zum ISDN-Netz)"` mit Ereignis `TE_S0`) ankommt.

Eingeleitet wird die Konfigurationsdatei durch einige optionale, das Layout des resultierenden Gantt-Diagramms betreffende Anweisungen, wie die Festlegung eines Titels, einer Diagrammüberschrift, der zeitlichen Auflösung auf der Zeitachse sowie einer oberen und unteren Zeitschranke für die Darstellung. Das Ergebnis zeigt das Gantt-Diagramm in Abb. 4.19. Auffällig ist zum einen die lange Zeit, die im Zustand `"Verarbeitung im Testserver"` verweilt wird. Dies liegt an der aufwendigen Protokollierung der Testergebnisse. Zum anderen erkennt man eine starke Verzögerung

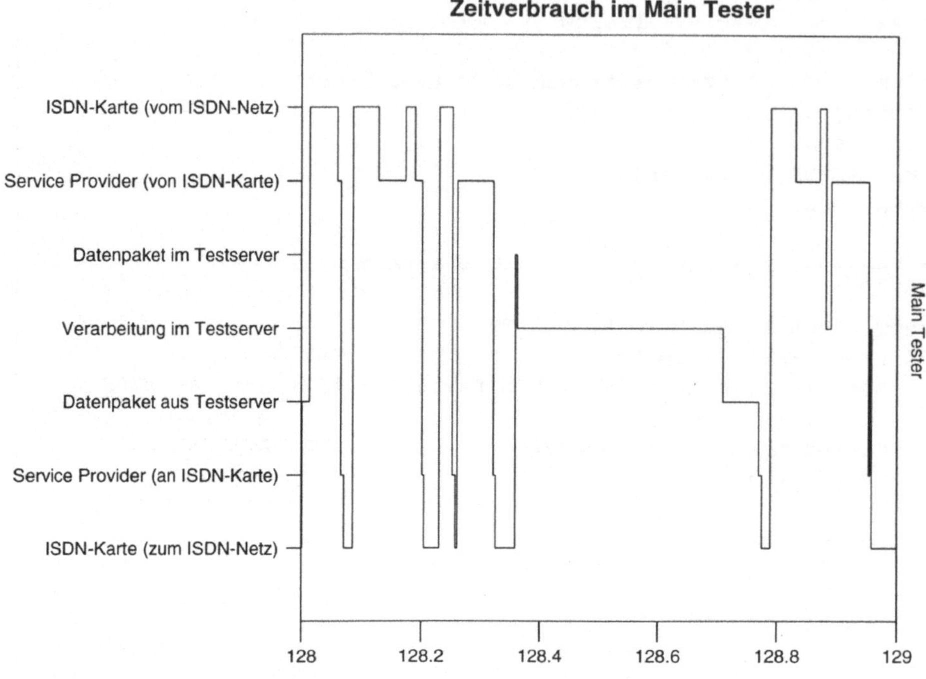

Abbildung 4.19: Gantt-Diagramm zum Verbrauch der Zeit im Main-Tester

bei der Übergabe eines angekommenen ISDN-Paketes an den `Layer 1/2`-Prozeß (Zustand "`Service Provider (von ISDN-Karte)`"), während wir in Zustand "`Service Provider (an ISDN-Karte)`" bei der Übergabe abgehender Datenpakete keine besondere Verzögerung erkennen können (vgl. auch Ergebnisse in den Beispielen 4.5, 4.6 und 4.8).

In *Aktivitäten-Diagrammen* wird die Ordinate von Aktivitäten gebildet, welche in der Konfigurationsdatei zu definieren sind. Jede Aktivität besteht aus Startereignissen, bei deren Auftreten eine Aktivität beginnt, und aus Endeereignissen, mit denen eine Aktivität terminiert. Für jedes Zeitintervall, in dem eine definierte Aktivität aktiv ist, wird eine separate Line im Aktivitäten-Diagramm eingetragen, eine durchgängige Linie wie in Gantt-Diagrammen existiert nicht.

Beispiel 4.8: Aktivitäten-Diagramm

Mittels des Werkzeuges FACT haben wir sequentielle Aktivitätsfolgen und summarische Ergebnisse für die Verzögerungen an der Schnittstelle zwischen der ISDN-Karte und dem `Layer 1/2`-Prozeß auf der CPU im Main-Tester ermittelt, s.S. 127. Die sequentiellen Aussagen wollen wir für den Beobachtungszeitraum 165,4 bis 166,6 s graphisch darstellen, indem wir die Start- und Endezeiten der Aktivitäten "`ISDN -> CPU`" und "`CPU -> ISDN`" in einem Aktivitäten-Diagramm auftragen. Das Aktivitäten-Diagramm ist wie folgt definiert:

```
ACTIVITY GANTT DIAGRAM "Main Tester" WITH
  "ISDN -> CPU"   : 'NT_S0' TO
                    'L2-Frame <- ISDN', 'L3-Frame <- ISDN';
  "CPU -> ISDN"   : 'L2-Frame -> ISDN', 'L3-Frame -> ISDN' TO
                    'TE_S0';
END
```

Die Aktivtät "ISDN -> CPU" beginnt mit dem Ereignis NT_S0 und terminiert, sobald eines der Ereignisse 'L2-Frame <- ISDN' oder 'L3-Frame <- ISDN' in der Ereignisspur erkannt wird. Für die Aktivität "CPU -> ISDN" gelten als Startereignisse 'L2-Frame -> ISDN' und 'L3-Frame -> ISDN', während das Ende durch das Ereignis TE_S0 gegeben ist. Das resultierende Aktivitäten-Diagramm zeigt Abb. 4.20. Die relativ starke Verzögerung beim Weitergeben von Paketen von der ISDN-Karte an den Layer 1/2-Prozeß gegenüber der Weitergabe von Paketen vom Layer 1/2-Prozeß an die ISDN-Karte ist an den deutlich längeren Aktivitätsbalken für "ISDN -> CPU" gegenüber den kurzen für "CPU -> ISDN" zu erkennen.

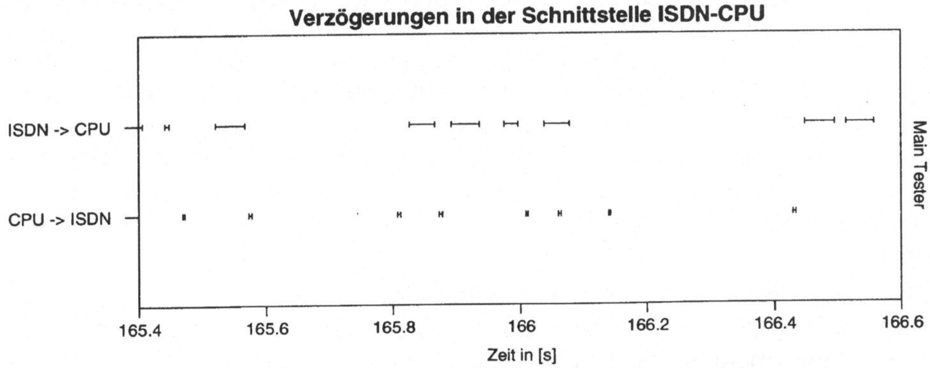

Abbildung 4.20: Aktivitäten-Diagramm über die Verzögerungen in der Schnittstelle zwischen ISDN-Karte und CPU

Die Ordinate in *Zähl-Diagrammen* stellt Werte eines internen Zählers dar, der durch eintreffende Ereignisse inkrementiert oder dekrementiert wird. Die dargestellte Polygonlinie veranschaulicht den Verlauf des Zählerstandes während der Abarbeitung einer Ereignisspur. Horizontale Linien spiegeln den aktuellen Wert des Zählers wider, vertikale Linien stellen ein Inkrementieren bzw. Dekrementieren des Zählers dar.

Beispiel 4.9: Zähl-Diagramm

Aus der mit dem Werkzeug TRCSTAT ermittelten Tab. 4.2 (Beispiel 4.3) läßt sich die Anzahl der ankommenden und der abgehenden ISDN-Pakete ablesen. Wir interessieren uns jedoch nicht nur für diese summarische Aussage, sondern wollen die genauen Ankunfts- und Abgangszeitpunkte graphisch darstellen. Betonung legen wir dabei auf die Schicht-2-Pakete, die wenigen Schicht-3-Pakete vernachlässigen wir. Folgende Konfigurationsdatei zur Konstruktion eines Zähl-Diagramms soll die gewünschten Ergebnisse bringen:

```
NUMBER GANTT DIAGRAM "Zahl der ISDN-Pakete" WITH
    RANGE IS 12 TO 0
    INCREASING BY NT_S0;
    DECREASING BY 'L2-Frame <- ISDN';
END
```

Der Wert des durch das Zähldiagramm definierten internen Zählers "Zahl der ISDN-Pakete" wird durch das Ereignis NT_S0 um eins erhöht und durch das Ereignis 'L2-Frame <- ISDN' um eins erniedrigt. Als Darstellungsbereich des Zählers wählen wir 0 bis 12. Die obere Grenze orientiert sich an der Zahl von Schicht-3-Paketen (11), deren Ankunft ebenfalls durch ein Ereignis NT_S0 angezeigt wird und somit den Zähler erhöht, ohne daß er durch entsprechende 'L3-Frame <- ISDN'-Ereignisse wieder erniedrigt werden würde. Der Zähler repräsentiert den Füllstand des Stacks, der in Beispiel 4.4 zur Berechnung der zeitlichen Verzögerung bei der Weitergabe von Paketen von der ISDN-Karte an den Layer 1/2-Prozeß notwendig war. Abb. 4.21 zeigt das resultierende Zähl-Diagramm. Wir erkennen eine Treppenfunktion, die sich daraus ergibt, daß das Ereignis NT_S0 neben ankommenden Schicht-2- auch ankommende Schicht-3-Pakete anzeigt. Die Treppenfunktion endet mit der Zahl 11, welche der Zahl der Schicht-3-Pakete entspricht. Auf jeder Treppenstufe finden wir Ausschläge um den Wert 1. Diese entsprechen jeweils der Ankunft und Abarbeitung eines Schicht-2-Paketes.

Neben der Anpassung der Gantt-Diagramme an die zu untersuchende Applikation mittels der Konfigurationssprache bietet GANTT eine interaktive Benutzerschnittstelle (X11-Motif User Interface), die der von HASSE ähnelt. Diese Benutzerschnittstelle erlaubt:

- *Allgemeine Manipulationen* an erstellten Zeit-Zustands-Diagrammen, wie z.B das Ändern von Layout-Parametern, das Ändern der zeitlichen Auflösung der Zeitachse oder das Erstellen einer Hardcopy;
- *Herausvergrößern beliebiger Zeitintervalle*, um einen detaillierteren Einblick in dargestellte Zustandsübergänge zu erhalten;
- *Abfragen von Informationen* im Gantt-Diagramm bzgl. dargestellter Zustandsübergänge oder Aktivitäten, wie z.B. Name, E-Recordnummer und exakte Zeit der an einem Zustandsübergang bzw. einer Aktivität beteiligten Ereignisse;
- *Schrittweises Aufbauen eines Diagramms*, um das Lokalisieren von Leistungsengpässen zu erleichtern (siehe Kapitel 6.5.5)

Ein Vergleich des Werkzeuges GANTT mit den in der Auswerteumgebung ParaGraph [HE91b] verwendeten Zeit-Zustands-Diagrammen (Tab. 4.4)

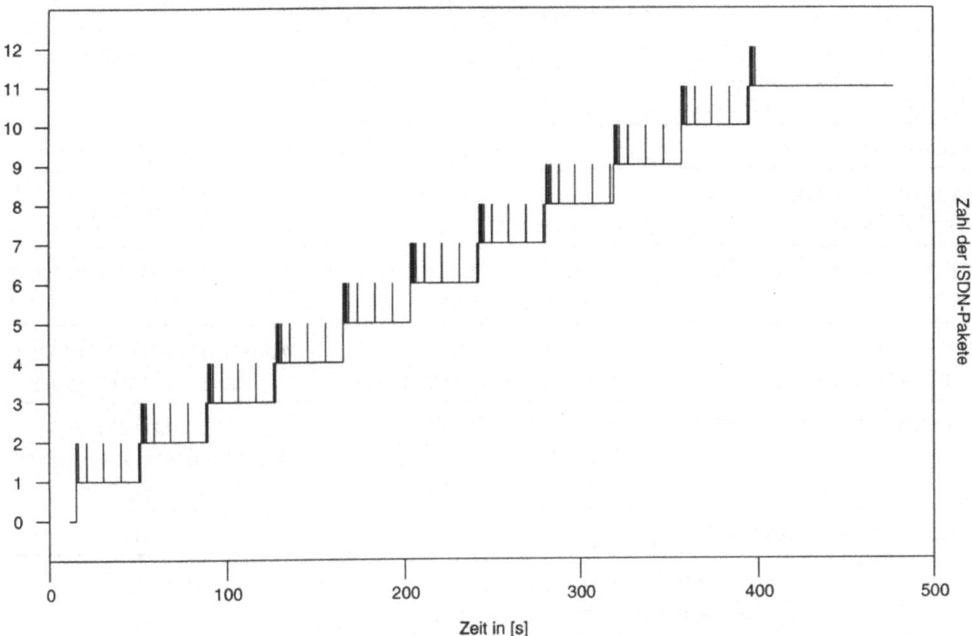

Abbildung 4.21: Zähl-Diagramm über Schicht-2- und Schicht-3-Pakete

hebt die Universalität und Mächtigkeit von GANTT hervor. GANTT ist aufgrund der Realisierung des Ereignisspurzugriffs mittels TDL auf beliebige Ereignisspurformate anwendbar. Durch die Konfigurierbarkeit können in GANTT beliebige Ereignisse für die Definition von Zuständen berücksichtigt werden. Dadurch ist eine applikationsspezifische Anpassung des Werkzeuges möglich, und die Zustände sind frei vom Benutzer definierbar. Das entsprechende ParaGraph-Werkzeug setzt vordefinierte Ereignisse mit vorgegebener Semantik in der Ereignisspur voraus, und es besteht eine feste Zuordnung dieser vordefinierten Ereignisse zu einem der darstellbaren Zustände. Der höhere Aufwand beim Einsatz von GANTT durch das Erstellen der Konfigurationsdatei zahlt sich wegen seiner Unabhängigkeit von einem dedizierten Objektsystem aus. Die Diagrammerzeugung kann in beiden Werkzeugen schrittweise erfolgen und ist vom Benutzer kontrollierbar. In GANTT ist ein interaktives Arbeiten mit einem erstellten Zeit-Zustands-Diagramm möglich.

4.4.6 Validierung mit Zusicherungen

Unter Validierung versteht man die Überprüfung eines Systems auf geforderte und spezifizierte Eigenschaften. Im Rahmen der Analyse von Ereignisspuren kann die Validierung zum einen zur Überprüfung von Zusicherungen, andererseits auch zur Bestätigung des erwarteten Verhaltens eines Systems eingesetzt werden. Beschreiben die zu überprüfenden Eigenschaften fehlerhafte bzw. unerwartete Merkmale, und man überprüft dann,

	Zeit-Zustands-Diagramme in ParaGraph	Zeit-Zustands-Diagramme in SIMPLE
Ereignisspurformat	fest (PICL)	beliebig
konfigurierbar	nein	ja
berücksichtigte Ereignisse	fest vorgegeben (mit fester Semantik)	beliebige
darstellbare Zustände	busy, idle, send, receive	benutzerdefinierbar
unterstützte Objektsysteme	Systeme mit message passing	Systeme mit beliebiger Kommunikation
Diagrammerzeugung	schrittweise, kontrollierbar durch Benutzer	schrittweise, kontrollierbar durch Benutzer
Benutzerinteraktion	nein	ja

Tabelle 4.4: Vergleich von Werkzeugen zur Darstellung von Zeit-Zustands-Diagrammen in ParaGraph und SIMPLE

ob diese nicht zutreffen, kann man von *negativer Validierung* sprechen. Im Gegensatz dazu kann man die Suche nach Bestätigung gewünschter Eigenschaften *positive Validierung* nennen.

Vor jeder Analyse sollte eine Validierung der Messung und eine Integritätsüberprüfung der Ereignisdaten vorgenommen werden. Leider ist dies nicht die Regel. Mit diesem Schritt soll sichergestellt werden, daß die Messung fehlerfrei verlaufen ist und das Monitorsystem korrekt gearbeitet hat. Natürlich kann hier kein genereller Beweis der Richtigkeit erbracht werden wie bei einer Verifizierung, wohl können aber die bei der Validierung überprüften Fehlerquellen ausgeschlossen werden. Eine solche Überprüfung nimmt nur wenig Zeit in Anspruch, kann aber Stunden oder Tage nutzloser Analyse von falschen oder unvollständigen Daten ersparen.

Zur Durchführung einer solchen Validierung genügt es, alle gewünschten oder unerwünschten Eigenschaften des Objekt- und Monitorsystems als sog. *Zusicherungen* (assertion) anzugeben, denen alle Ereignisrecords genügen müssen. Ein Werkzeug zur Überprüfung von Zusicherungen kann auf einfache Weise implementiert werden, indem die Zusicherungen als Filterbedingungen beschrieben werden und dann bei negativer Validierung geprüft wird, ob das Filtermodul keinen Ereignisrecord weitergibt bzw. bei positiver Validierung, ob alle Ereignisrecords das Filtermodul passieren. Findet man trotzdem einen Ereignisrecord bzw. fehlt einer, so hat man damit einen Fehler lokalisiert. Da die Filterung, wie in Abschnitt 4.3 gezeigt, unabhängig von der Bedeutung der Meßdaten implementiert werden kann, kann man auf diese Weise auch die Validierung semantikfrei durchführen.

Das in SIMPLE integrierte *VA*lidation *RU*les checking *S*ystem (VARUS) [Lah90] benützt genau den gerade beschriebenen Ansatz. Zur Erleichterung der Validierung bietet dieses Werkzeug dem Benutzer verschiedene Zusicherungsarten für die Formulierung seiner Zusicherungen:

einfache Zusicherung

Bei der einfachen Zusicherung kann der Benutzer eine Bedingung angeben, der jeder Ereignisrecord der Spur genügen muß. Im Fehlerfall wird jeweils die Nummer des fehlerhaften Ereignisrecords zusammen mit der Nummer der verletzten Zusicherung ausgegeben.

Anzahl-Zusicherung

Mit der Anzahl-Zusicherung kann überprüft werden, wie oft eine Bedingung erfüllt ist. Dabei kann die ermittelte Summe mit einer konstanten Zahl oder der Häufigkeit des Eintretens einer anderen Bedingung verglichen werden. Da hier beliebige Vergleichsoperatoren verwendet werden können, sind mit dieser Art Zusicherung auch Maximal- oder Minimalbedingungen überprüfbar.

Abstands-Zusicherung

Die Abstands-Zusicherung dient der Überprüfung, ob zwischen dem mehrmaligen Auftreten einer bzw. dem Eintreffen zweier Bedingungen ein gewünschter Abstand eingehalten wird. Der Abstand kann sowohl als Anzahl dazwischenliegender Ereignisrecords als auch als Zeitwert angegeben werden. Auch hier sind beliebige Vergleichsoperatoren möglich. Wird diese Zusicherung verletzt, wird jeweils die Nummer des auslösenden Ereignisrecords zusammen mit dem gefundenen Wert des wirklichen Abstandes ausgegeben.

Abwechslungs-Zusicherung

Mit Hilfe der Abwechslungs-Zusicherung kann kontrolliert werden, ob zwei Bedingungen, die paarweise auftreten sollen, jeweils abwechselnd erfüllt werden. Tritt also eine der beiden Bedingungen zwei- oder mehrmals hintereinander auf, so wird dies mit der Nummer des auslösenden Ereignisrecords und einer entsprechenden Ausgabe gemeldet.

Monotonie-Zusicherung

Um zu überprüfen, ob der Wert eines arithmetischen Ausdrucks monoton steigt bzw. fällt, kann die Monotonie-Zusicherung benutzt werden. Dabei wird für jeden Ereignisrecord der arithmetische Ausdruck (der oft nur aus dem Inhalt eines numerischen Daten- oder Zeitfeldes besteht) berechnet, und geprüft, ob für diese Werte die gewünschte Monotonieeigenschaft erfüllt ist.

Alle Zusicherungen, die für eine Ereignisspur gelten sollen, werden in einem einmaligen Durchlaufen der Spur gleichzeitig überprüft. Dies ermöglicht eine schnelle Validierung.

Beispiel 4.10: Zusicherungen

Zur Illustration sind hier einige Beispiele von Zusicherungen aufgeführt. Mit der ersten Zusicherung wollen wir prüfen, ob die Übertragung eines Nutzpaketes nicht länger als eine halbe Sekunde dauert. Wie man sieht, ist es mit Abstandszusicherungen sehr leicht, auch vorgegebene Leistungsspezifikationen zu testen. Die beiden anderen Zusicherungen sollen sicherstellen, daß die aufgezeichneten Paketnummern streng monoton wachsen und daß genausoviele Verbindungsaufbauwünsche wie -bestätigungen auftreten.

```
ASSERT  DISTANCE (EVENT == 'DL_DATA_REQ')
                          TO (EVENT == 'DL_DATA_IND') < 500 [ms];
ASSERT  Paketnummer INCREASING BY 1;
ASSERT  NUMBER (EVENT == 'DL_REL_REQ')
                          == NUMBER (EVENT == 'DL_REL_CNF');
```

Überprüfen wir unsere Beispielereignisspur mit VARUS und den drei oben definierten Zusicherungen, erhalten wir folgende Ausgabe:

```
VARUS - version 2.0
lexical and syntactical analysis ...
... done.

validating trace ...

***** new global segment *****
record 921, rule 1: unexpected DISTANCE: 526ms 20us 100ns
record 1603, rule 1: unexpected DISTANCE: 648ms 937us 400ns
record 2057, rule 1: unexpected DISTANCE: 525ms 920us
```

Es zeigt sich, daß lediglich die Abstandszusicherung gelegentlich verletzt wird (`unexpected DISTANCE`). Auch wenn damit unsere Erwartungen hinsichtlich der Leistungsfähigkeit des Kommunikationssystems nicht ganz erfüllt werden, lassen die seltenen und geringfügigen Abweichungen über die 500 ms hinaus jedoch vermuten, daß dieses Problem leicht behoben werden kann. Die anderen Zusicherungen werden erfüllt.

Das VARUS-Werkzeug zusammen mit seiner Zusicherungsbeschreibungssprache ist ein weiteres Beispiel, wie man Analysewerkzeuge unabhängig von der Bedeutung der Ereignisdaten implementieren kann. Die Ausnahme bildet lediglich die Abstandszusicherung, wo wegen der Ermittlung eines Zeitabstandes natürlich Recordfelder vom Typ `Zeit` herangezogen werden müssen und zwar wegen der Verwendung von Anfangs- und Endeereignissen Felder namens `ACQUISITION`. Durch die Verwendung geeigneter englischer Schlüsselwörter in der entwickelten Sprache und Benutzung aussagekräftiger Recordfeldnamen durch den Benutzer können "natürlich" wirkende und anwendungsorientierte Zusicherungen formuliert werden.

Neben der Überprüfung von definierten Zusicherungen kann die Validierung auch zur Bestätigung eines erwarteten Verhaltens bzw. zum Auffinden eines unerwarteten Verhaltens eines Rechensystems oder Programms benutzt werden. Das gewünschte Verhalten wird durch ein Verhaltensmodell des Systems (z.B. durch die Spezifikation einer Aktivitätsklasse) repräsentiert, und der reale Ablauf ist durch die gemessene(n) Ereignisspur(en) gegeben. Hat man das funktionale Modell aus der Implementation des parallelen Programms abgeleitet, muß man die Korrektheit des Modells nachweisen. Umgekehrt, wenn das Modell die Spezifikation für das Programm darstellt, läßt sich damit die Implementierung des Programms validieren (vgl Abschnitt 6.5.3).

Auch diese Art der Validierung kann auf einfache Weise implementiert werden, da man auf die Aktivitätenerkennung der Selektionsschicht aufbauen kann. Die Aufgabe reduziert sich auf die Entscheidung, ob die gemessene Ereignisspur einen im Verhaltensmodell enthaltenen Ablauf repräsentiert. Zur Lösung dieses Problems kann man auf die jeweiligen Erkennungsalgorithmen der verschiedenen Beschreibungshilfsmittel zurückgreifen. So entspricht z.B. diese Aufgabe dem Wortproblem, falls Grammatiken zur Beschreibung des Programmablaufs verwendet werden. Will man jedoch diese Art der Validierung für reale Problemstellungen verwenden und brauchbare Resultate erhalten, muß insbesondere noch das Problem segmentierter Ereignisspuren (vgl. Abschnitt 4.2.3) gelöst werden. Das Werkzeug kann zwar Segmentgrenzen erkennen, doch wie soll es damit umgehen? Das Problem ist gleichbedeutend mit der Aufgabe, bei der Übersetzung eines nur in Bruchstücken vorliegenden Programmtextes zu entscheiden, ob dieser und wenn ja, mit welcher Wahrscheinlichkeit, zu einem vollständigen und syntaktisch richtigen Programm ergänzt werden kann. Das Werkzeug kann dazu zwar weitere semantische Information heranziehen, z.B. an Hand der Zeitstempel die Dauer der Segmentlücke bestimmen und daraus schätzen, wie viele Ereignisse ungefähr fehlen, eine universell anwendbare Lösung zu diesem Problem ist jedoch nur schwer realisierbar.

4.4.7 Überblick über verfügbare Werkzeuge

In den vorangegangenen Abschnitten wurden für die wichtigsten Auswerteprobleme exemplarisch einige Werkzeuge wie TRCSTAT, GANTT, HASSE oder VARUS vorgestellt. Der SIMPLE-Werkzeugkasten umfaßt noch weitere, die alle der Bewertung paralleler und verteilter Programme auf der Basis des ereignisgesteuerten Monitoring gewidmet sind und sich auf das *Basiswerkzeug* TDL-Compiler stützen. Globale Ereignisspuren werden durch das *Mischen*, d.h. durch das Zusammenfügen lokaler Ereignisspuren anhand der Zeitstempel der Ereignisse erzeugt. Um eine Basis für sinnvolle Auswertungen zu schaffen, sollte zuerst eine *Validierung* der Ereignisspur erfolgen (siehe auch Abschnitt 6.5.3). Diese betrifft sowohl rein syntaktische Überprüfungen auf Vollständigkeit der Ereignisspur, korrekte Sortierung der E-Records nach aufsteigenden Zeitwerten und Erkennung undefinierter Tokenwerte, als auch semantische Überprüfungen auf eingehaltene Reihenfolgebeziehungen. *Statistische* und *ablauforientierte Auswertungen* wurden ausführlich in den vorangegangenen Abschnitten erläutert. Den ablauforientierten Auswertewerkzeugen sehr ähnlich sind *Animations*werkzeuge, die — ebenfalls in der in der Ereignisspur gegebenen zeitlichen Ordnung — die Zustände eines parallelen oder verteilten Programms dynamisch darstellen. Die Beschränkung der Auswertung auf bestimmte Ereignisse einer Ereignisspur wird durch eine Reihe von Werkzeugen für das *Filtern und Clustering* unterstützt. *Hilfswerkzeuge*, die die Verbindung von SIMPLE zu Statistik- und Graphikpaketen herstellen, runden den Werkzeugkasten ab. Einen Überblick über den Werkzeugkasten liefert Tab. 4.5[35].

Werkzeug	Kurzbeschreibung	Klassifikation
`tdlc`	Compiler zur Übersetzung einer Spurbeschreibung.	Basiswerkzeug
`dpumerge`	Mischen lokaler mit dem ZM4 aufgezeichneter DPU-Ereignisspuren zu einer globalen Ereignisspur anhand der Zeitstempel.	Mischen
`checktrace`	Überprüfung einer Ereignisspur auf Vollständigkeit, korrekte Sortierung nach aufsteigenden Zeitwerten und Erkennung undefinierter Tokenwerte.	Validieren
`varus`	Überprüfen von Validierungsregeln auf einer Ereignisspur.	
`fact`	Auffinden von Aktivitäten in Ereignisspuren und statistische Auswertungen bzgl. ihrer zeitlichen Dauer.	statistische Auswertungen
`trcstat`	Berechnung von Ereignishäufigkeiten und statistischen Werten zu zeitlichen Dauern zwischen Ereignissen.	

Tabelle 4.5: Überblick über die verfügbaren SIMPLE-Werkzeuge (Forts.) . . .

[35] Neben den aufgeführten Werkzeugen existiert eine Schnittstelle zu dem Statistikpaket S [BCW88]. Diese Schnittstelle erlaubt den Einsatz komplexer Statistikverfahren für die Ereignisauswertung und die graphische Aufbereitung ihrer Ergebnisse.

Werkzeug	Kurzbeschreibung	Klassifikation
`list`	Auflisten einer Ereignisspur in lesbarer Form.	ablauforientierte Auswertungen
`gantt`	Erzeugen von ablauforientierten Gantt-Diagrammen.	
`hasse`	Erzeugen von ablauforientierten Kausalitätsdiagrammen.	
`hasseWithMSC`	Erzeugen von Message Sequence Charts (MSC) neben ablauforientierten Kausalitätsdiagrammen.	
`smart`	Textuelle Animation einer Ereignisspur.	Animation
`visimon`	Graphische Animation einer Ereignisspur.	
`fdlc`	Compiler zur Übersetzung einer Filterbeschreibung	Filtering und Clustering
`genvalid`	Verknüpfen von Valid-Dateien zu einer neuen Valid-Datei.	
`trcloop`	Einmaliges Durchlaufen einer Ereignisspur zur Erzeugung von Valid-Dateien oder Durchführen von Filterberechnungen.	
`crdes`	Erzeugen einer Konfigurationsdatei für `smart`	Hilfswerkzeug
`trigger`	Interface für das (gleichzeitige) schrittweise Aufbauen von Gantt- und Hasse-Diagrammen.	
`val2xg`	Aufbereitung von numerischen Werten aus `fact`- und `trcstat`-Ergebnissen für das Graphikpaket `xgraph`.	

Tabelle 4.5: Überblick über die verfügbaren SIMPLE-Werkzeuge

Jeder Aufruf eines SIMPLE-Werkzeuges setzt bis zu drei Eingabedateien voraus: Konfigurationsdatei, Schlüsseldatei und Ereignisspurdatei. Außerdem sind alle Werkzeuge mit zahlreichen Optionen ausgestattet. Um den Zugang zu den verschiedenen SIMPLE-Werkzeugen zu verbessern, steht ein X11-basierter *SIMPLE Front End Processor* (Abb. 4.22) zur Verfügung, der gemäß folgender Ziele konzipiert wurde:

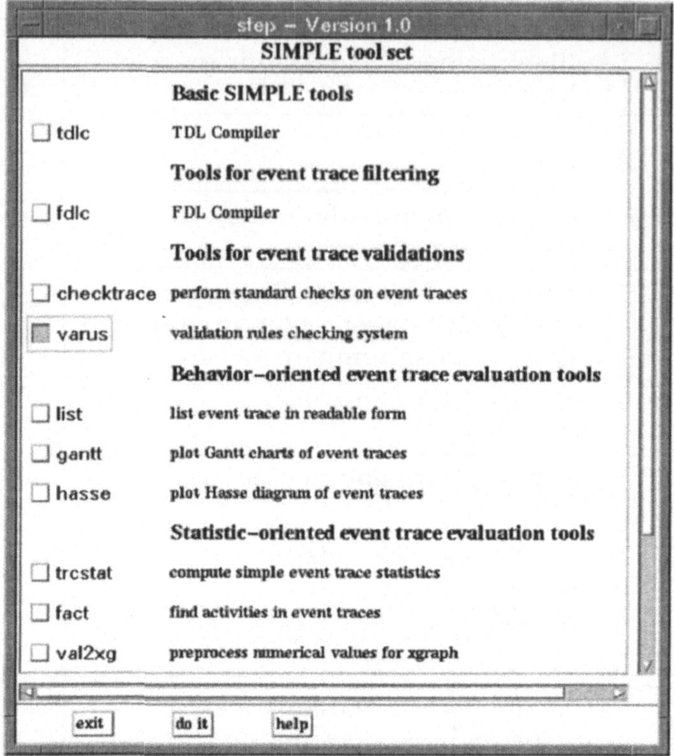

Abbildung 4.22: Der SIMPLE Front End Processor

1. Einladende Benutzeroberfläche für Anfänger, aber auch Unterstützung von erfahrenen Benutzern bei unvertrauten oder weniger häufig benutzten Werkzeugen und Optionen.
2. Leichtes Erlernen des Einsatzes von SIMPLE-Werkzeugen.
3. Beibehaltung der Flexibilität der SIMPLE-Werkzeuge und keine Behinderung von SIMPLE-Experten.

Der SIMPLE Front End Processor (SFEP) verfügt über eine Datenbasis, die Wissen über den korrekten Aufruf jedes einzelnen SIMPLE-Werkzeuges enthält. Eine Beschreibungssprache unterstützt das Aquirieren des Wissens über korrekte Werkzeugaufrufe. Durch Austausch der Datenbasis kann SFEP auch für beliebige andere Werkzeuge als Zugangssystem verwendet werden.

SFEP vereinigt alle SIMPLE-Werkzeuge in einer gemeinsamen Benutzeroberfläche. Um den Umgang mit den SIMPLE-Werkzeugen für Experten nicht einzuschränken, erlaubt SFEP, Optionen und Argumente für Werkzeuge, die es verwaltet, bei seiner Initiierung mit zu übergeben, sodaß lediglich eine Vervollständigung der Optionen und Argumente notwendig ist.

4.4.8 Exemplarische Realisierung eines einfachen Werkzeugs

Auch ein umfangreicher Werkzeugvorrat wird nie alle Bewertungswünsche befriedigen können. Sollten die vorhandenen Werkzeuge ein gewünschtes Bewertungsziel nicht unterstützen, steht die Programmierschnittstelle POET in SIMPLE zur Verfügung. Mit dieser Schnittstelle ist es möglich, eigene Auswertewerkzeuge zu programmieren.

Es handelt sich um eine Bibliothek von C-Funktionen, deren sich die Entwickler von Auswertewerkzeugen in der Programmiersprache C oder C++ bedienen können. Der Anwender, der Ereignisspuren aufzeichnet und mit den verfügbaren SIMPLE-Werkzeugen auswertet, bekommt die POET-Funktionen nicht unmittelbar zu sehen; sie erscheinen als Zugriffsfunktionalität der Auswertewerkzeuge.

Die Leistung von POET ist insbesondere darin zu sehen, daß diese Funktionsbibliothek a priori unbekannte Auswerteprobleme über a priori unbekannten Ereignisspuren *umfassend* unterstützt. Die bisherigen Anwendungen bestätigen den Erfolg dieses Konzepts.

Die POET-Funktionen

Einen Überblick über die POET-Funktionen gibt die folgende Einteilung der Bibliothek in 7 Klassen (vgl. Abschnitt 4.2.5).

1. Funktionen zur *Initialisierung* und *Terminierung* von Ereignisspurzugriffen über die POET-Schnittstelle:

```
init_poet_direct                 init_poet_fd
close_poet
```

   Der Zugriff auf Ereignisspuren erfolgt über eine eindeutige Spurnummer für die betrachtete Ereignisspur. Sie wird von den Initialisierungsfunktionen geliefert und dient als Eingangsparameter für alle anderen auf die Spur zugreifenden POET-Funktionen. Die eindeutigen Spurnummern erlauben es, auf mehr als eine Spur gleichzeitig zuzugreifen. Beim Schließen eines Zugriffs auf eine Ereignisspur werden alle Ressourcen freigegeben.

2. Funktionen, um *Interpretationsinformationen* über eine zu bearbeitende Ereignisspur zu bekommen:

```
get_token_names          get_flags_names          get_time_names
get_data_names
get_token_interpretations          get_flags_interpretations
get_token_id             get_flags_id             get_time_id
```

```
get_data_id
get_event_id            get_process_id          get_processor_id
get_channel_id          get_object_id           get_file_id
get_acquisition_id      get_interference_id
get_token_index         get_flags_index
free_memory             get_key_id              is_dependent
is_valid_name
```

Diese Gruppe von Funktionen wird dazu verwendet, die in der TDL-Beschreibung einer Ereignisspur definierten Namen, deren definierte Interpretationen, bestimmte Identifikationen von E-Recordfeldern oder Indizes von Interpretationen zu ermitteln.

3. Funktionen zum *Positionieren des Lesezeigers* auf E-Records der Ereignisspur:

```
get_next_e_record       get_next_segment
forward_records         backward_records
goto_e_record           goto_e_record_at        rewind_trace
```

Mit diesen Funktionen ist es möglich, die E-Records einer Ereignisspur entsprechend ihrer Aufzeichnung der Reihe nach abzuarbeiten. Außerdem kann der Lesezeiger relativ zur aktuellen Position vorwärts und rückwärts bewegt werden. Durch Angabe einer E-Recordnummer ist auch eine absolute Positionierung des Lesezeigers auf einen bestimmten E-Record in der Spur möglich.

4. Funktionen zum *Holen und Decodieren von Werten* aus E-Recordfeldern:

```
get_token               get_unknown
get_flags               test_flag
get_time_distance       get_time_point
get_data                get_data_format
get_token_val           get_flags_val           get_distance_val
get_point_val           get_data_val
```

Für jeden Typ von E-Recordfeldern stellt POET eine effiziente und repräsentationsunabhängige Zugriffsfunktion zur Verfügung. Außerdem ist es möglich, decodierte Werte von E-Recordfeldern in einer standardisierten Form zu bekommen.

5. Funktionen zur *Behandlung großer Integerwerte*:

`Lint_to_Char`	`String_to_Lint`	`Lint_to_String`
`ConstLint`	`Lint_mod`	`Lint_div`
`get_resolution`	`set_resolution`	
`Time_comp`	`Abs_Time`	`Add_Abs_Time`

   Hierunter fallen Funktionen, die zur Repräsentation von Zeitwerten verwendet werden. Dazu gehören auch Funktionen, um Zeitwerte in verschiedenen Auflösungen interpretieren und absolute Zeitstempel handhaben zu können.

6. Funktionen zum *Filtern und Clustern* von E-Records:

`init_filter`	`get_next_filtered_e_record`
`close_filter`	`get_filter_statistics`
`get_status_value`	`get_filter_exit_message`
`open_validfile`	`close_validfile`

   Funktionen zum Öffnen und Schließen von Filtern und Funktionen für das gefilterte Bewegen des Lesezeigers spielen in dieser Gruppe von POET-Funktionen die entscheidende Rolle. Darüber hinaus gibt es Funktionen, um Informationen über einen verwendeten Filter zugänglich zu machen.

7. Funktionen zur *Fehlerbehandlung*:

```
get_poet_error
```

   Terminieren POET-Funktionen erfolglos, so wird eine POET-interne Variable gesetzt, die die Ursache des Fehlers anzeigt. Mit den Fehlerbehandlungsfunktionen kann diese POET-Variable abgefragt und in eine verständliche Fehlermeldung transformiert werden.

Eine vollständige Beschreibung der Programmierschnittstelle findet sich in “SIMPLE — User's Guide Version 5.3, Part B: POET Reference Manual” [Moh92b].

Ein einfaches List-Werkzeug

Zur Veranschaulichung wollen wir ein eigenes `LIST`-Werkzeug programmieren. Während die Ereignisspur durchlaufen wird, soll die Interpretation des E-Recordfeldes EVENT und der Zeitwert des Zeitfeldes ACQUISITION in lesbarer Form ausgegeben werden. Falls eine zu bearbeitende Ereignisspur kein E-Recordfeld EVENT oder kein Zeitfeld ACQUISITION enthält, soll anstelle der Werte ein * ausgegeben werden. Löst ein Zugriff auf einen E-Record einen Fehler aus, so ist eine Fehlermeldung erwünscht, die den Fehler beschreibt. Den Ablauf des Programms stellt das Struktogramm in Abb. 4.23 dar.

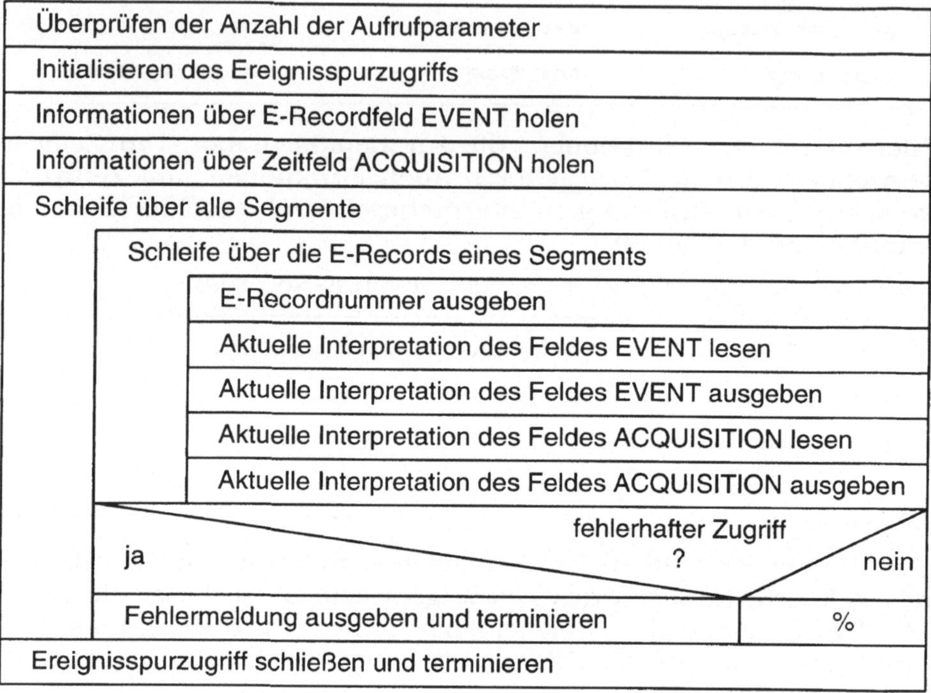

Abbildung 4.23: Struktogramm des POET-Anwendungsbeispiels

Im folgenden wird der Quellcode des lauffähigen Programms diskutiert. Wir konzentrieren uns dabei auf die POET-spezifischen Routinen und ihre korrekte Anwendung, Eigenheiten der Programmiersprache C werden nicht erläutert — wir gehen davon aus, daß der Leser über Kenntnisse in der Programmiersprache C verfügt.

```
# include <stdio.h>

# include "poet.h"
# include "poeterr.h"

# define FALSE 0
```

Der Quellcode beginnt mit einigen Define- und Include-Anweisungen. Die POET-spezifischen Include-Anweisungen betreffen die Dateien `poet.h` und `poeterr.h`. `Poet.h` ist stets zu includieren, da hier die POET-Routinen deklariert werden. `Poeterr.h` ist notwendig, da von POET-Routinen zurückgelieferte Fehler erkannt und mit entsprechenden Meldungen ausgegeben werden sollen. Die Include-Datei `fdl.h` fehlt, da kein gefilterter Zugriff auf die Ereignisspur gewünscht wird.

```
main (argc, argv)
int argc;
char *argv[];
{
  /* -- command line check -------------------------------- */
  if ( argc != 3 ) {
    fprintf (stderr, "usage: %s keyfile trcfile\n", argv[0]);
    exit (1);
  }

  /* -- initialize POET access ---------------------------- */
  if ( (trace = init_poet_direct (argv[1], argv[2], ""))
                                             == NOT_OK ) {
    fprintf (stderr, "%s: %s\n", argv[0], get_poet_error());
    exit (1);
  }

  /* -- get information about token EVENT ---------------- */
  if ( (ev_id = get_event_id (trace, &ev_type)) != NOT_OK ) {
    if ( ev_type == TYPE_TOKEN )
      get_token_interpretations (trace, ev_id, &ev_interpret);
    else if ( ev_type == TYPE_FLAGS )
      get_flags_interpretations (trace, ev_id, &ev_interpret);
  }

  /* -- get information about time ACQUISITION ---------- */
  if ( (acq_id = get_acquisition_id (trace)) != NOT_OK ) {
    acq_fac = get_resolution (trace, acq_id, &acq_unit);
  }

  /* -- main event trace loop ---------------------------- */
  while ( get_next_segment (trace) != NOT_OK ) {
        ...
  }

  /* -- terminate POET access and quit ------------------ */
  close_poet (trace);
  exit (0);
}
```

Nachdem die korrekte Anzahl von Aufrufparametern verifiziert ist, wird der Zugriff auf die Ereignisspur mit der Funktion `init_poet_direct` initialisiert. Die Funktion hat drei Parameter: die Schlüsseldatei, die Ereignisspurdatei und eine Indexdatei. Letztere dient einem schnelleren Zugriff auf die E-Records mit den POET-Funktionen `goto_record` und `forward`.

Die leere Zeichenkette als Indexdateiname bedeutet, daß weder eine vorhandene Indexdatei benutzt noch eine Indexdatei für spätere Bearbeitungen der Ereignisspur kreiert werden soll. `Init_poet_direct` liefert bei erfolgreicher Anwendung eine eindeutige Spurnummer zurück, die für alle anderen auf die Ereignisspur zugreifenden POET-Funktionen als Eingabeparameter dient. Andernfalls liefert sie `NOT_OK`.

Nach der Initialisierung wird zunächst mit der Funktion `get_event_id` die Identifikation des E-Recordfeldes EVENT sowie dessen Typ ermittelt. Für die Rückgabe des Typs muß entsprechend Speicherplatz übergeben werden (`&ev_type`); die Identifikation wird bei erfolgreicher Anwendung der Funktion als Rückgabewert geliefert. Abhängig vom Typ des E-Recordfeldes EVENT werden unterschiedliche POET-Funktionen aufgerufen, um die Interpretationen zu ermitteln: Handelt es sich um ein Tokenfeld, so heißt die POET-Funktion `get_token_interpretations`; handelt es sich um ein Flagfeld, wird die POET-Funktion `get_flags_interpretations` verwendet. Beide Funktionen benötigen als Parameter die Ereignisspurnummer, die Identifikation des Feldes EVENT und eine Speicheradresse, bei der sie die Interpretationen für eine spätere Verwendung hinterlegen können.

Danach wird mit der POET-Funktion `get_acquisition_id` die Identifikation für das Zeitfeld ACQUISITION ermittelt. Für Zeitfelder gibt es keine Interpretationen im Sinne von Token- oder Flagfeldern. Der Interpretation von Zeitfeldern entspricht vielmehr die Auflösung, mit denen die Zeitwerte im Zeitfeld abgelegt sind. Diese Auflösung erhält man durch Aufruf der POET-Funktion `get_resolution`. Die Einheit der Auflösung wird im dritten Aufrufparameter (`&acq_unit`) abgelegt, der Faktor der Auflösung als Rückgabewert geliefert.

Nachdem wir uns alle Informationen besorgt haben, die für einen korrekten Zugriff auf eine Ereignisspur mit den einleitend beschriebenen Anforderungen nötig sind, durchlaufen wir alle Segmente der Ereignisspur. Wir verwenden dazu die POET-Funktion `get_next_segment`, die uns *vor* den ersten E-Record im nächsten Segment der Ereignisspur setzt.

Für eine korrekte Terminierung des Programms sollte zum Schluß die Ereignisspur wieder geschlossen werden. Dies geschieht mit der POET-Funktion `close_poet`.

Widmen wir uns nun der Abarbeitung eines Ereignisspursegments. Dies wird durch folgende Schleife implementiert:

```
while ( (recno = get_next_e_record (trace)) != NOT_OK ) {
    /* -- print record number ------------------------ */
    printf ("E-Record %d:\t", recno);

    /* -- print the contents of token EVENT ---------- */
    if ( ev_id != NOT_OK ) {
```

```
        if ( ev_type == TYPE_TOKEN )
          idx = get_token (trace, ev_id);
        else if ( ev_type == TYPE_FLAGS )
          idx = get_flags (trace, ev_id, FALSE);

        if ( idx == NOT_OK )
          printf ("*");
        else
          printf ("%-30.30s ", ev_interpret[idx]);
      }

      /* -- print time value -------------------------- */
      if ( acq_id != NOT_OK )
        if ( (acq_val = get_time_point (trace, acq_id))
                                              != NOTIME )
          printf ("%16s [%d %s]", Lint_to_String (acq_val),
                                  acq_fac, acq_unit);
        else
          printf ("*");
      printf ("\n");
    }

    /* -- print error if any and terminate -------------- */
    if ( poet_errno != PE_NOERR ) {
      fprintf (stderr, "%s: %s\n", argv[0], get_poet_error ());
      exit (1);
    }
```

Mit der POET-Funktion get_next_e_record bewegen wir uns in der Ereignisspur von E-Record zu E-Record. Als Rückgabewerte erhalten wir stets die Nummer des aktuellen E-Records oder NOT_OK im Fehlerfall. Man beachte, daß die Funktion get_next_e_record auch für den ersten E-Record nach einem get_next_segment-Aufruf aufzurufen ist, da die POET-Funktion get_next_segment uns *vor* den ersten E-Record in einem Segment positioniert.

Nachdem die E-Recordnummer ausgegeben ist, besorgen wir uns den aktuellen Wert des E-Recordfeldes EVENT. Je nach Typ des Feldes EVENT erhalten wir den Wert mit der POET-Funktion get_token oder get_flags, welche als Parameter die Ereignisspurnummer und die Identifkation des Feldes EVENT benötigen. Beide Funktionen liefern einen Index in die Tabelle der mit get_xxx_interpretations gewonnenen Interpretationen, so daß mit Hilfe dieser Tabelle und dem Index ein problemorientierter Zugriff auf den im E-Recordfeld EVENT enthaltenen Wert gewährleistet ist.

Den Zeitwert des aktuellen E-Records gewinnt man über die POET-Funktion get_time_point mit der Ereignisspurnummer und der Identifikation des Zeitfeldes als Aufrufparameter. Für die Ausgabe des Zeitwertes wird die Funktion Lint_to_String verwendet, die einen großen Integer-Wert (gespeichert in einem Double-Wert) in eine Zeichenkette transformiert.

Tritt bei dem Versuch, mit get_next_e_record zum nächsten E-Record voranzuschreiten, ein Fehler auf, so erhalten wir als Rückgabewert der Funktion NOT_OK und die Integer-Variable poet_errno wird gesetzt. Die POET-Funktion get_poet_error verwendet den Wert dieser Variablen und erzeugt eine Meldung, die den letzten in einer POET-Funktion aufgetretenen Fehler beschreibt.

Um das Programm zu vervollständigen, sind die in den vorangegangenen Quellcodeabschnitten verwendeten Variablen noch zu definieren.

```
/* -- general variables ---------- */
int   trace;      /* trace number   */
long  recno;      /* record number  */

/* -- variables for ACQUISITION ------- */
int       acq_fac;   /* time unit factor */
int       acq_id;    /* identification   */
char     *acq_unit;  /* time unit name   */
LargeInt acq_val;    /* time value       */

/* -- variables for EVENT -------------------------- */
int            idx;             /* index               */
int            ev_id;           /* identification      */
char         **ev_interpret;    /* interpretation list */
enum FieldType ev_type;         /* field type          */
```

Die Variablen können global oder lokal in der Hauptprozedur definiert werden.

Das ausführbare Programm kann mit einem handelsüblichen C-Compiler mit folgendem Aufruf erzeugt werden:

```
cc -o mylist mylist.c -lpoet -lm
```

Dabei gehen wir davon aus, daß der Quellcode in der Datei mylist.c liegt und das ausführbare Programm den Name mylist erhalten soll. Die POET-Library libpoet.a wird mit der Option –lpoet dazugebunden. Da in POET-Funktionen mathematische Funktionen verwendet werden, die in der Library libm.a definiert sind, muß außerdem mit der Option –lm die mathematische Library dazugebunden werden.

Wenden wir mylist auf unsere Beispielmeßspur aus dem E-ISDN-Testsystem an, so erhalten wir folgende lesbare Darstellung der Ereignisspur:

```
E-Record 0: NT_S0                                   80322831 [100 ns]
E-Record 1: L2-Frame <- ISDN                        80694212 [100 ns]
E-Record 2: NT_S0                                   91080639 [100 ns]
E-Record 3: TE_S0                                   91089037 [100 ns]
E-Record 4: NT_S0                                   91426830 [100 ns]
E-Record 5: NT_S0                                   91434192 [100 ns]
E-Record 6: L2-Frame <- ISDN                        91493606 [100 ns]
E-Record 7: L2-Frame <- ISDN                        91516876 [100 ns]
E-Record 8: NT_S0                                   91644196 [100 ns]
E-Record 9: L2-Frame <- ISDN                        92094218 [100 ns]
E-Record 10: L2-Frame <- ISDN                       92117952 [100 ns]
                           ...
```

4.5 SIMPLE aus der Sicht des Schichtenmodells

Die vorhergehenden Abschnitte dieses Kapitels besprechen an Hand des hierarchischen Schichtenmodells von Abb. 4.1 Probleme und Lösungskonzepte bei der Implementierung eines universell anwendbaren ereignisbasierten Analysesystems. Konkretisiert wurde das Schichtenmodell am Beispiel des Monitor- und Auswertesystems ZM4/SIMPLE. Fügt man nun alle bisher beschriebenen Komponenten zusammen, so ergibt sich in Abb. 4.24 ein umfassendes und geschlossenes System von Meß- und Auswertewerkzeugen, eingeordnet in das Schichtenmodell von Abschnitt 4.1. Man erkennt außerdem die resultierenden Schnittstellen sowie den Datenfluß in und zwischen den Schichten 1–6:

Schicht 1:

Das parallele oder verteilte Objektsystem wird entweder mit einem Softwaremonitor oder einem Hardwaremonitorsystem (z.B. ZM4) beobachtet und die dabei entstehenden Ereignisspuren in Dateien aufgezeichnet. Die Ereignisspuren können auch von einem Simulationssystem stammen.

Schicht 2 und 3:

Die Ereignisspurdateien und ihre Beschreibung (abgefaßt in TDL) bilden die wichtige Schnittstelle zwischen den monitororientierten und Ereignisspuranalyse-orientierten Schichten. Die Datenzugriffsschicht, repräsentiert durch das Decodierungs- und Zugriffspaket für Ereignisspuren POET, und die Selektionsschicht, gebildet durch die Komponente FILTER, bilden für die darüberliegenden Analysewerkzeuge eine objektsystem- und monitorunabhängige Schnittstelle.

Schicht 4 und 5:

Die Analysewerkzeuge von SIMPLE sind so weit wie möglich unabhängig von der Semantik der Ereignisdaten implementiert. Sie sind damit uneingeschränkt zur Analyse und Bewertung von parallelen und verteilten Anwendungen auf der Basis von Ereignisspuren geeignet. Die

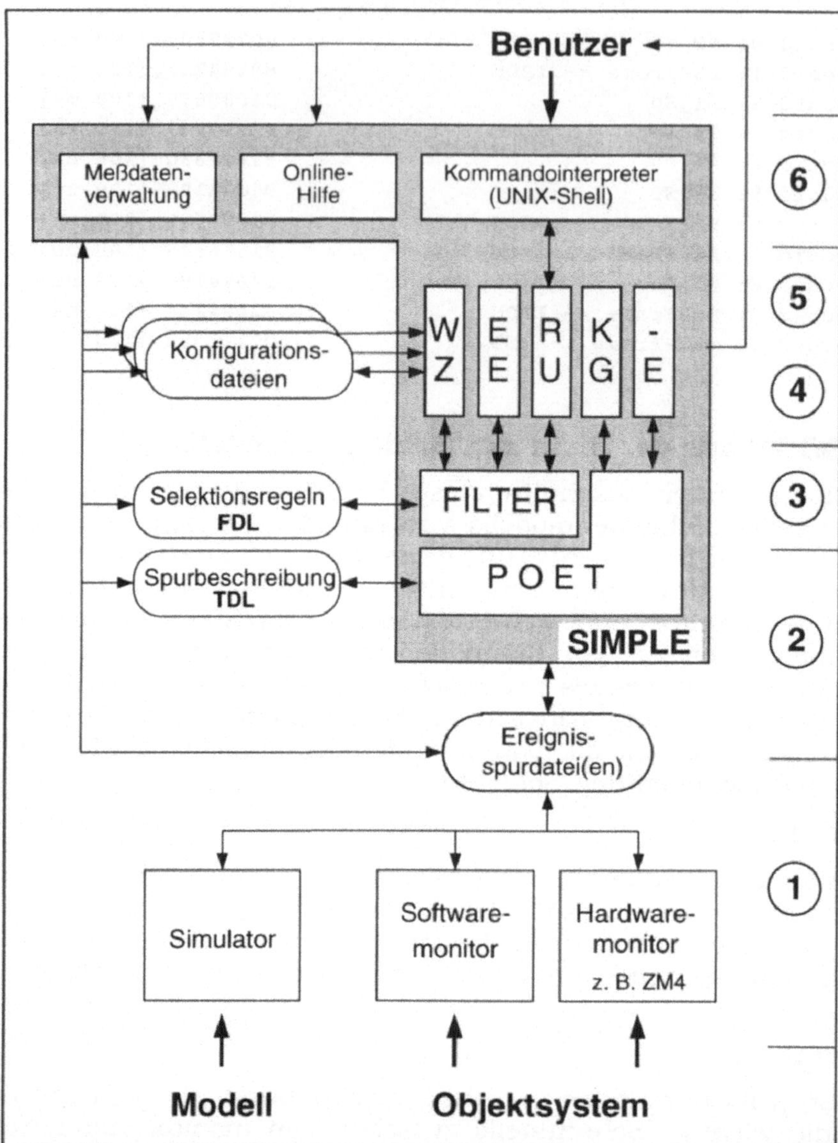

Abbildung 4.24: Das ereignisbasierte Rechneranalysesystem ZM4/SIMPLE

Anpassung an die jeweilige Anwendung erfolgt mit Hilfe von Konfigurationsdateien (siehe unten).

Schicht 6:

Die einzelnen Analysewerkzeuge sind eigenständige UNIX-Programme und können vom Anwender über einen Kommandointerpreter in der anwendungsorientierten Schicht benutzt werden. Zur Unterstützung des Benutzers sind dort außerdem eine Meßdatenverwaltung, ein Zugangssystem und eine Online-Hilfe implementiert.

Man beachte, daß Abb. 4.24 die Struktur des Systems und den Datenfluß in diesem System wiedergibt. Dies ist nicht notwendigerweise die Reihenfolge, in der die einzelnen Werkzeuge zur Analyse eines Rechensystems eingesetzt werden.

Zusammenfassend kann festgestellt werden, daß das hierarchische Schichtenmodell nicht nur ein ästhetisch und akademisch befriedigender Ansatz ist, sondern auch die Grundlage für eine effiziente Implementierung eines universell anwendbaren, ereignis-basierten Analysesystems bildet, wie die Entwicklung des ZM4/SIMPLE-Systems zeigt.

4.6 Weitere Ereignisspuranalysesysteme

An Universitäten und Forschungsinstituten in aller Welt wurde und wird an ereignisbasierten Methoden und Werkzeugen gearbeitet, die den Gebrauch paralleler und verteilter Systeme erleichtern sollen. In diesem Abschnitt wollen wir einige der bekannteren Systeme kurz vorstellen.

Das bereits angesprochene Werkzeug ParaGraph [Hea90, HE91a] ist ein graphisches Anzeigesystem für die Visualisierung des Verhaltens von parallelen Algorithmen auf Multiprozessoren mit nachrichtenbasierter Kommunikation. Als Eingabe wird eine Ereignisspur benötigt, die von der *P*ortable *I*nstrumented *C*ommunication *L*ibrary (PICL) [GHPW90, GHPW91] während der Ausführung des beobachteten parallelen Programms (mit Hilfe von Softwaremonitoring) erzeugt wurde. ParaGraph und PICL wurden am Oak Ridge National Laboratory in Tennessee entwickelt. ParaGraph bietet dem Benutzer ca. 25 verschiedene graphische Darstellungen des dynamischen Programmablaufs an. Durch die bewußte Beschränkung auf die Beobachtung der Kommunikation in nachrichtenbasierten Systemen hat ParaGraph/PICL beträchtliche Verbreitung gefunden. Dies umso mehr als

- ParaGraph/PICL das erste Werkzeug dieser Art war,
- ParaGraph/PICL inklusive Quelltext für jedermann frei erhältlich war,
- PICL zu dieser Zeit eine der wenigen portablen Kommunikationsbibliotheken war.

Viele Projekte haben eigene Werkzeuge auf der Basis von ParaGraph entwickelt oder wurden davon inspiriert. Die Firma Intel hat ParaGraph nachimplementiert und bietet dieses Werkzeug als Teil ihrer Rechneranalyseumgebung ParaAide an.

PICL erlaubte "nur" die Kommunikation innerhalb eines homogenen Multiprozessorsystems. Diesen Nachteil behebt das Nachfolgeprojekt PVM (*P*arallel *V*irtual *M*achine) [Sun90, GG91, GBD+92, GBD+94]. PVM erlaubt die Programmierung eines Netzwerks heterogener Rechensysteme. Die einzelnen Computer können Multiprozessoren mit gemeinsamem oder verteiltem Speicher, Vektorsupercomputer oder Workstations sein. Für Debugging und Leistungsanalyse stand zunächst nur das Werkzeug Xab [Beg93] zur Verfügung. Xab benötigt eine spezielle Version der PVM-Bibliothek, die so instrumentiert ist, daß jede aufgerufene PVM-Funktion ein Ereignis als Nachricht (via PVM !) an einen Monitoringprozeß sendet, welcher entweder diese Ereignisse in Realzeit anzeigen oder in einer Ereignisspur abspeichern kann. Xab stellt auch ein Konvertierungsprogramm zur Verfügung, welches eine von Xab aufgezeichnete Ereignisspur in PICL-Format überführt, so daß ParaGraph für die Programmanalyse eingesetzt werden kann. Spätere Versionen von PVM (> 3.3) sind bereits instrumentiert und erzeugen auf Anforderung eine Ereignisspur im SDDF-Format (siehe unten). Für die Analyse dieser Spuren kann entweder XPVM [KG94] oder Pablo [HM93] verwendet werden.

AIMS (*A*utomated *I*nstrumentation and *M*onitoring *S*ystem) [Yan94] wurde als Werkzeugkasten für das Monitoring und die Analyse des Leistungsverhaltens paralleler Anwendungen am NASA Ames Research Center entwickelt. AIMS ist zwar auch auf nachrichtenbasierte Anwendungen beschränkt, jedoch unabhängig von der Benutzung einer bestimmten Kommunikationsbibliothek. Derzeit existieren Implementierungen für Rechner der Firma Intel, für die CM-5 und PVM. AIMS besteht aus einem graphischen Instrumentierungsprogramm (Xinstrument), einem Ereignisspur-Visualisierungswerkzeug (VK) und einem statistischen Leistungsanalysewerkzeug (TALLY). AIMS benutzt eine interne Programmdatenbank, welche es den Analysewerkzeugen erlaubt, den Bezug von Leistungsdaten zurück zum Programmtext darzustellen. AIMS wurde nach einer Analyse bestehender Werkzeuge entworfen und implementiert. Das Werkzeug Xinstrument benutzt eine modifizierte Version des POEM Quelltext-Instrumentierungssystems aus dem PIE-Projekt der Carnegie-Mellon University [L$^+$89]. Die graphischen Darstellungen von VK basieren auf drei älteren Visualisierungswerkzeugen: AXE entwickelt von NASA Ames Research Center, ParaGraph von Oak Ridge National Laboratory, und QUARTZ [TA90] von der University of Washington. Die Firma Convex bietet AIMS als Leistungsanalyseumgebung für ihre SPP-Rechnerserie an.

Während die bis jetzt diskutierten Werkzeuge reine ereignisbasierte Analysesysteme darstellen, ist das an der Technischen Universität München entwickelte Analysesystem TOPSYS (*TO*ols for *P*arallel *SYS*tems) [Bem90, BLT90] eine integrierte, portable und hierarchisch strukturierte Programmierumgebung für parallele Systeme mit verteiltem Speicher. Sie stellt neben der Ereignisspuranalyse auch Werkzeuge zur Konfiguration, Lastgenerierung, Mapping sowie einen Debugger zur Verfügung. TOPSYS baut auf dem von derselben Gruppe entwickelten Betriebssystem MMK auf. Für die Ereignisspuranalyse stehen die Werkzeuge PATOP (Performance Analyse) und VISTOP (Visualisierung) zur Verfügung. PATOP wird an der Universität Paderborn auch für die off-line Leistungsanalyse von Transputer-basierten Multiprozessoren eingesetzt [BHOW92], die mit dem auf Transputer zugeschnittenen Softwaremonitor DELTA-T (*D*ebugging and *E*valuating of the *L*oad of *T*ransputer *A*pplications and *T*opologies) [MO92] beobachtet werden können. TOPSYS ermöglicht den Einsatz von verschiedenen Monitoringverfahren (auch gleichzeitig). Dies erlaubt den Vergleich der verschiedenen Verfahren, insbesondere der Rückwirkungen auf das Objektsystem. Die Stärke von TOPSYS liegt in einer einheitlichen Benutzeroberfläche, die in allen Werkzeugen benutzt wird, sowie in der Integration in eine vollständige Programmierumgebung.

TRAPPER (*TRA*fonic[36] *P*arallel *P*rogramming *E*nvi*R*onment) [SSK92, SSK93] ist eine graphische Programmierumgebung, die den Pogrammierer von Anwendungssoftware für eingebettete parallele Systeme beim Entwurf, bei der Abbildung des parallelen Programms auf die Hardware, bei der Visualisierung und der Optimierung unterstützt. TRAPPER basiert auf dem Programmiermodell kommunizierender sequentieller Prozesse. Prozesse und ihre Kommunikationsverbindungen werden mit dem *Designtool* graphisch in einem Prozeßgraphen spezifiziert. Die Kommunikation der Prozesse geschieht über Message-Passing-Konstrukte. Das *Configtool* erlaubt dem Benutzer, die Konfiguration des Hardware-Systems sowie die Abbildung des Prozeßgraphen auf die Hardware zu spezifizieren. Für die Beobachtung des parallelen Systems wird ereignisgesteuertes Softwaremonitoring eingesetzt. Der Softwaremonitor läuft als eigenständiger Prozeß auf dem Zielsystem konkurrierend mit der zu beobachtenden Applikation. Er baut auf DELTA-T [MO92] auf und ist somit auf Transputer-basierte Multiprozessoren zugeschnitten[37]. Für die Auswertung aufgezeichneter Monitoringdaten stehen zwei Werkzeuge zur Verfügung: Mit *Vistool* kann eine Programmanimation durchgeführt werden, bei der die Ausführungsphasen, Variableninhalte und applikationsspezifische Informationen im Prozeßgraphen angezeigt werden. *Perftool* wertet das Verhalten der Hardware aus, stellt Lastcharakteristiken und Scheduling-Information dar. Während Vistool für das Debugging geeignet ist, kann Perftool eher in der Optimierungsphase eines parallelen Programms eingesetzt werden. Beide Werkzeuge erlauben sowohl on-line als auch off-line Auswertung.

IPS-2 [YM88, YM89, MCH+90] ist ein interaktives Leistungsmeßsystem für parallele und verteilte Programme, entwickelt an der University of Wisconsin-Madison. IPS-2 stellt dem Benutzer eine große Menge von Leistungsdaten zur Verfügung. Diese Information ist hierarchisch organisiert um eine einfache und intuitive Analyse zu erlauben. Die folgenden Abstraktionsschichten werden von IPS-2 unterstützt: Programm, Maschine (Knoten), Prozeß, Prozedur und Aktivität. Eine Besonderheit des Systems ist die automatische Erkennung von Leistungsengpässen (critical path analysis). IPS-2 läuft auf parallelen Maschinen, deren Betriebssystem auf

36 TRAFFONIC ist ein Forschungsprogramm von Daimler-Benz, das sich mit dem Einsatz von Elektronik im Straßenverkehr beschäftigt.

37 Alle zur Zeit verfügbaren 32-Bit Transputer Chips (T4xx, T8xx) werden unterstützt. Die Beobachtung der 16-Bit Versionen werden aufgrund ihres begrenzten Speichers nicht unterstützt. Eine Adaption an einen Prototypen des T9000 ist ebenfalls verfügbar [SSBO94]

4.3 BSD Unix basiert. Es existieren Portierungen für DECstations, SUN, Vax, Sequent Symmetry und Cray Y-MP. IPS-2 benutzt speziell instrumentierte Versionen von Systembibliotheken, so daß keine Quelltextmodifikationen notwendig sind. IPS-2 unterscheidet sich von anderen Rechneranalysesystemen insofern, als es versucht, dem Benutzer nützliche Informationen über die Leistung seines Programms zu liefern und nicht nur "hübsche" Animationen des Programmverhaltens.

Die bisher beschriebenen Rechneranalysesysteme sind, im Gegensatz zu der in diesem Kapitel vorgestellten Werkzeugumgebung SIMPLE, auf bestimmte Rechnerklassen, Betriebssysteme oder Programmiermodelle zugeschnitten. Nach den Ausführungen dieses Kapitels sollte klar sein, daß dies einen klaren Nachteil darstellt und auch durch Anwendung geeigneter Methoden vermieden werden könnte. Gerade unter dem Schlagwort "Wiederverwendbarkeit von Software" ist ein möglichst umfassendes Anwendungsgebiet wichtig. Aufwendige und unnötige Mehrfach- und Neuimplementierungen können somit vermieden werden. Die beiden folgenden Systeme wurden hingegen von vornherein für beliebige parallele Systeme konzipiert.

Das Nachfolgeprojekt von IPS-2 an der University of Wisconsin-Madison, genannt Paradyn [MCC+94], ist die logische Fortentwicklung des IPS-2 Systems. Paradyn benutzt mehrere neuartige Methoden, so daß es auch für sehr lang laufende Programme oder sehr große Computersysteme eingesetzt werden kann. Die Suche nach Leistungsengpässen ist weitgehend automatisiert basierend auf der W^3 Methode [HM93] (so genannt nach den grundlegenden Fragen der Leistungsanalyse: Warum? Wo? Wann?). Die W^3 Methode ist in der sog. Leistungsberater-Komponente (performance consultant) implementiert. Paradyn benutzt dynamische Objektcodeinstrumentierung für die Leistungsmessung, d.h. die Instrumentierung geschieht erst zur Laufzeit des Programms und kann zu jeder Zeit dem gerade gültigen Analyseziel angepaßt werden. Die Instrumentierung wird durch den Leistungsberater gesteuert. Ein Prototyp des Paradyn Systems ist inzwischen für die CM-5 und Sun Workstations mit PVM implementiert.

Wie bereits im Abschnitt 4.2.1 angesprochen, ist das Rechneranalysesystem Pablo [ROA+91, RAM+92, RAN+93, HM93] der University of Indiana, Urbana-Champaign, bezüglich der Objektunabhängigkeit mit SIMPLE vergleichbar. Pablo ist eigentlich ein Werkzeugkasten für die Konstruktion von Rechneranalyseumgebungen. Es enthält Software zur Instrumentierung, zur graphischen Leistungsdatenanalyse und zur Unterstützung der Abbildung von Leistungsdaten auf Graphik und Ton. Die Leistungsanalysekomponente von Pablo besteht aus einer Menge von Datentransformationsmodulen, welche graphisch zu einem azyklischen, gerichteten Analysegraph verbunden werden können. Leistungsdaten "fließen" durch die Knoten des Analysegraphen und werden in die gewünschten

Leistungsindizes transformiert. Die Objektunabhängigkeit wird durch die Verwendung des bereits vorgestellten SDDF-Ereignisspurformats [Ayd92] erreicht. Pablos Stärke liegt in der hohen Integration seiner einzelnen Werkzeuge, der hochentwickelten graphischen Konfigurations- und Analyseoberfläche, sowie dem SDDF-Ereignisspurformat. Letzteres wird auch von Intel für seine Leistungsanalyseumgebung ParaAide und von XPVM verwendet.

Literatur

[Ayd92] R.A. Aydt. The Pablo Self-Describing Data Format. Technical Report, Department of Computer Science, University of Illinois, Urbana-Champaign, March 1992.

[BCW88] R.A. Becker, J.M. Chambers, and A.R. Wilks. *The New S Language, a Programming Environment for Data Analysis and Graphics*. Wadsworth & Brooks/Cole Advanced Books & Software, Pacific Grove, California, 1988.

[Beg93] A.L. Beguelin. Xab: A Tool for Monitoring PVM Programs. In *Proceedings Workshop on Heterogeneous Processing WHP'93*, pages 92–97, Los Alamitos, CA, April 1993. IEEE Computer Society Press.

[Bem90] T. Bemmerl. The TOPSYS Architecture. In H. Burkhart, editor, *CONPAR 90–VAPP IV, Joint International Conference on Vector and Parallel Processing. Proceedings*, pages 732–743, Zürich, Switzerland, September 1990. Springer, Berlin, LNCS 457.

[BHOW92] T. Bemmerl, O. Hansen, W. Obeloer, and H. Willeke. Adapting the Portable Performance Measurement Tool PATOP to the Multi-Transputer Monitoring System DELTA-T. In Topham, Ibbett, and Bemmerl, editors, *Proceedings of the "Working Conference on Programming Environments for Parallel Computing", Edinburgh 6–8 April*, pages 151–160, Amsterdam, 1992. North-Holland.

[BLT90] T. Bemmerl, R. Lindhof, and T. Treml. The Distributed Monitor System of TOPSYS. In H. Burkhart, editor, *CONPAR 90–VAPP IV, Joint International Conference on Vector and Parallel Processing. Proceedings*, pages 756–764, Zürich, Switzerland, September 1990. Springer, Berlin, LNCS 457.

[CCI92a] CCITT. *Recommendation Z.100: Specification and Description Language SDL, Blue Book*. ITU General Secreteriat — Sales Section, Place des Nations, CH-1211 Geneva 20, 1992.

[CCI92b] CCITT. *Recommendation Z.120: Message Sequence Charts (MSC)*. ITU General Secreteriat — Sales Section, Place des Nations, CH-1211 Geneva 20, 1992.

[Dau94a] P. Dauphin. GANTT Reference Manual, SIMPLE User's Guide Version 5.4. Interner Bericht 6/94, Universität Erlangen–Nürnberg, Martensstr. 3, 91058 Erlangen, April 1994.

[Dau94b] P. Dauphin. HASSE Reference Manual, SIMPLE User's Guide Version 5.4. Interner Bericht 9/94, Universität Erlangen–Nürnberg, Martensstr. 3, 91058 Erlangen, April 1994.

[Dau94c] P. Dauphin. HASSEWITHMSC Reference Manual, SIMPLE User's Guide Version 5.4. Interner Bericht 17/94, Universität Erlangen–Nürnberg, Martensstr. 3, 91058 Erlangen, July 1994.

[DH94] P. Dauphin und R. Hofmann. HASSE: A Tool for Analyzing Causal Relationships in Parallel and Distributed Systems. Interner Bericht 13/94, Universität Erlangen–Nürnberg, Martensstr. 3, 91058 Erlangen, February 1994.

[Dou92] D. Dougherty. *awk and sed*. O'Reilly & Assoc., Sebastopol, CA, 1992.

[For94] Message Passing Interface Forum. MPI: A Message-Passing Interface Standard. Technical Report CS-94-230, University of Tennessee, Knoxville, TN, Computer Science Department, May 5 1994.

[FSZ83] D. Ferrari, G. Serazzi, and A. Zeigner. *Measurement and Tuning of Computer Systems.* Prentice Hall, Inc., Englewood Cliffs, 1983.

[Gan19] H. L. Gantt. *Organizing for Work.* 1919.

[GBD+92] G.A. Geist, A. Beguelin, J. Dongarra, R. Manchek, K. Moore, and V. Sunderam. PVM and HeNCE: Tools for Heterogeneous Network Computing. In *Proceedings of the CNRS-NSF Workshop Environments and Tools For Parallel Scientific Computing,* Saint Hilaire du Touvet, France, September 1992.

[GBD+94] A. Geist, A. Beguelin, J. Dongarra, W. Jiang, R. Manchek, and V. Sunderam. *PVM: Parallel Virtual Machine, A User's Guide for Networked Parallel Computing.* Scientific and Engineering Computation. MIT Press, 1994.

[GG91] V.S. Sunderam G.A. Geist. The PVM System: Supercomputing Level Concurrent Computations on a Heterogeneous Network of Workstations. In *Proceedings of the Sixth Distributed Memory Computing Conference,* pages 258–261, Portland, OR, April/May 1991. IEEE.

[GHPW90] G.A. Geist, M.T. Heath, B.W. Peyton, and P.H. Worley. PICL: A Portable Instrumented Communication Library, C Reference Manual. Technical Report ORNL/TM-11130, Oak Ridge National Laboratory, Tennessee, July 1990.

[GHPW91] G.A. Geist, M.T. Heath, B.W. Peyton, and P.H. Worley. A Users' Guide to PICL: A Portable Instrumented Communication Library. Technical Report ORNL/TM-11616, Oak Ridge National Laboratory, Tennessee, June 1991.

[HE91a] M. T. Heath and J. A. Etheridge. Visualizing the Performance of Parallel Programs. *IEEE Software,* pages 29–39, September 1991.

[HE91b] M.T. Heath and J. A. Etheridge. ParaGraph: A Tool for Visualizing Performance of Parallel Programs. Technical Report, Oak Ridge National Laboratory, Tennessee, November 1991.

[Hea90] M.T. Heath. Visual Animation of Parallel Algorithms for Matrix Computations. In D. Walker, editor, *Proceedings of the 5th Distributed Memory Computing Conference.* IEEE, 1990.

[Her91] H. Herold. *AWK und SED.* Addison-Wesley, Bonn, 1 Auflage, 1991.

[HM93] J. Hollingsworth and B.P. Miller. Dynamic Control of Performance Monitoring on Large Scale Parallel Systems. In *7th ACM International Conf. on Supercomputing,* pages 185–194, Tokyo, July 1993.

[ISO86] ISO, International Standardization Organisation, Genf. *International Standard 8825, Information Processing Systems – Open Systems Interconnection – Specification of Basic Encoding Rules for Abstract Syntax Notation One (ASN.1),* 1986.

[KG94] J.A. Kohl and G.A. Geist. XPVM: A Graphical Console and Monitor for PVM. In *Poster at 'Scalable High Performance Computing Conference' (SHPCC),* May 1994.

[L+89] T. Lehr et al. Visualizing Performance Debugging. *IEEE Computer,* 22(10):38–51, October 1989.

[Lah90] G. Lahm. Effiziente Selektion von Datensätzen nach Ereignis– und Attributprädikaten. Diplomarbeit, Universität Erlangen–Nürnberg, IMMD VII, Oktober 1990.

[LMF90] T.J. LeBlanc, J.M. Mellor-Crummey, and R.J. Fowler. Analyzing Parallel Program Executions Using Multiple Views. *Journal of Parallel and Distributed Computing,* 9:203–217, June 1990.

[MCC+94] B.P. Miller, M.D. Callaghan, J.M. Cargille, J.K. Hollingsworth, R.B. Irvin, K.L. Karavanic, K. Kunchithapadam, and T. Newhall. The Paradyn Parallel Performance Measurement Tools. Technical Report, University of Wisconsin-Madison, 1994.

[MCH+90] B.P. Miller, M. Clark, J. Hollingsworth, S. Kierstead, S.-S. Lim, and T. Torzewski. IPS–2: The Second Generation of a Parallel Program Measurement System. *IEEE Transactions on Parallel and Distributed Systems,* 1(2):206–217, April 1990.

[MHJ91] A.D. Malony, D.H. Hammerslag, and D.J. Jablonowski. Traceview: A Trace Visualization Tool. *IEEE Software*, September 1991.

[MN90] A.D. Malony and K. Nichols. Standards in Performance Instrumentation and Visualization for Parallel Computer Systems. In M. Simmons and R. Koskela, editors, *Performance Instrumentation and Visualization*, chapter 6, pages 261–278. ACM Press, Frontier Series, Addison–Wesley Publishing Company, New York, 1990.

[MO92] E. Maehle and W. Obelöer. DELTA-T: A User-Transparent Software-Monitoring Tool for Multi-Transputer Systems. In *EUROMICRO 92*. North Holland, Sept 1992.

[Moh87] B. Mohr. Entwurf und Implementierung eines Systems zur Entschlüsselung von Monitordaten. Diplomarbeit, Universität Erlangen–Nürnberg, IMMD VII, April 1987.

[Moh92a] B. Mohr. *Ereignisbasierte Rechneranalysesysteme zur Bewertung paralleler und verteilter Systeme*. Dissertation, Universität Erlangen–Nürnberg, 1992. VDI Verlag, Fortschritt-Berichte, Reihe 10, Nr. 221.

[Moh92b] B. Mohr. SIMPLE — User's Guide Version 5.3.
Part A: TDL Reference Guide
Part B: POET Reference Manual
Part C: Tools Reference Manual
Part D: FDL / VARUS Reference Guide. Interner Bericht 3/92, Universität Erlangen–Nürnberg, IMMD VII, März 1992.

[RAM+92] D.A. Reed, R.A. Aydt, T.M. Madhyastha, R.J. Noe, K.A. Shields, and B.W. Schwartz. An Overview of the Pablo Performance Analysis Environment. Technical Report, University of Illinois, Urbana, November 1992.

[RAN+93] D.A. Reed, R.A. Aydt, R.J. Noe, P.C. Roth, K.A. Shields, B.W. Schwartz, and L.F. Tavera. The Pablo Performance Analysis Environment. In *Scalable Parallel Libraries Conference*. IEEE Computer Society, 1993.

[ROA+91] D.A. Reed, R.D. Olson, R.A. Aydt, T.M. Madhyasta, T.Birkett, D.W. Jensen, B.A.A. Nazief, and B.K. Totty. Scalable Performance Environments for Parallel Systems. In *Proceedings of the 6th Distributed Memory Computing Conference*, pages 562–569. IEEE Computer Society Press, 1991.

[SSBO94] L. Schäfers, C. Scheidler, T. Born, and W. Obelöer. Monitoring the T9000: the TRAPPER Approach. In et. al. A. De Gloria, editor, *Transputer Applications and Systems, Como, Italy*, pages 541–557, September 1994.

[SSK92] L. Schäfers, C. Scheidler, and O. Krämer-Fuhrmann. A Graphical Programming Environment for Parallel Embedded Systems Based on Event Traces. In Bemmerl Topham, Ibbett, editor, *Proceedings of the "Working Conference on Programming Environments for Parallel Computing", Edinburgh 6–8 April*, pages 53–65, 1992.

[SSK93] L. Schäfers, C. Scheidler, and O. Krämer-Fuhrmann. TRAPPER: A Graphical Programming Environment for Industrial High-Performance Applications. In *Parle, "Parallel Architektures and Languages Europe", Munich*, pages 403–413. Lecture Notes on Computer Science 694, June 1993.

[Sun90] V.S. Sunderam. PVM: A Framework for Parallel Distributed Computing. *Concurrency: Practice and Experience*, 2(4), Dec. 1990.

[TA90] E.D. Lazowska T.E. Anderson. Quartz: A Tool for Tuning Parallel Program Performance. In *Sigmetrics Conference on Measurement and Modeling of Computer Systems*, pages 115–125, Boston, MA, May 1990.

[Tär91] E. Tärnvik. Collecting Message Passing Events. Technical Report UMINF-91.05, University of Umea, Umea, Sweden, Febr. 1991.

[Tur92] Paul J. Turner. *XMGR User's Manual*. Center for Coastal and Land-Margin Research, Oregon Graduate Institute of Science and Technology, Beaverton, Oregon, 1992.

[WK93] T. Williams and C. Kelley. *GNUPLOT — an Interactive Plotting Program (Version 3.5)*. Public Domain Software, 1993.

[Yan94] J.C. Yan. Performance Tuning with AIMS - An Automated Instrumentation and Monitoring System for Multicomputers. In *27th Hawaii International Conference on System Sciences, Vol II*, pages 625–633, January 1994.

[YM88] C.-Q. Yang and B.P. Miller. Critical Path Analysis for the Execution of Parallel and Distributed Programs. In *Proceedings of the 8th International Conference on Distributed Computing Systems, San Jose, California, June 13-17, 1988*, pages 366–373. The Computer Society and IEEE, Computer Society Press, 1988.

[YM89] C.-Q. Yang and B.P. Miller. Performance Measurement for Parallel and Distributed Programs: A Structured and Automatic Approach. *IEEE Transactions on Software Engineering*, 15(12):1615–1629, 1989.

[Zie90] W. Zieger. Automatische Erzeugung von Routinen für den Zugriff auf Meßdaten aus einer formalen Datenbeschreibung. Diplomarbeit, Universität Erlangen–Nürnberg, IMMD VII, Juli 1990.

5 Leistungsbewertung mit Modellen

Die Bedeutung von Modellen für die analytische Leistungsbewertung wurde bereits in der Einleitung kurz motiviert. Das zentrale Anliegen ist es dabei, Leistungsaussagen über (noch) nicht existierende Systeme zu ermöglichen. Das vorliegende Kapitel legt den Schwerpunkt auf ablauforientierte Modellierungsverfahren, die überwiegend von einem Leistungsbewertungsteam der Universität Erlangen entwickelt wurden. Die Erlanger Informatik hat sich schon sehr früh intensiv mit Multiprozessoren befaßt, und so erklärt sich auch bei der Modellierung das vorrangige Interesse an parallelen Programmen und ihrem Ablaufgeschehen. Im Rahmen von Forschungsaktivitäten zum Thema Leistungsbewertung fiel daher die Wahl auf ablauforientierte Verfahren, die die Ablaufdynamik paralleler Programme derart repräsentieren, daß sie sowohl Leistungsvorhersagen für den kompletten Programmlauf auf einer gegebenen Rechnerkonfiguration als auch die Integration von Messung und Modellierung unterstützen. Der Integrationsgedanke, in diesem Kapitel lediglich angerissen, wird in Kapitel 6 genauer ausgeführt.

Zusammen mit der rasanten Entwicklung moderner Hardware und Software hat sich das Interesse des Leistungsbewerters von der Betrachtung der reinen Maschinenleistung immer mehr hin zur Bewertung von Rechensystemen unter komplexer, strukturierter Last verlagert. Hand in Hand mit dieser Schwerpunktverlagerung nimmt mit der Unterscheidung in stations- und ablauforientierte Modelle zugleich auch die Bedeutung der Lastmodellierung zu. Adäquate Modelle enthalten also sowohl die statische Maschinenstruktur als auch eine ablauforientierte Programmstruktur. Je differenzierter die Ablaufstruktur der Programme modelliert wird, desto stärker steht bei der Modellierung die Beschreibung der Last und ihrer Ablaufdynamik im Vordergrund. Im allgemeinen beschreibt eine solche Last den Programmlauf, bestehend aus Programmabschnitten, die teils sequentiell, teils parallel zueinander ausgeführt werden. Hält man sich diese Tatsache vor Augen, so wird deutlich, warum in diesem Kapitel in erster Linie Graphmodelle, die gut zur Beschreibung von Programmabläufen geeignet sind, betrachtet werden.

Insgesamt wird ein Systemmodell [Her89] angestrebt, welches sowohl die Maschine als auch die Last hinreichend berücksichtigt. Es sei an dieser Stelle darauf verwiesen, daß die Trennung von Maschine und Last bereits 1982 von Kleinöder vorgeschlagen wurde [Kle82], der das funktionale Lastmodell als *Algorithmenschema* und das — ebenfalls funktionale — Systemmodell als *Implementierungsschema* bezeichnete.

Die Modellauswertung ist am leichtesten zu beherrschen, wenn man sich auf deterministisch oder exponentiell verteilte Ausführungszeiten beschränkt. Ob letztere der Realität entsprechen, ist eine schwierige und vieldiskutierte Frage: Bei Modellen von Rechensystemen sind exponentielle Verteilungen wohl nur für Zwischenankunftszeiten ein realistischer Ansatz. Dagegen ist es häufig angebracht, zur Beschreibung von Prozedurausführungszeiten, Timeouts und Kommunikationszeiten deterministisch verteilte Bearbeitungszeiten zu verwenden. Die Modellauswertung kann sowohl analytisch als auch durch Simulation erfolgen. Die Simulation hat den Vorteil, prinzipiell beliebig große Modelle zu beherrschen, ihre Resultate haben jedoch wie die von Messungen herrührenden den Nachteil, nicht alle möglichen Abläufe durchgespielt zu haben. Sie bleiben stets unvollständig. Außerdem ist die Simulation oft äußerst rechenzeitintensiv. Daher wird normalerweise eine analytische Auswertung bevorzugt, wo immer diese aufgrund der Modelleigenschaften und -parameter (Laufzeitverteilungen, Modellgröße) möglich ist.

5.1 Die Problemstellung

Wenn man parallele Programme und ihren Ablauf auf Multiprozessoren mit Hilfe von Modellen untersuchen will, muß zunächst geklärt werden, auf welche für die Modellierung wesentlichen Eigenschaften das Modell sich konzentrieren soll. Es geht mit anderen Worten um die Abstraktion der (u.U. erst geplanten) Realität auf ein Modell. Die dabei wesentlichen Einflußgrößen sind:

- Eigenschaften des Algorithmus (z.B. eines numerischen Lösungsverfahrens)
- Architektureigenschaften der Zielmaschine
- Abbildung des Lösungsverfahrens auf die Zielmaschine

Man kann versuchen, Leistungsmaße für die Abarbeitung eines parallelen Programms durch geschlossene Formeln auszudrücken. Das wohl populärste Beispiel für ein solches Vorgehen ist bekannt als Amdahl's Gesetz, das im folgenden kurz diskutiert wird.

Das Gesetz von Amdahl [Amd67] ist eine wichtige Faustformel über zu erwartende Parallelisierungserfolge bei einem vorgegebenen Lösungsverfahren in Form einer oberen Schranke für den Speed-up. Als Speed-up $S(n)$ bezeichnet man den Faktor der Beschleunigung, den ein Programm erfährt, das statt auf *einem* Prozessor parallel auf n Prozessoren ausgeführt wird. Offensichtlich ist $S(n)$ bis auf Ausnahmefälle, die wir hier nicht behandeln, kleiner als die Zahl der eingesetzten Prozessoren: $S(n) \leq n$.

Amdahl's Gesetz: Der erreichbare Speed-up $S(n)$ durch parallele Ausführung eines Programms auf einem Multiprozessor mit n Prozessoren ist weitgehend von der inhärenten Parallelität der Algorithmen bestimmt. Sie wird durch den Parameter f, den Anteil der Operationen, die nur sequentiell bearbeitet werden können, angegeben.
Damit ergibt sich als obere Schranke des Speed-up

$$S(n) \leq \frac{1}{f + \frac{1-f}{n}} = \frac{n}{1 + f(n-1)}$$

Beispiel 5.1: Amdahl's Gesetz

Wir betrachten exemplarisch 3 Fälle:

1. vollparallelisierbar: $f = 0$ und damit $S(n) \leq n$
2. vollsequentiell: $f = 1$ und damit $S(n) \leq 1$
3. 10 % sequentielle Operationen: $f = 1/10$ und damit
   $$S(n) \leq 1/(1/10 + (1 - 1/10)/n) \leq 10$$
   Diese obere Schranke ergibt sich bei $n \to \infty$, also einem beliebig hochparallelen Multiprozessor. Wie stark der Einfluß der sequentiellen Programmabschnitte ist, erkennt man daran, daß sich bereits für einen Doppelprozessor ($n = 2$) nur noch ein Speed-up $S(2) \leq 1.82$ ergibt.

Die Abschätzung von Amdahl und die Beispiele belegen die leicht einzusehende These, daß es das Ziel jeder Parallelisierung sein muß, schon bei den Lösungsverfahren zu beginnen und originär parallele Algorithmen zu suchen, die einen möglichst kleinen Anteil sequentieller Operationen vorsehen. Mit anderen Worten, die Freiheitsgrade des betrachteten Lösungsweges müssen zur Suche nach möglichst parallelen Algorithmen ausgenützt werden.

Die Realität: funktionale Abhängigkeiten

Das Amdahl'sche Gesetz kann so einfach sein, weil es die Voraussetzung macht, die grundsätzlich parallel ablauffähigen Programmabschnitte könnten "verschnittfrei" und ohne Verwaltungsaufwand parallelisiert werden.

In Wirklichkeit aber ist die Dauer paralleler Rechenphasen meist nicht gleichlang. Zudem gibt es neben dem Verwaltungsaufwand für die Abwicklung der Parallelisierung (z.B. Verteilung von Algorithmen und Daten auf die Prozessoren, Einsammeln von Ergebnissen) auch das Problem funktionaler Abhängigkeiten zwischen den sequentiellen und parallelen Programmabschnitten.

5.2 Stochastische Graphmodelle

5.2.1 Modellierung der Last

Am einfachsten kann ein Programmlauf durch ein informelles Ablaufdiagramm dargestellt werden. Als Ausgangsbasis für eine quantitative Leistungsbewertung wird aber ein formal beschriebenes Modell benötigt, für dessen Auswertung mathematische Methoden zur Verfügung stehen, so daß die Analyse rechnergestützt mit Hilfe von *Auswertewerkzeugen* durchgeführt werden kann.

Zur Bewertung eines parallelen Programms mit Hilfe ablauforientierter Methoden sind im Programm zusammengehörende Teile zu identifizieren und in der Folge als Einheit anzusehen. Dieser Problematik trägt man dadurch Rechnung, daß man

- einen Algorithmus in sequentiell und parallel ablauffähige Einheiten, sogenannte *Teilaufgaben* zerlegt.
- zwischen den Teilaufgaben *Reihenfolgebeziehungen* angibt, die die funktionalen Abhängigkeiten der Teilaufgaben widerspiegeln.
- den einzelnen Teilaufgaben *Ausführungszeiten* bzw. *Ausführungszeitverteilungen* zuordnet.

Offensichtlich ist damit dem Problem der funktionalen Abhängigkeit und dem des Verschnittes Rechnung getragen, nicht aber dem des Verwaltungsaufwandes. Dieser wird bei der Abbildung des Lösungsweges auf eine Zielmaschine berücksichtigt (siehe Abschnitt 5.2.2).

Der Modelltyp "Graphmodelle" erweist sich zur Darstellung funktionaler Abhängigkeiten zwischen Programmabschnitten als besonders geeignet. Knoten des Graphmodells repräsentieren in sich abgeschlossene Programmabschnitte. Die Eingangskanten eines Knotens geben an, welche Vorgänger-Programmabschnitte durchlaufen sein müssen, ehe mit der Ausführung des betrachteten Programmabschnitts begonnen werden kann. Ein Programmabschnitt wird dabei als schwarzer Kasten ohne innere Struktur gesehen, dem allerdings eine feste Ausführungszeit oder eine stochastische Ausführungszeitverteilung zugeordnet ist. In Graphmodellen sind also Teilaufgaben als *Knoten* v_i (vertex) und Reihenfolgebeziehungen als *gerichtete Kanten* $e = (v_i, v_j)$ (unidirectional edge) dargestellt.

Die Verwendung von Graphmodellen zur Modellierung des Programmablaufs ist keine neue Idee. Der Begriff der Graphmodelle, genauer der *Graph Models of Computation (GMC)*, geht zurück auf Estrin et al. [ME67, EMU72], die seit Ende der der 60-er Jahre Modelle für Programmläufe in Form gerichteter Graphen entwickelten. Wir legen folgende Definition eines gerichteten Graphen zugrunde.

Definition: Gerichteter Graph, Präzedenzgraph

Sei $V = \{v_1, \ldots, v_n\}, n \in I\!N$ die Menge der Knoten v_i, welche die Teilaufgaben (z.B. Prozeduren, Teilprogramme) repräsentieren.
Sei E die Menge der gerichteten Kanten, wobei $E \subseteq V \times V$. Das Vorhandensein der Kante $(v_i, v_j) \in E$ bedeutet, daß v_j erst nach v_i ausgeführt werden kann.
Der *gerichtete Graph* (Directed Graph, Digraph) G ist dann definiert als $G = (V, E)$.
Ist der gerichtete Graph G *endlich* und *azyklisch*, so heißt er *Präzedenzgraph*.

Im Zusammenhang mit Graphmodellen sind einige Begriffe wichtig und nützlich: Ein Knoten v_i heißt *unmittelbarer Vorgänger* von v_j und v_j heißt *unmittelbar Nachfolger* von v_i, wenn die Kante (v_i, v_j) existiert, also $(v_i, v_j) \in E$. Ein gerichteter Kantenzug heißt *Pfad* von v_1 nach v_k, definiert als die Folge

$$v_1, (v_1, v_2), v_2, (v_2, v_3), \ldots, (v_{k-1}, v_k), v_k$$

Ein Pfad mit $v_1 = v_k$ heißt *Zyklus* ($k \neq 1$). Der Knoten v_j heißt *von* v_i *aus erreichbar* $v_i < v_j$, wenn es einen Pfad von v_i nach v_j gibt.

Studien zum Zweck der Leistungsbewertung setzen voraus, daß neben dem funktionalen Verhalten auch zeitliche Aspekte durch das Graphmodell beschrieben werden. Eine Einbeziehung der Zeit und damit die Gewinnung von Leistungsaussagen wird erreicht, indem die Knoten des Graphmodells mit Ausführungszeiten versehen werden, um die Berechnung der Gesamtausführungszeit zu ermöglichen. Die Knotenausführungszeiten sind im allgemeinen kontinuierliche Zufallsvariablen, wobei der Spezialfall deterministischer Ausführungszeiten in dieser Klasse enthalten ist. Damit erhalten wir folgende Definition:

Definition: Stochastisches Graphmodell

Ein Präzedenzgraph, bei welchem jedem Knoten eine stochastisch verteilte Laufzeit zugeordnet ist, heißt *Stochastisches Graphmodell*.

Will man zum Zwecke der Laufzeitbestimmung modellieren, so ist es sinnvoll, Graphen mit genau einem Anfangs- und einem Endknoten zu verwenden, sogenannte *SESX-Digraphen* (single entry, single exit). Dies kann man in jedem Fall leicht erreichen durch Hinzufügen von "Pseudoknoten" mit Laufzeit 0 am Anfang und am Ende.

Beispiel 5.2: Azyklischer Programmgraph

Dargestellt ist ein Programmgraph mit zentralem Start v_1 und Ende v_8, sechs weiteren Teilaufgaben v_2 bis v_7 und einer inhärenten Parallelität von maximal 4.

Dieser Programmgraph drückt aus, daß nach einer einleitenden Teilaufgabe v_1 parallel die drei Teilaufgaben v_2, v_3, v_4 starten können, die maximale Parallelität aber nur möglich ist, wenn v_3 vor v_2 und v_4 fertig ist, also Parallelarbeit von v_2, v_5, v_6 und v_4 zustandekommt.

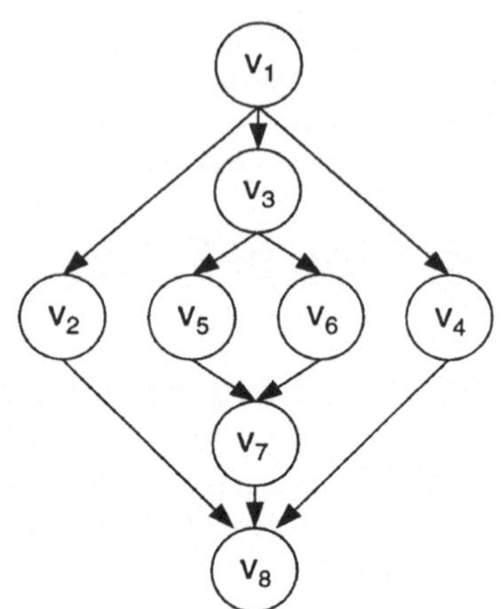

Kann eine Teilaufgabe erst begonnen werden, wenn mehrere Vorgänger-Teilaufgaben abgeschlossen sind, so drückt sich diese Eigenschaft im Programmgraphen durch mehrere Eingangskanten (von den Vorgängern kommend) aus (z.B. bei Knoten v_7 und v_8).

Präzedenzgraphen finden neben der Leistungsbewertung auch in der Schedulingtheorie Anwendung. Auch wir wollen uns hier auf sie beschränken und zunächst den scheinbaren Nachteil akzeptieren, daß das in Programmen wichtige Konstrukt der Schleife im Präzedenzgraphen nicht vorkommt. Wir beschreiben in Abschnitt 5.3 dann eine Möglichkeit, mit diesem Problem umzugehen, so daß die hier vorausgesetzte Zyklenfreiheit keinen echten Nachteil darstellt. Die Idee dabei ist es, die Zyklen *in die Knoten* einzubetten.

Eine mögliche Erweiterung der Präzedenzgraphen besteht in der Angabe einer Eingangs- und Ausgangslogik für jeden Knoten. Um typische Programmeigenschaften modellieren zu können, ordnet man dazu jedem Knoten eines der Paare aus der Menge $B = \{(*,*),(*,+),(+,*),(+,+)\}$ zu. Man erhält so *bilogische gerichtete Graphen* $D = (V, E, b)$, wobei b als Funktion $b : V \rightarrow B$ aufgefaßt wird. Die Bedeutung der Symbole $*$ und $+$ ist in Tab. 5.1 erklärt. Die Erweiterung um Eingangs- und Ausgangslogik ist auch in Kombination mit stochastischen Graphmodellen möglich. In Abschnitt 5.3.1 wird die in PEPP mögliche probabilistische disjunktive Ausgangslogik erläutert.

$(*,.)$	Konjunktive Eingangslogik *alle* Vorgänger müssen fertig sein, JOIN-Statement
$(+,.)$	Disjunktive Eingangslogik Zusammenführung des Kontrollflusses, Programmarke
$(.,*)$	Konjunktive Ausgangslogik Erzeugung mehrerer Nachfolgerprozesse, FORK-Statement
$(.,+)$	Disjunktive Ausgangslogik Entscheidung, IF oder CASE-Statement

Tabelle 5.1: Die Bedeutung der Eingangs- und Ausgangslogik in bilogisch gerichteten Graphen

5.2.2 Modellierung der Maschineneigenschaften

Während die Modellierung des Programms durch einen Programmgraphen ein unumstrittener Weg ist, gibt es durchaus Schwierigkeiten, ein anerkanntes Maschinenmodell anzubieten. Dies beruht auf der Fülle unterschiedlicher Rechnerarchitekturen. Dabei stellt sich unter anderem die Frage, ob die Größe der Speicher nicht nur als qualitativer, sondern auch als quantitativer Parameter zu berücksichtigen ist.

Unstrittig ist jedoch, daß

- Zahl und Art der Bearbeitungsstationen (Prozessoren)
- Zahl und Größe der Speicher
- Eigenschaften des Verbindungssystems (HW und SW)

bestimmende Maschineneigenschaften sind, wobei zur Vereinfachung des Maschinenmodells gerne Prozessoren und zugehörige (lokale) Speicher zu einer Bearbeitungsstation zusammengefaßt und nur globale Speicher explizit modelliert werden.

Bei Graphmodellen wird meist von der Möglichkeit Gebrauch gemacht, Maschineneigenschaften durch zusätzliche Kanten und zusätzliche Knoten im Programmgraphen zu berücksichtigen. Um eine Beschränkung des Parallelitätsgrads aufgrund der Zahl tatsächlich zur Verfügung stehender Prozessoren auszudrücken, wird das Graphmodell mit zusätzlichen Kanten versehen, welche den potentiellen Parallelitätsgrad des Algorithmus auf die Anzahl der Prozessoren reduzieren. Kommunikationsaktivitäten, beispielsweise für den Datenaustausch zwischen Prozessoren in einem Message-Passing-System, lassen sich durch zusätzliche Knoten in das Graphmodell einbringen.

5.2.3 Abbildung des Lösungsverfahrens auf die Zielmaschine

Bei der Implementierung eines parallelen Algorithmus sind neben der Entwicklung der sequentiellen Programmcodeabschnitte folgende zwei Probleme zu lösen, die wesentlichen Einfluß auf das Programmverhalten und damit die Programmausführungszeit haben:

1. Abbildung auf die Maschinenstruktur (Mapping)
   Hierbei sind die Code- und Datensegmente des parallelen Programms, d.h. die Teilaufgaben, den Prozessoren und Speichern der Zielmaschine zuzuordnen.
2. Festlegung der Ablaufreihenfolge (Scheduling)
   Die Ablaufreihenfolge wird wegen Betriebsmittelbeschränkungen nicht stets identisch sein mit den Reihenfolgefestlegungen im Programmgraphen, aber sie muß in jedem Falle die dort festgelegten Vorgänger-Nachfolgerbeziehungen respektieren.

Es gibt bei der Abbildung des Lösungsverfahrens auf die Zielmaschine zwei grundsätzlich verschiedene Ansätze der Parallelisierung, die *Datenpartitionierung* und die *Algorithmenpartitionierung*. Bei ersterer erhalten alle Rechenknoten denselben Code und wenden ihn jeweils auf eine Teilmenge der Daten an. Damit werden algorithmische Teilaufgaben auf entsprechend viele parallele Knoten aufgeteilt (Verfeinerung des ursprünglichen Programmgraphen). Bei der Algorithmenpartitionierung werden jedem Knoten bestimmte Teilaufgaben des Algorithmus zugeordnet.

Fortsetzung des Beispiels 5.2: Greifen wir zur Veranschaulichung des Mapping- und Schedulingproblems das Beispiel 5.2 nochmals auf. Wir ergänzen es zunächst dadurch, daß den einzelnen Teilaufgaben Laufzeiten zugeordnet werden. Im Programmgraphen ist dies durch eine *Knotenbewertung* dargestellt.

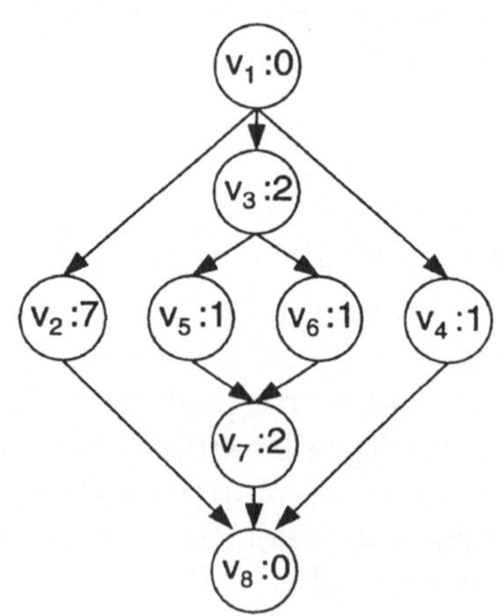

Strategie 1: Demand Scheduling

Hierbei wird vorausgesetzt, allein der Bedarf (demand) der Rechenaufgabe bestimme, wieviele Betriebsmittel eingesetzt werden. D.h. man nimmt an, es gebe beliebig viele Prozessoren und sobald eine Teilaufgabe rechenbereit ist, bekomme sie auch einen Prozessor.

Wie sich herausstellt, ist es durch die im Beispiel vorgegebenen Laufzeiten der Teilaufgaben gar nicht möglich, den maximalen Parallelitätsgrad von $n = 4$ auszunutzen, denn v_4 ist schon fertig, wenn v_3 den Start von v_5 und v_6 ermöglicht. Wir betrachten dazu ein sogenanntes Space-Time-Diagramm, das über der Zeitachse die an den Teilaufgaben v_i tätigen Rechenknoten P_j zeigt:

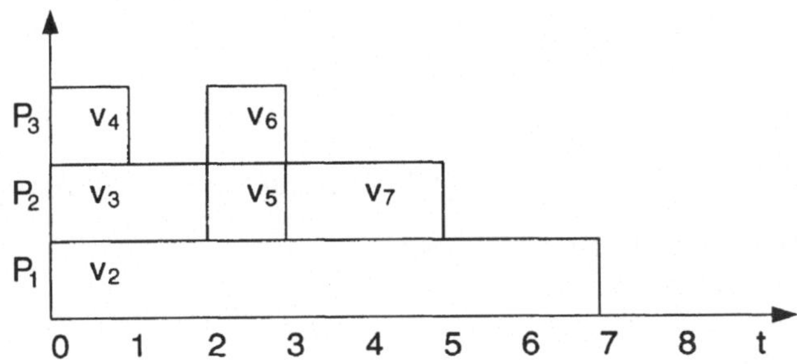

Bei den folgenden beiden Strategien werden beschränkte Betriebsmittel vorausgesetzt. Es mögen zur Lösung der Aufgabe nur zwei Rechenknoten P_1 und P_2 zur Verfügung stehen. Damit werden die Space-Time-Diagramme "flacher" und i.a. gestreckter, die Ausführung dauert länger. Die dritte Strategie, Biggest Part First, zeigt jedoch, daß es für dieses Beispiel möglich ist, die Aufgabe mit zwei Prozessoren genauso schnell zu lösen wie mit beliebig vielen.

Strategie 2: Shortest Part First bei $(P = 2)$

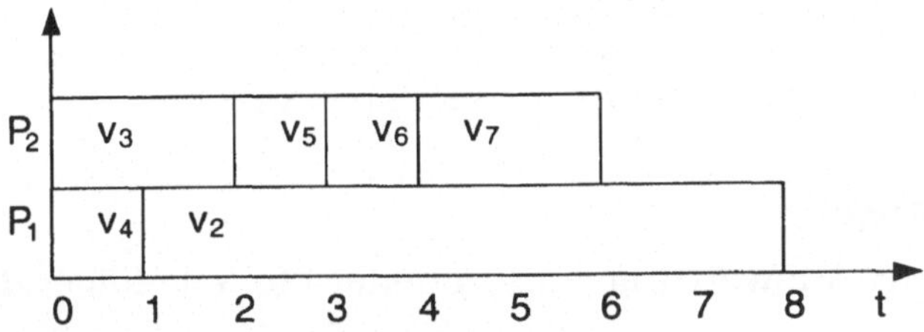

Strategie 3: Biggest Part First bei $(P = 2)$

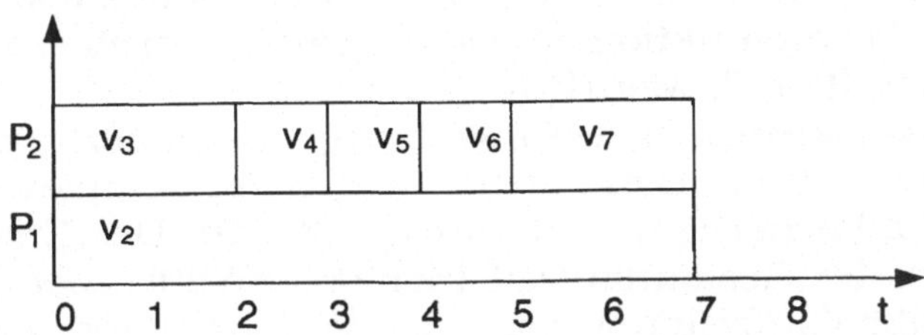

5.3 Der Modellwerkzeugkasten PEPP

Die unter dem Namen PEPP (*P*erformance *E*valuation of *P*arallel *P*rograms) zusammengefaßten Modellierungswerkzeuge sind seit Mitte der 80-er Jahre schrittweise und einzeln entstanden. Sie haben gemeinsam, daß sie als Beschreibungsmittel für parallele Programme einen stochastischen Graphen, einen *Programmgraphen* voraussetzen. Die in PEPP zulässigen Graphen sind hierarchische Graphen, d.h. jeder Knoten kann selbst wieder ein Graph sein.

Bedienoberfläche

Die Bedienoberfläche dient der Unterstützung folgender Aufgaben:

- Zeichnen der hierarchischen Graphen
- Darstellung der Graphen
- Zuordnung von Laufzeitverteilungen zu den Teilaufgaben (den Knoten)
- Auswahl der Analysemethoden
- Darstellung von Auswerteergebnissen

Das ganze PEPP-Paket ist ausführlich im PEPP-Benutzerhandbuch [DHK+93] beschrieben. In diesem Rahmen beschränken wir uns darauf, die Struktur der Bedienoberfläche nur anhand einer Abbildung des Hauptmenüs darzustellen, vgl. Abb. 5.1. Dann folgt ein Überblick über die Auswertewerkzeuge und anschließend wenden wir uns den Modellierungsmöglichkeiten zu.

Mit Stand Herbst 1994 läßt sich der Umfang von PEPP bezüglich der Auswertung von Programmgraphen so darstellen, wie es die Abb. 5.2 zeigt. Diese Abbildung stellt drei Klassen von *Auswertewerkzeugen* dar, das numerische Verfahren SPASS, die Zustandsraumverfahren und die Schrankenverfahren. Im Text kurz angesprochen, aber erst in Abb. 6.3 auf S. 250 dargestellt sind die *Integrationswerkzeuge*.

Auswertewerkzeuge

Zur Zeit stehen zur Auswertung vorgegebener Modelle folgende Werkzeuge zur Verfügung:

- **SPASS:** Numerisches Auswerteverfahren, geeignet für serienparallele Graphen mit in beliebiger Weise vorgegebener Teilaufgabenlaufzeit. Das Ergebnis ist die Dichtefunktion der Gesamtlaufzeit in einer numerischen Darstellungsform [Pin88, Mer91].
- **Zustandsraumverfahren:** Dieses Verfahren akzeptiert Programmgraphen beliebiger Struktur. Diese dürfen wegen des komplexen Auswerteverfahrens (hohe Rechenzeit) nicht allzu groß sein. Das Ergebnis ist der Erwartungswert der Gesamtlaufzeit [Som90, SW90]. Bei deterministischen Teilaufgabenlaufzeiten arbeitet das Verfahren approximativ.

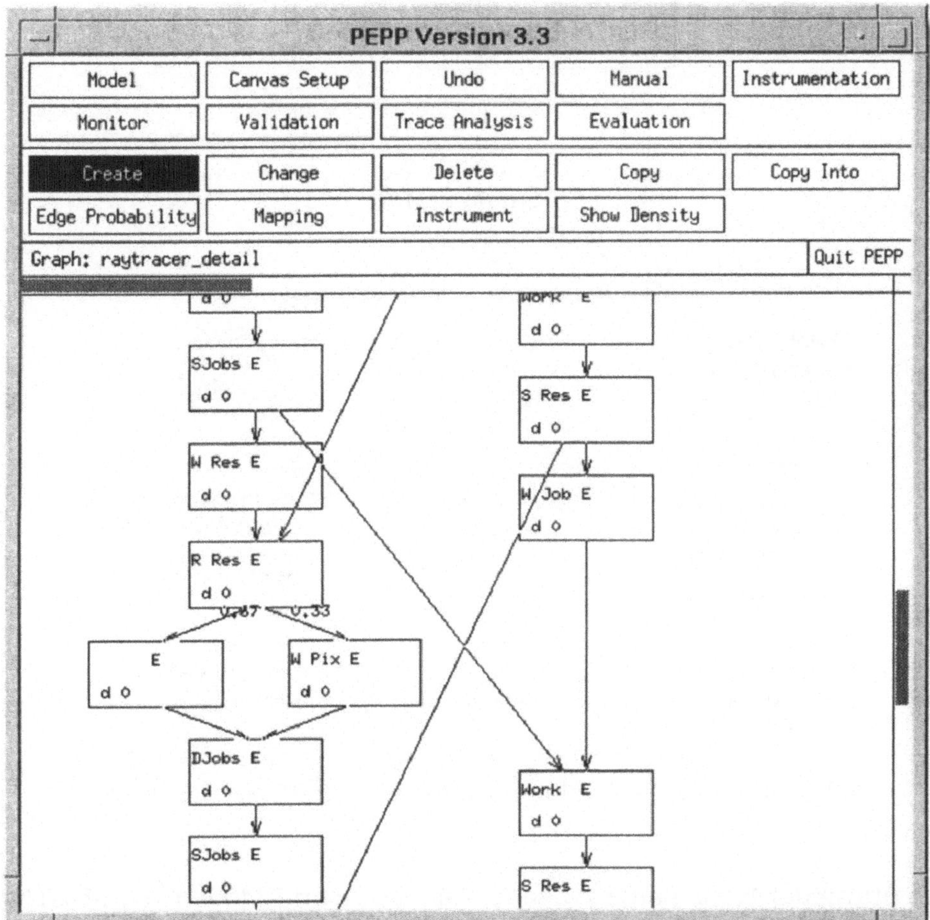

Abbildung 5.1: Das PEPP-Hauptmenü und Ausschnitt aus einem PEPP-Modell, markierte Einstellung zum Erzeugen neuer Knoten und Kanten mittels "Create"

- **Schrankenverfahren:** Um auch größere Programmgraphen noch auswerten zu können, wurde von Hartleb und Mertsiotakis ein Auswerteverfahren entwickelt, das sich darauf beschränkt, obere und untere Schranken für den Mittelwert der Gesamtlaufzeit anzugeben [HM92].

Werkzeuge zur Integration von Messung und Modellierung

Abb. 5.2 zeigt nur die zur Modellauswertung erforderlichen Werkzeuge. Messung und Modellierung sollen jedoch als integrales Ganzes der Leistungsbewertung und dem Debugging zur Verfügung stehen. Im Vorgriff auf Kapitel 6 erwähnen wir die folgenden im Umfang von PEPP enthaltenen Integrationswerkzeuge. Sie dienen dazu, die in Modellen verfügbaren Abstraktionsüberlegungen der Vorbereitung der Messung (AICOS), ihrer Steuerung (ZM4-Software), der Spurauswertung (GANTT, TRCSTAT) und

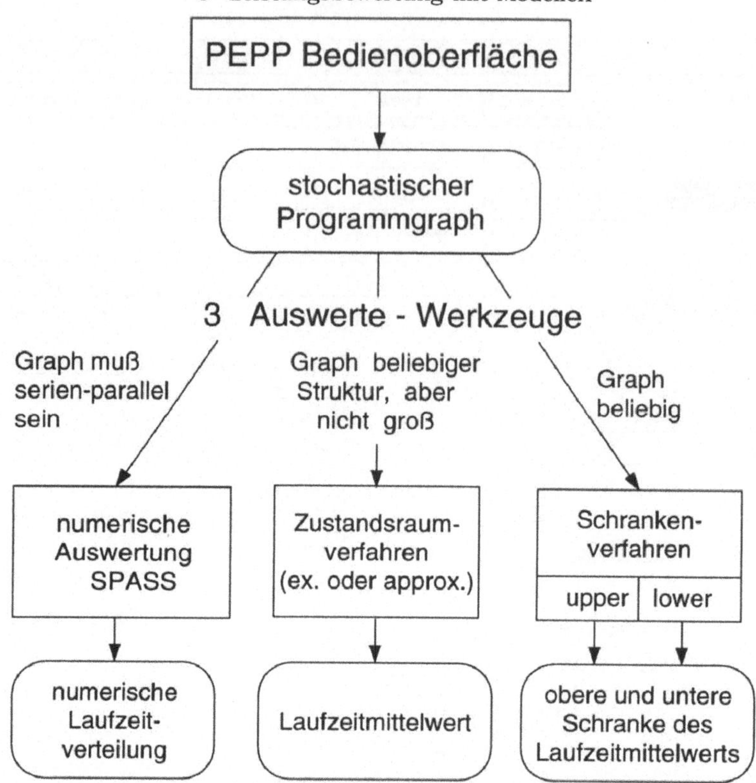

Abbildung 5.2: Die Funktionalität des PEPP-Werkzeugkastens

der Prüfung der Konsistenz zwischen Meßspur und Modell (VALIDATION) nutzbar zu machen. An die Konsistenzüberprüfung kann sich noch eine von PEPP aus gesteuerte Animation (SMART, VISIMON) anschließen.

- **AICOS:** PEPP generiert Dateien für die modellgesteuerte Instrumentierung von C-Programmen durch das Tool AICOS [DHK+92].
- **ZM4-Software:** PEPP erzeugt Dateien zur Ablaufsteuerung der Messung in den Monitoragenten des Hardwaremonitors ZM4 unter MS-DOS.
- **GANTT, TRCSTAT:** PEPP liefert der Auswerteumgebung SIMPLE Konfigurationsdateien zur Erzeugung von Gantt-Diagrammen und zur statistischen Spurauswertung.
- **VALIDATION:** PEPP unterstützt die automatische modellgesteuerte Validierung von Ereignisspuren zur Beantwortung der Frage: Sind die Spuren konsistent mit dem Modell? [Kie91]. Es wird überprüft, ob die in einer gemessenen Ereignisspur vorliegende Ereignisreihenfolge eine mögliche Ereignisreihenfolge in bezug auf das Graphmodell ist.
- **SMART, VISIMON:** Modellgesteuerte Animation dynamischer Programmabläufe [Fre91].

5.3.1 Modellierungsmöglichkeiten

Hierarchische Programmgraphen in PEPP

Die Erstellung eines neuen Programmgraphen ist zum Teil ein Zeichenvorgang (Anklicken der Positionen, wo ein Knoten oder eine Kante liegen soll) und zum Teil ein Spezifikationsvorgang (Knotentyp, Namensgebung, Laufzeitverteilung, usw.). Am Ende der Erstellung steht eine alle spezifizierten Eigenschaften enthaltende Modelldatei zur Verfügung, die wichtigsten Eigenschaften des Modells lassen sich zudem in dem am Bildschirm dargestellten Programmgraphen ablesen.

Es wird von einem hierarchischen Programmgraphen gesprochen, weil über das Konstrukt *Hierarchischer Knoten*, das einen Untergraphen repräsentiert, eine hierarchische Graphentwicklung und -darstellung möglich ist. Natürlich wird angestrebt, auch für die Modellauswertung die Vorteile eines hierarchisch strukturierten Modells nutzbar zu machen. Zur Zeit (Ende 1994) ist der Stand von PEPP aber noch weitgehend darauf beschränkt, zur Auswertung den hierarchischen Graphen in einen nichthierarchischen auszubreiten und diesen dann auszuwerten. Trotz dieser Einschränkung ist die Möglichkeit zur Hierarchisierung von hohem Wert für den Benutzer, weil sich die wesentlichen Modellstrukturen übersichtlicher darstellen lassen.

Verfügbare Knotentypen

PEPP unterstützt Elementarknoten, Parallelknoten, zyklische Knoten, hierarchische Knoten und Loop-Knoten. Alle Knoten erhalten einen Namen. Dieser erscheint nur in der Modelldatei. In der graphischen Darstellung des Knotens kann optional eine Kurzbezeichnung als Beschriftung eingetragen werden.

- **Elementarknoten**
  steht für eine in sich nicht weiter strukturierte Teilaufgabe.
- **Parallelknoten**
  repräsentiert n parallel ausführbare Elementarknoten, die alle die gleiche Laufzeitverteilung haben.

Bei Programmen mit vielen gleichartigen, parallel laufenden Teilaufgaben mit identischer Laufzeitverteilung kann der Typ "Parallelknoten" erfolgreich eingesetzt werden. Ein Parallelknoten erlaubt eine übersichtlichere, kompaktere graphische Darstellung als die ihm entsprechenden n Elementarknoten.

- **Zyklischer Knoten**
  Programme, die wesentliche Schleifen haben, lassen sich dennoch durch einen azyklischen Programmgraphen modellieren, wenn die Schleifen komplett durch einen zyklischen Knoten dargestellt werden. Durch Angabe des Schleifentyps wird die Wahrscheinlichkeit p für den Wiedereintritt in die Schleife nach jedem Schleifendurchlauf bestimmt.

  Möglich ist z.B. konstante oder linear abnehmende Wahrscheinlichkeit für den Wiedereintritt (vgl. hierzu das PEPP-Benutzerhandbuch [DHK+93]).

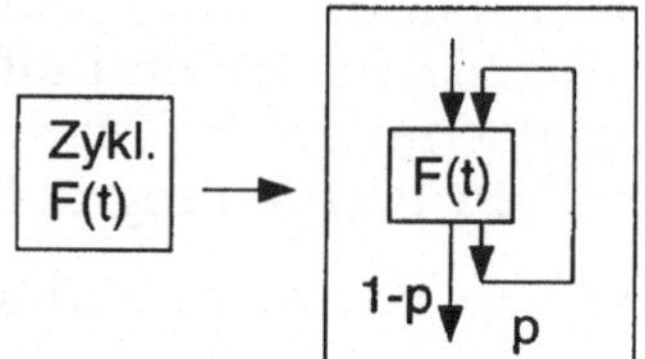

Bei den Knotentypen Elementarknoten, Parallelknoten und zyklischer Knoten wird neben Name, Kurzbezeichnung und Knotentyp auch noch eine Laufzeitangabe gemacht, wobei der Typ der Laufzeitverteilung (*d, e, a, b*) und die zugehörigen Bestimmungsgrößen der Verteilung (Parameter) angegeben werden.

d Deterministische Verteilung mit dem Parameter $e = \mathrm{E}[T]$ (Erwartungswert).

e Exponentielle Verteilung mit der Verteilungsfunktion $F(t) = 1 - e^{-\lambda t}$, $t \geq 0$, Parameter $\lambda = 1/\mathrm{E}[T]$.

a Approximative Verteilung mit den Parametern e (Erwartungswert) und v (Varianz).

b Gemischte Erlang-Verteilung mit den Parametern $(p_1, k_1, \lambda_1, ..., p_n, k_n, \lambda_n)$.

Außer den Knotentypen E, P und Z stellt PEPP die beiden folgenden Knotentypen zur Unterstützung der hierarchischen Modellierung bereit:

- **Hierarchischer Knoten**
  für einen einfach zu durchlaufenden Untergraphen.
- **Loop-Knoten** (hierarchischer Schleifenknoten)
  entspricht einem mehrfach zu durchlaufenden Untergraphen.

Bei diesen hierarchischen Knotentypen ist vom Benutzer keine Angabe über die Laufzeitverteilung zu machen, da sich diese durch die Laufzeitverteilung des Untergraphen ergibt. Die hierarchischen Knoten können in ihren Untergraphen wiederum hierarchische Knoten enthalten, so daß die Entfaltung in einen "ausgebreiteten" Graphen ein mehrstufiger Vorgang sein kann, vgl. Abb. 5.3.

Um beliebige Untergraphen problemlos in den expandierten Graphen einbetten zu können, werden sie um zwei zeitlose Synchronisationsknoten *Sync* ergänzt, d.h. in einen SESX-Graphen transformiert, wie es in Abb. 5.3 dargestellt ist.

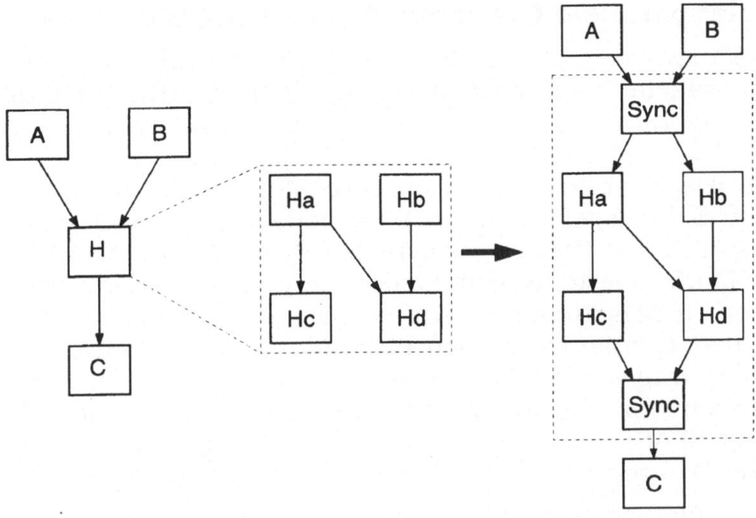

Abbildung 5.3: Expandieren eines hierarchischen Knotens

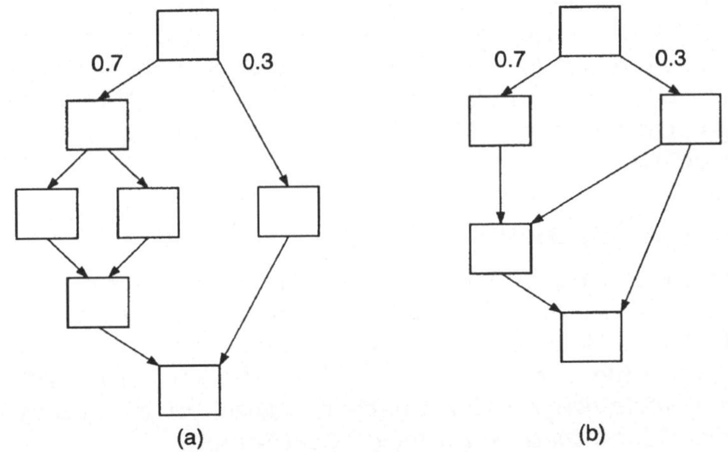

Abbildung 5.4: Erlaubte (a) und unerlaubte (b) Kantenbewertung in PEPP

PEPP bietet die Möglichkeit, die Ausgangskanten eines Knotens mit Wahrscheinlichkeiten zu belegen. Damit wird eine disjunktive Ausgangslogik ausgedrückt, d.h. nicht alle Nachfolgeknoten sollen bearbeitet werden, sondern lediglich einer, welcher aufgrund der angegebenen Wahrscheinlichkeiten ausgewählt wird, vgl. Abb. 5.4. Voraussetzung für eine solche probabilistische Verzweigung ist eine Fork/Join-Struktur, daß also alle Zweige wieder zusammengeführt werden und daß keine Querbezüge zwischen den Zweigen existieren. Der Graph in Abb. 5.4 (b) verletzt diese Bedingung.

5.3.2 Serienparallele Graphen: Auswertung mit SPASS

Das Modellauswertewerkzeug SPASS (Series *PA*rallel Structures Solver) für serienparallele Graphstrukturen ist von besonderer Bedeutung, denn es benutzt eine numerische Darstellung für die Laufzeitverteilung der Teilaufgaben. Während numerisch vorgegebene Laufzeitverteilungen bei den anderen Auswerteverfahren durch ihre Momente approximiert werden, wird in SPASS durchgehend mit den numerischen Daten gearbeitet. Damit ist der Weg frei, den Knoten realistische Bearbeitungszeiten in Form von beliebigen Laufzeitverteilungen zuzuordnen. Insbesondere ist es möglich, Ergebnisse von Messungen — wie immer sie aussehen — als Knotenbewertung für den entsprechenden Programmgraphen heranzuziehen, also die Rückkopplung von der Messung zum Modell konkret zu verwirklichen. Geht man nicht von Messungen aus, sondern will Bearbeitungszeiten *vorgeben*, stellt SPASS exponentiell, gemischt-Erlang und konstant verteilte numerische Dichten zur Verfügung.

Das numerische Verfahren SPASS wurde von Kleinöder [Kle82] entwickelt und von Pingel [Pin88] implementiert. Später haben Sötz und Mertsiotakis [Mer91] es als eines von mehreren Auswerteverfahren für Programmgraphen unter dem Dach von PEPP integriert. Neben der Kompatibilität mit Messungen ist als Positivum hervorzuheben, daß das Auswerteergebnis, also die Gesamtlaufzeit eines mit SPASS analysierten Programmgraphen, nicht einfach eine Zahl, ein Skalar, sondern eine Verteilung in numerischer Darstellungsform ist, deren Mittelwert den Erwartungswert der Gesamtlaufzeit darstellt.

Voraussetzungen für SPASS

Das Auswerteverfahren SPASS läßt sich einsetzen, wenn die notwendige Bedingung erfüllt ist, daß der Präzedenzgraph *serienparallel reduzierbar* ist (s.u. Satz 1 und Satz 2). Des weiteren müssen alle Bearbeitungszeiten unabhängig voneinander verteilt sein. Unter diesen Voraussetzungen läßt sich aus den Verteilungen der Bearbeitungszeiten der Teilaufgaben die *Verteilung der Gesamtbearbeitungszeit* bestimmen.

Für die Erklärung der serienparallelen Reduktion werden zunächst einige Definitionen benötigt.

Definition: Seriell verknüpfte Teilaufgaben
Zwei Teilaufgaben v_i, v_j heißen *seriell verknüpft*, wenn die einzige Ausgangskante von v_i zugleich die einzige Eingangskante von v_j ist.

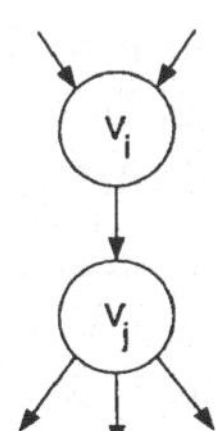

Abbildung 5.5: Seriell verknüpfte Teilaufgaben

Entsprechendes gilt für seriell verknüpfte Teilgraphen T_i, T_j:

Definition: Seriell verknüpfte Teilgraphen
Zwei Teilgraphen T_i, T_j heißen *seriell verknüpft*, wenn im gesamten SESX-Graphen nur die Knoten des Teilgraphen T_j von denen des Teilgraphen T_i direkt abhängen.

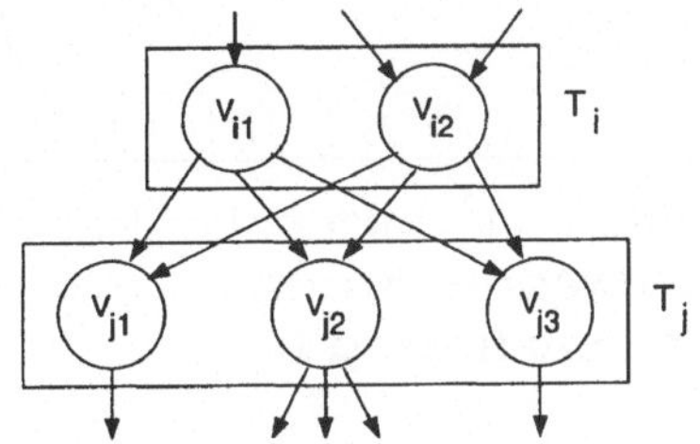

Abbildung 5.6: Seriell verknüpfte Teilgraphen

Definition: Parallel verknüpfte Teilaufgaben
Zwei Teilaufgaben v_i, v_j heißen *parallel verknüpft*, wenn sie die gleichen Vorgänger und Nachfolger haben. Entsprechendes gilt für mehrere Teilaufgaben v_i, v_j, v_k etc., sowie für Teilgraphen $T_i, T_j, \ldots$.

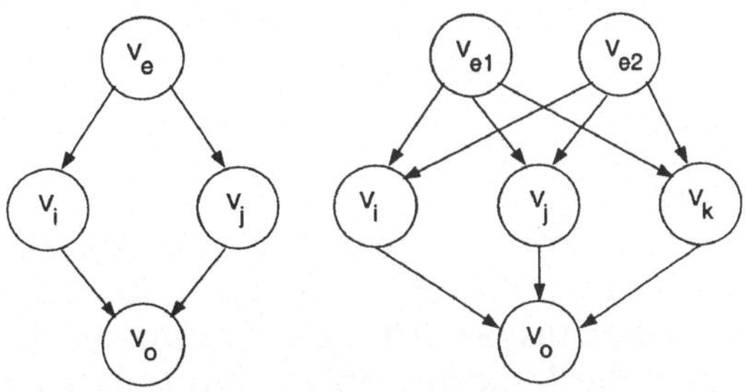

Abbildung 5.7: Zwei Beispiele parallel verknüpfter Teilaufgaben

Das Prinzip der Serienparallelen Reduktion

Ein knotenbewerteter Präzedenzgraph heißt serienparallel reduzierbar, wenn er mittels sukzessiver Ersetzung

- zweier seriell verknüpfter Knoten durch einen Ersatzknoten
- zweier oder mehrerer parallel verknüpfter Knoten durch einen Ersatzknoten

schließlich auf *einen* Knoten (die Gesamtaufgabe) reduziert werden kann. Es interessiert dabei die Bewertung des schließlich resultierenden Knotens, d.h. die Gesamtbearbeitungszeit (-verteilung).

Wir machen nun Gebrauch davon, daß die Bearbeitungszeiten aller Teilaufgaben zufällige Veränderliche und voneinander unabhängig sind und benutzen folgende Sätze aus der Stochastik:

Satz 1:
Zwei *seriell verknüpfte* Teilaufgaben (bzw. Teilgraphen) v_i, v_j (bzw. T_i, T_j) mit den Bearbeitungszeitdichten f_i, f_j lassen sich zu einer Ersatzaufgabe v mit der resultierenden Bearbeitungszeitdichte f reduzieren, wobei

$$f(t) = \int_0^t f_i(\tau) f_j(t-\tau) d\tau$$

Wir wollen im folgenden kurz schreiben $f(t) = \mathrm{conv}(f_i, f_j)$. Die auf f_i, f_j angewandte Funktion conv ist die Faltung (convolution, häufig auch Summe genannt), d.h.:

Serielle Reduktion: Bearbeitungszeitdichte $f = \mathrm{conv}(f_i, f_j)$

Hat die Funktion conv mehr als zwei Argumente, so benutzen wir die Schreibweise

$$\mathrm{conv}(f_i, f_j, f_k) = \mathrm{conv}(\mathrm{conv}(f_i, f_j) f_k)$$

Satz 2:
Zwei *parallel verknüpfte* Teilaufgaben v_i, v_j mit den Bearbeitungszeitdichten f_i, f_j lassen sich zu einer Ersatzaufgabe v mit der resultierenden Bearbeitungszeitdichte f reduzieren, wobei die Gesamtbearbeitungszeit über die Maximumfunktion (auch Produkt) wie folgt definiert ist:

$$f(t) = f_i(t) \int_0^t f_j(\tau) d\tau + f_j(t) \int_0^t f_i(\tau) d\tau$$

Wir wollen im folgenden kurz schreiben $f(t) = \max(f_i, f_j)$, d.h.:

Parallele Reduktion: Bearbeitungszeitdichte $f = \max(f_i, f_j)$

Für vorgegebene serienparallele Programmgraphen läßt sich mit den Operatoren conv und max die gesuchte Gesamtbearbeitungszeit in geschlossenen Formeln aufschreiben. So ergibt sich für die Programmgraphen von Abb. 5.7

$$f = \mathrm{conv}(f_e, \max(f_i, f_j), f_o)$$

bzw.

$$f = \mathrm{conv}(\max(f_{e1}, f_{e2}), \max(f_i, f_j, f_k), f_o)$$

Numerische serienparallele Reduktion in SPASS

SPASS benutzt die eben behandelte serienparallele Reduktion als Grundidee. Um diese für beliebige Bearbeitungszeitverteilungen, insbesondere auch für gemessene Bearbeitungszeitdichten anwenden zu können, verwendet SPASS ein numerisches Bewertungsverfahren, das von numerischen Dichten ausgeht.

Eine numerische Darstellung der Dichtefunktion f_X einer Bearbeitungszeit X, diskretisiert dargestellt durch das ganze Vielfache der Zeiteinheit b, wird durch Abb. 5.8 illustriert.

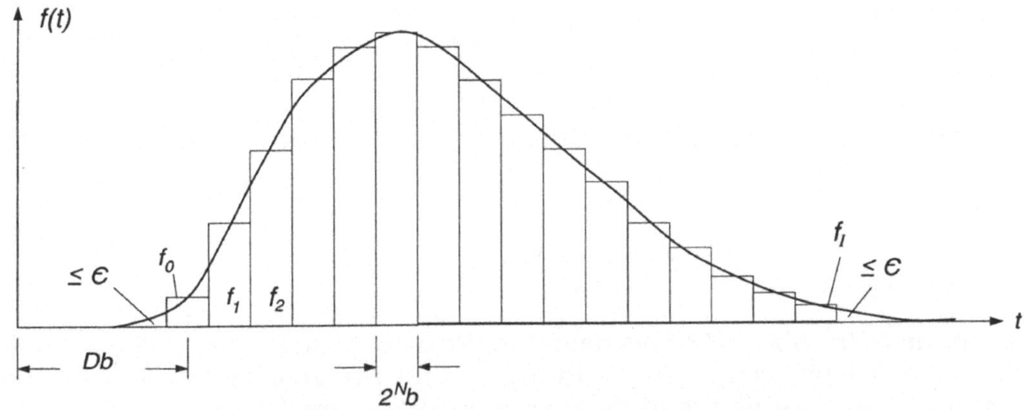

Abbildung 5.8: Kontinuierliche Dichtefunktion und zugehörige numerische Dichtefunktion

Man erhält eine Treppenfunktion mit der Stufenbreite $\Delta t = 2^N b$ und mit:

- b Zeiteinheit.
- N Ordnung, sie bestimmt die Breite der Stufen in Zweierpotenzen von b.
- D Displacement, meist ungleich 0, da eine Bearbeitungszeit von 0 untypisch ist. D ist stets Vielfaches von 2^N.
- I Zahl der Stützstellen.

Eine geschickte Wahl von b hat eine wichtige praktische Bedeutung, wenn neben der Diskretisierung kontinuierlich gegebener Laufzeitdichten auch gemessene (und damit bereits diskretisierte) Laufzeitdichten eingehen sollen. Dann ist es sinnvoll, die von dem Meßgerät verwendete Zeitauflösung aufzugreifen und in SPASS als Zeiteinheit b zu verwenden. Man erspart sich so Umrechnungsmühe.

Damit ergibt sich eine diskrete Darstellung N-ter Ordnung von f_X als Tupel in Normalform

$$f_X = (D, N, x_0, x_1, ..., x_{I_X}) \quad \text{mit} \quad D \bmod 2^N = 0$$

Diese diskretisierten numerischen Dichten der Bearbeitungszeit werden in SPASS mit Hilfe von numerischer Faltung und Maximumbildung weiterverarbeitet.

Numerische Faltung und Maximumbildung

Gegeben sind die numerischen Dichten zweier Zufallsvariablen X und Y:

$$f_X = (D_X, N_X, x_o, .., x_{I_X})$$

$$f_Y = (D_Y, N_Y, y_0, ..., y_{I_Y})$$

Zu berechnen sind die Dichten für Summe S und Maximum M:

$$S = X + Y$$

$$M = \max(X, Y)$$

Für die *diskrete numerische Faltung* in SPASS wird die kontinuierliche Formel

$$f_S(t) = \int_0^t f_X(\tau) f_Y(t - \tau) d\tau$$

nach dem in Abb. 5.8 angedeuteten Prinzip diskretisiert. Man stellt zunächst Displacement D, Ordnung N und Stützstellenzahl I fest und ermittelt darauf aufbauend die diskreten Werte von $f_S(t)$.

$$D_S = D_X + D_Y$$

D_S ergibt sich als Summe der Einzel-Displacements.

$$N_S = N_X = N_Y$$

D.h. die Ordnung von f_X und f_Y muß übereinstimmen. Falls dies nicht der Fall ist, muß die Dichte mit der kleineren Ordnung durch wiederholtes Verdoppeln der Stufenbreite angepaßt werden.

$$I_S = I_X + I_Y \leq I_{\max}$$

Die Zahl der Stützstellen I_S ergibt sich als Summe der Einzelstützstellen. I_S darf nicht größer werden als ein vorgegebenes $I_{\max}$. Dies erreicht man gegebenenfalls durch Vergröberung der Ordnung N.

Für die Stützstellen von f_S gilt dann

$$s_i = \sum_{j=\max(0,i-I_Y)}^{\min(I_X,i)} x_j y_{i-j} \qquad 0 \leq i \leq I_S$$

Die Rechenzeit für die diskrete Faltung wächst quadratisch mit der Stützstellenzahl. Es empfiehlt sich deshalb nicht nur wegen der durch $I_{\max}$ vorgegebenen Begrenzung der Stützstellenzahl, die Ordnung N und damit die Stufenbreite nicht zu fein zu wählen.

Für die *diskrete numerische Maximumbildung* in SPASS wird die kontinuierliche Formel

$$f_M(t) = f_X(t) \int_0^t f_Y(\tau)d\tau + f_Y(t) \int_0^t f_X(\tau)d\tau$$

wie folgt diskretisiert:

$$D_M = \max(D_X, D_Y)$$

$$N_M = N_X = N_Y$$

Aus D und N leitet man zur Erleichterung nachfolgender Rechenschritte die Hilfsgrößen d_X und d_Y ab.

$$d_X = (D_M - D_X)2^{-N}$$

$$d_Y = (D_M - D_Y)2^{-N}$$

Mit diesen erhält man die Stützstellenzahl I_M wie folgt:

$$I_M = \max(I_X - d_X, I_Y - d_Y)$$

Die numerische Dichte des Maximums schließlich ergibt sich zu:

$$m_i = x_{i+d_X} \left(\sum_{j=0}^{i-1+d_Y} y_j \quad + \frac{1}{2} y_{i+d_Y} \right) + y_{i+d_Y} \left(\sum_{j=0}^{i-1+d_X} x_j \quad + \frac{1}{2} x_{i+d_X} \right) \quad 0 \leq i \leq I_M$$

Bei der Maximumbildung wächst die Rechenzeit linear mit der Zahl der Stützstellen.

Wir beschränken uns hier auf diese knappe Vorstellung der numerischen Faltung und Maximumbildung. Zur Veranschaulichung seien beide Operationen in einem Beispiel betrachtet.

Beispiel 5.3: Faltung und Maximum zweier einfacher numerischer Dichten

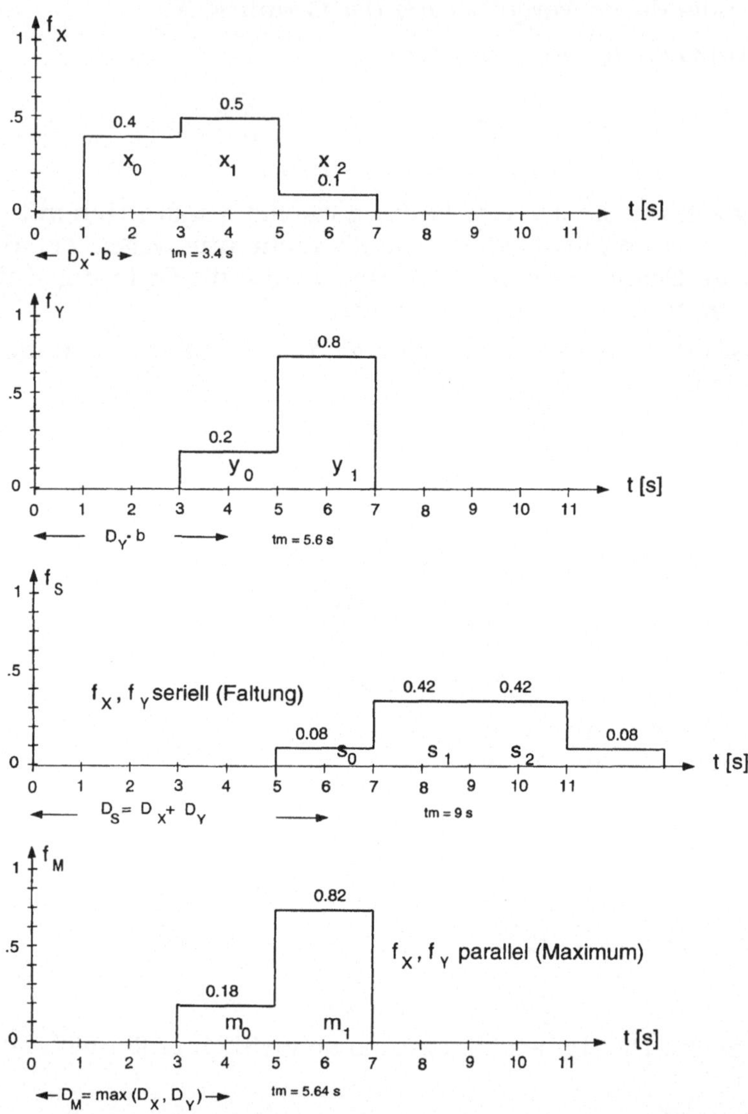

Abbildung 5.9: Numerische Faltung und Maximum

Gegeben seien zwei Teilaufgaben X und Y und deren Bearbeitungszeiten durch die Dichten f_X und f_Y. Wir interessieren uns für die Bearbeitungszeitdichten $f_S = \mathrm{conv}(f_X, f_Y)$ der seriellen und $f_M = \max(f_X, f_Y)$ der parallelen Ausführung von X und Y. Da die Ausführungszeiten von X und Y im Bereich von etwa $5s$ liegen, wählen wir $b = 1s$ und $N = 1$, damit ergibt sich ein Stützstellenabstand von $\Delta t = 2b = 2s$. Sei $D_X = 2$ und $D_Y = 4$ und die

Dichte gemäß Abb. 5.9 gegeben. Aus der Abb. 5.9 ergeben sich auch die Stützstellenzahlen $I_X = 2, I_Y = 1$.

Faltung: $S = X + Y$
Die serielle Abarbeitung kann natürlich frühestens erledigt sein, wenn die Summe der kürzestmöglichen Bearbeitungszeiten verstrichen ist. Dies bringt $D_S = D_X + D_Y$ zum Ausdruck. Erst bei $D_S = D_X + D_Y = 6$ kann die Serienschaltung frühestens fertig sein.
Hier gilt $I_X = 2$, $I_Y = 1$, und $I_S = 2 + 1 = 3$ und damit für s_0 bis s_3 nach obiger Formel für für die Faltung:

$$s_0 = \sum_{j=0}^{0} x_j y_{i-j} = x_0 y_0 = 0.4 \cdot 0.2 = 0.08$$
$$s_1 = \sum_{j=0}^{1} x_j y_{i-j} = x_0 y_1 + x_1 y_0 = 0.4 \cdot 0.8 + 0.2 \cdot 0.5 = 0.42$$
$$s_2 = \sum_{j=1}^{2} x_j y_{i-j} = x_1 y_1 + x_2 y_0 = 0.5 \cdot 0.8 + 0.1 \cdot 0.2 = 0.42$$
$$h_3 = \sum_{j=2}^{2} x_j y_{i-j} = x_2 y_1 = 0.1 \cdot 0.8 = 0.08$$

Man erkennt, daß in der resultierenden Dichte die Zahl der Stützstellen auf 4 ($I_S = I_X + I_Y = 3$) wächst, die Faltung zweier Dichten verflacht den Verlauf der resultierenden Dichtefunktion. Eine Vergröberung durch größeres N ist hier wegen der kleinen Stützstellenzahl natürlich noch nicht nötig.

Maximum: $Z = \max(X, Y)$
Hier kann die erste Fertigstellung bereits nach $D_M = \max(D_X, D_Y)$ also $D_Z = 4$ beginnen und da eine zeitliche Streckung über die längste Einzelbearbeitungszeit hinaus nicht erfolgen kann, wächst hier die Zahl der Stützstellen nicht.
Die Hilfsgrößen d_X und d_Y ergeben sich wie folgt:

$$d_X = (D_M - D_X)2^{-N} = (4-2)2^{-1} = 1$$
$$d_Y = (D_M - D_Y)2^{-N} = (4-4)2^{-1} = 0$$

Im übrigen gilt wie oben $I_X = 2$, $I_Y = 1$, woraus folgt

$$I_M = \max(I_X - d_X, I_Y - d_Y) = \max(1, 1) = 1$$

Die Stützstellen ergeben sich wie folgt:

$$m_0 = x_1\left(0 + \tfrac{1}{2}y_{0+0}\right) + y_0\left(x_0 + \tfrac{1}{2}x_1\right) = x_1 y_0 + y_0 x_0 = 0.05 + 0.13 = 0.18$$
$$m_1 = x_2\left(y_0 + \tfrac{1}{2}y_1\right) + y_1\left(x_0 + x_1 + \tfrac{1}{2}x_2\right) = x_2 y_0 + y_1(x_0 + x_1 + x_2) = 0.02 + 0.8 = 0.82$$

Berechnung diskreter Dichtefunktionen

So sehr es interessiert, beliebige numerisch gegebene Dichten zu beherrschen, so wenig möchte man darauf verzichten, auch die wichtigen Standardverteilungen mit SPASS bearbeiten zu können.

Diesem Bedürfnis trägt das in SPASS angebotene Programm CAPP (Calculation And Presentation Package) Rechnung, das neben der Umwandlung von Meßdaten in numerische Dichtefunktionen für die

- Exponentialverteilung
- Erlangverteilung
- konstante Verteilung

diskrete Dichtefunktionen berechnet. Außerdem dient CAPP zur Darstellung numerischer Dichtefunktionen und stellt Grundoperationen zur Verknüpfung numerischer Dichtefunktionen zur Verfügung.

5.3.3 Nichtserienparallele Graphen: Auswertung mit der transienten Zustandsraumanalyse bei exponentiell verteilten Knotenlaufzeiten

Das sehr erfolgreiche SPASS-Verfahren versagt dann, wenn der Programmgraph nicht serienparallel reduzierbar ist. Man spricht dann von *nichtserienparallelen* Programmgraphen.

Das Zustandsraum-Verfahren wurde entwickelt, um zu erreichen, daß auch Programme analysiert werden können, die sich nicht auf einen serienparallelen Programmgraphen abbilden lassen. Derartige Programme sind durchaus keine pathologischen Sonderfälle. Man denke z.B. an einen parallelisierten Algorithmus für einen Multiprozessor mit Kommunikation über gemeinsame, aber verteilte Speicher (distributed shared memory architecture). Hier wird man gerne Lösungen anstreben, wo die i-te Teilaufgabe T_i^k auf Rechnerknoten R_k von den Vorgängerresultaten auf dem Knoten R_k und denen seiner beiden Nachbarn $R_{(k-1)}$und $R_{(k+1)}$ abhängt. Solche Aufgaben führen zu Programmgraphen mit der in Abb. 5.10 gezeigten Struktur. Auf diesen Graphen läßt sich weder eine serielle noch eine parallele Reduktion anwenden.

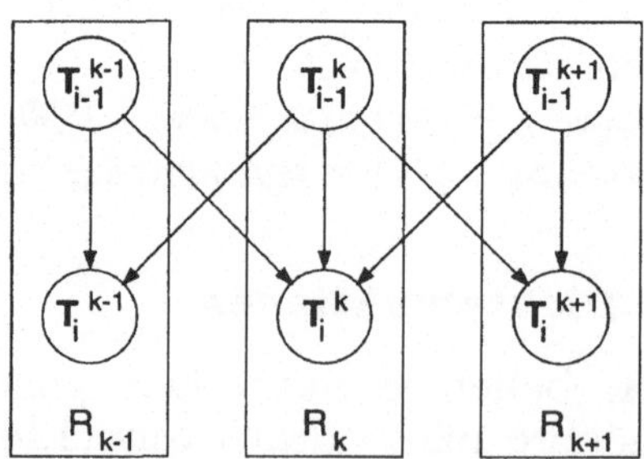

Abbildung 5.10: Ausschnitt aus dem Programmgraph eines Multiprozessoralgorithmus mit Nachbarschaftskommunikation

Zum Studium der Auswertung nichtserienparalleler Graphen wird gerne als besonders einfaches Beispiel der sogenannte N-Graph mit vier Teilaufgaben T_1 bis T_4 und vier Laufzeiten X_1 bis X_4 herangezogen. Wie beim SPASS-Verfahren suchen wir auch hier die Gesamtbearbeitungszeit.

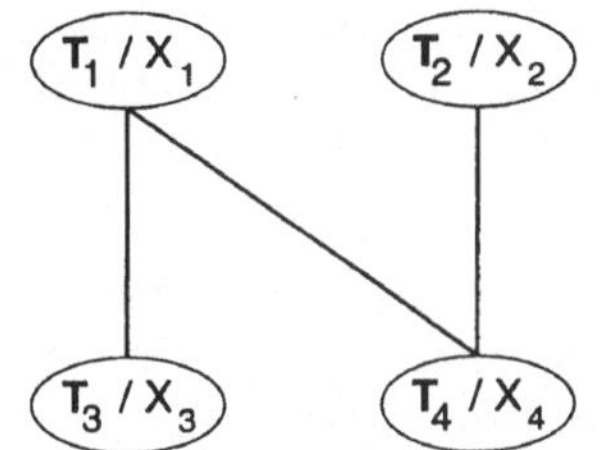

Abbildung 5.11: N-Graph

Vorbemerkung: Pfadausdrücke

Wir wollen nicht suggerieren, daß die Auswertung nichtserienparalleler Graphen nur mit der hier betrachteten Zustandsraumanalyse gelingen kann. Exemplarisch sei auf die Analyse bewerteter Graphen mit Pfadausdrücken hingewiesen, die sich in der Literatur unter dem Begriff *Netzplantechnik*, bzw. unter dem Akronym PERT (Program Evaluation and Review Technique) findet. Hier sind die Teilaufgaben den Kanten, den sogenannten *Pfaden* zugeordnet.

Man betrachtet dabei die Menge aller Pfade $\mathrm{path}(G)$ in einem zu analysierenden Graphen G. Ein einzelner Pfad sei π genannt, $\pi \in \mathrm{path}(G)$. Die gesuchte Gesamtbearbeitungszeit gibt der sogenannte Pfadausdruck X_G wieder, der den längsten, den *kritischen Pfad* repräsentiert.

$$X_G = \max_{\pi \epsilon \mathrm{path}(G)} \left\{ \sum_{T \epsilon \pi} X_i \right\}$$

Es wird zunächst in jedem Pfad π die Summe aller Teilbearbeitungszeiten X_i und dann aus ihnen das Maximum gebildet.

Für den N-Graph ergibt sich

$$X_G = \max\{X_1 + X_3, \max\{X_1, X_2\} + X_4\}$$

Man erkennt in X_G die fehlende statistische Unabhängigkeit der einzelnen Pfade, denn in zwei Pfaden tritt die Variable X_1 auf. Daher kann die Dichtefunktion nicht mit der oben in Satz 2 angegebenen Formel berechnet werden.

Die Methode der Zustandsreihenfolge

Diese Methode wird in PEPP in der sogenannten transienten Zustandsraumanalyse verwendet.

Ein *Zustand* z ist charakterisiert durch die Menge der Teilaufgaben $T(z) = \{T_1, \ldots, T_n\}$, die sich in Bearbeitung befinden. Wird eine Teilaufgabe fertig, so tritt ein Zustandsübergang ein und zwar $z \rightarrow z_i'$, wenn die Teilaufgabe T_i als erste fertig ist.

Die Menge der im Zustand z'_i laufenden Teilaufgaben $T(z'_i)$ ergibt sich aus der Menge $T(z) \setminus \{T_i\}$ vereinigt mit der Menge der Nachfolgerteilaufgaben $S_z(T_i)$

$$T(z'_i) = T(z) \setminus \{T_i\} \cup S_z(T_i),$$

wobei die erste Teilmenge die um T_i verkleinerte Menge laufender Teilaufgaben und die zweite die als Nachfolger von T_i lauffähig gewordenen Teilaufgaben darstellt.

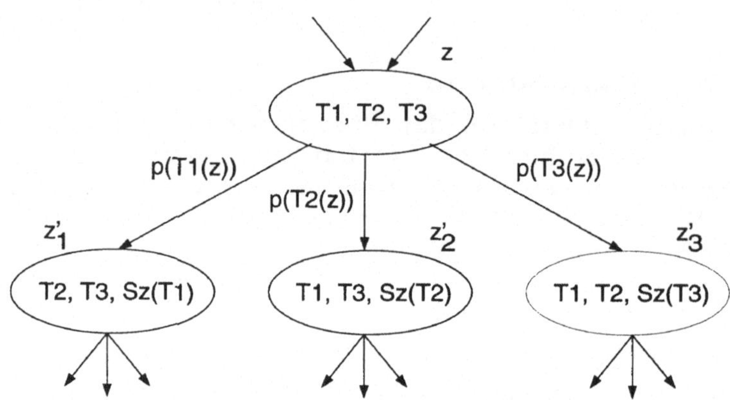

Abbildung 5.12: Ausschnitt aus einem Zustandsgraph

Der Grundgedanke dieser Methode wird in dem Beispiel von Abb. 5.12 deutlich. Der dort dargestellte *Zustandsgraph* zeigt exemplarisch ein Rechenproblem, bei dem drei Teilaufgaben T_1, T_2, T_3 parallel laufen. Er beginnt mit dem Zustand z (dargestellt durch einen Knoten des Zustandsgraphen). Zustand z ist dadurch charakterisiert, daß die drei Teilaufgaben T_1, T_2, T_3 gerade bearbeitet werden. Dieser Zustand kann offensichtlich auf drei Wegen (Kanten) verlassen werden, je nachdem, welche der drei Teilaufgaben als erste beendet wird. Es gibt also drei mögliche Folgezustände z'_1, z'_2, z'_3. Welcher Folgezustand eingenommen wird, legen die Wahrscheinlichkeiten $p(T_i(z))$ fest, die angeben, mit welcher Wahrscheinlichkeit die Teilaufgabe T_i als erste fertig wird.

Jeder der möglichen Wege durch den Zustandsgraphen wird als Vektor Z_i der Zustandsreihenfolge dargestellt

$$Z_i = (z_{i1}, z_{i2}, ..., z_{in})$$

wobei z_{ij} der Zustand ist, der im Vektor Z_i an j-ter Stelle durchlaufen wird.

Sei $\mathrm{E}[T_i(z)]$ die mittlere Bearbeitungszeit von T_i, falls Teilaufgabe T_i im Zustand z als erste fertig wird, und s bezeichne den Anfangszustand. Die mittlere Gesamtbearbeitungszeit kann dann rekursiv folgendermaßen berechnet werden:

$$E[s] = \sum_{T_i \in T(s)} p(T_i(s))\Big(E[T_i(s)] + E\Big[s'_i\Big]\Big)$$

Beispiel 5.4: Der Zustandsgraph für den N-Graphen

Gegeben seien der N-Graph und eine Mehrprozessoranlage mit drei Prozessoren P_1, P_2, P_3. Der N-Graph hat die vier Teilaufgaben T_1, T_2, T_3, T_4 mit den Bearbeitungszeiten X_1, X_2, X_3, X_4. Die durch den N-Graphen repräsentierte Aufgabenstruktur verbietet es, mehr als zwei Teilaufgaben parallel zu bearbeiten. Die vorhandene Prozessorzahl kann hier also gar nicht voll ausgenutzt werden.
Anders als bei SPASS ist hier kein Pseudostartzustand nötig, die Bearbeitung kann grundsätzlich bei beliebigen Teilaufgaben begonnen werden und damit gibt es i.a. keinen ausgezeichneten Startzustand. Im betrachteten Beispiel des N-Graphen gibt es allerdings einen solchen Freiheitsgrad nicht, man muß mit der parallelen Bearbeitung von T_1 und T_2 beginnen. Der sich aus dem Zustand T_1, T_2 schrittweise entwickelnde Zustandsgraph ist in Abb. 5.13 dargestellt.

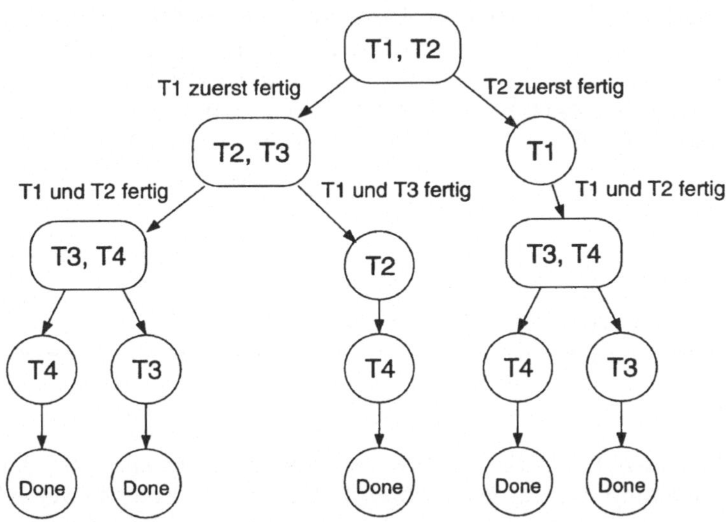

Abbildung 5.13: Zustandsgraph für den N-Graphen

In Abb. 5.13 gibt es offensichtlich fünf Vektoren der Zustandsreihenfolge und zwar (von links nach rechts):

$$Z_1 = (T_1/T_2), (T_2/T_3), (T_3/T_4), (T_4), Done$$

$$\vdots$$

$$Z_5 = (T_1/T_2), (T_1), (T_3/T_4), (T_3), Done$$

Die Berechnung der Gesamtbearbeitungszeit ist i.a. kompliziert, da bei den meisten Zustandsübergängen Restbearbeitungszeiten zu berücksichtigen sind.

Eine angenehme Ausnahme bilden Programmgraphen, deren Teilaufgaben negativ exponentiell verteilte Bearbeitungszeiten haben, d.h. Bearbeitungszeiten mit der Verteilungsfunktion

$$X_i : \quad F(t) = \begin{cases} 0 & t < 0 \\ 1 - e^{-\lambda t} & t \geq 0 \end{cases}$$

Die "Gedächtnislosigkeit" dieser Verteilung hat den großen Vorteil, daß einer teilbearbeiteten Teilaufgabe bei ihrer Fortsetzung die ursprüngliche Laufzeitverteilung erneut zugewiesen werden kann.

5.3.4 Nichtserienparallele Graphen: Approximative Auswertung mittels de-Verfahren

Betrachtet man den Verlauf der negativ exponentiellen Verteilung, so erkennt man sofort, daß dem genannten Vorteil der "Gedächtnislosigkeit" auch ein wesentlicher Nachteil gegenübersteht: die Laufzeitverteilung beginnt kontinuierlich bei $t = 0$, vgl. Fall (a) in Abb. 5.14. Reale Programme bzw. Teilaufgaben aber haben — insbesondere, wenn es sich um rechenintensive Probleme handelt, deren Parallelisierung sich lohnt — üblicherweise deutlich von Null verschiedene Mindestbearbeitungszeiten. Je nachdem, wie stark die Bearbeitungszeit variiert, wird man deshalb eine rein deterministische (Fall (b) in Abb. 5.14) oder andere Verteilungen heranziehen.

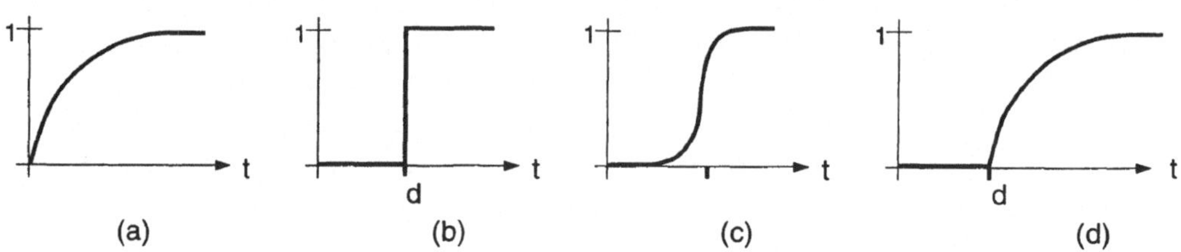

Abbildung 5.14: Skizzen der negativ exponentiellen (a), der deterministischen (b), der gemischten Erlang (c) und der de-Verteilung (d)

Die Erlang-k-Verteilung (Fall (c) in Abb. 5.14)

Da die rein exponentiell verteilten Knotenlaufzeiten das reale Verhalten der entsprechenden Teilaufgaben in der Regel schlecht modellieren, möchte man auch andere Verteilungsfunktionen zulassen. Um die angenehme Eigenschaft der Gedächtnislosigkeit nicht zu verletzen, könnte man zunächst daran denken, mit gemischten Erlangverteilungen zu arbeiten und eine Zustandsanalyse durchzuführen. Bei Teilaufgaben, deren Laufzeiten eine geringe Varianz haben, erhält man allerdings Erlang-k-Verteilungen mit sehr hoher Phasenzahl k und damit einen Programmgraphen mit sehr hoher Knotenzahl. Da der Zustandsraum exponentiell mit der Knotenzahl wächst, führt dies rasant zu der sog. "Zustandsraumexplosion".

Die de-Verteilung (Fall (d) in Abb. 5.14).

Der dem de-Verfahren zugrundeliegende Gedanke, der auf eine Arbeit von Sötz zurückgeht [Söt90], wertet die häufig sehr kleine Varianz der Teillaufzeiten und die von Null verschiedenen Mindestbearbeitungszeiten als einen Vorteil und stellt die Mindestbearbeitungszeit durch einen deterministischen und die Laufzeitschwankungen durch einen exponentiellen Knoten dar.

Unterstellt man, daß eine Erlang-k-Verteilung die richtige Repräsentation der Teillaufzeit ist, so approximiert die de-Verteilung das tatsächliche Verhalten wie folgt: Der Knoten mit den k Phasen (i.a. also vielen Knoten) einer realistischen Erlang-k-Verteilung mit dem Erwartungswert E und der Varianz V wird auf einen Knoten mit 2 Phasen (also auf 2 Knoten) reduziert, in dem eine deterministische Phase mit dem Parameter d und eine exponentielle Phase mit Parameter λ das ursprüngliche Laufzeitverhalten approximieren, vgl. Abb. 5.15. Wählt man $\lambda = \sqrt{1/V}$ und $d = E - \sqrt{V}$, so stimmen Erwartungswert und Varianz der Erlang-k-Verteilung und der approximierenden de-Verteilung überein.

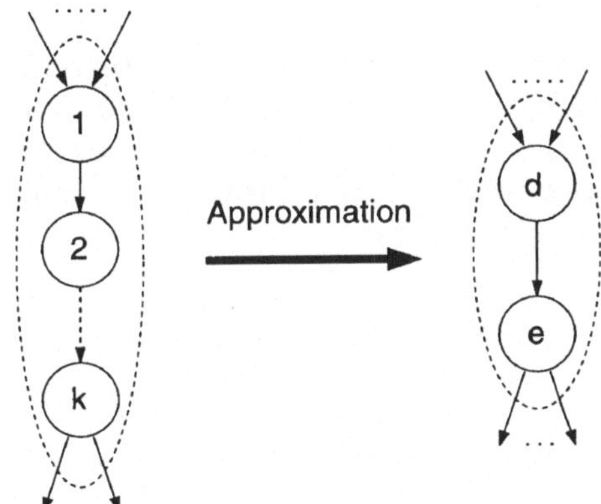

Abbildung 5.15: de-Approximation der Laufzeitverteilung einer Teilaufgabe

Im folgenden soll nun gezeigt werden, wie die Gesamtbearbeitungszeit eines Graphen mit gemischt exponentiellen und deterministischen Phasen mit dem Zustandsraumverfahren näherungsweise bestimmt werden kann. Eine exakte Analyse ist mit dieser Methode i.a. nicht möglich, weil die Eigenschaft der "Gedächtnislosigkeit" nur bei exponentiell verteilten Laufzeiten gilt. Bei rein exponentiell verteilten Teillaufzeiten wird das Verhalten des Systems ausgehend vom aktuellen Zustand bestimmt. Enthält ein Zustand auch Teilaufgaben T_i mit deterministisch verteilten Laufzeiten, so hängt das künftige Verhalten auch von allen Vorgängerzuständen bis zu dem Zustand, in dem ausschließlich exponentiell verteilte Phasen aktiv waren, ab. Diese Abhängigkeiten des Systemverhaltens von seiner Vergangenheit sind zu komplex, als daß sie bei der Berechnung der mittleren Verweilzeit des Systems im Zustand z berücksichtigt werden könnten. Es wird nun versucht, das mittlere Systemverhalten näherungsweise zu bestimmen. Die Näherung besteht darin, daß im Folgezustand z' die mittlere Verweilzeit in z' nur in Abhängigkeit von $T(z')$ bestimmt wird und die Parameter der Teilaufgaben $T_i \in T(z')$ wie folgt berechnet werden (Zur Erklärung von $T(z')$ siehe Abschnitt 5.3.3).

Sei $T(z) = \{T_1, T_2, \ldots, T_k, T_{k+1}, \ldots, T_n\}$. Die Phasen T_j, $1 \leq j \leq k$ haben deterministisch verteilte Bearbeitungszeiten mit Parameter d_j. Mit $d = \min(d_1, d_2, \ldots, d_k)$ bezeichnen wir das Minimum der deterministischen Phasen und mit T_m die Teilaufgabe mit der kürzesten deterministischen Laufzeit im Zustand z. Es gilt also: $d_m = d$. Für $k < j \leq n$ sei die Bearbeitungszeit der Teilaufgabe T_j exponentiell verteilt mit Parameter λ_j.

Die laufenden Teilaufgaben im Zustand z'_i erhält man als

$$T(z'_i) = \{T'_1, T'_2, \ldots, T'_k, T_{k+1}, \ldots, T_n\} \backslash \{T_i\} \cup S_z(T_i)$$

$$\text{mit } d'_j = d_j - E[T_i(z)] \text{ für } 1 \leq j \leq k.$$

Für $j \leq k$ hat die Zufallsgröße t'_j bei der Approximation also nicht die Verteilung der Zufallsgröße $t_j - t_i$, sondern die deterministische Verteilung mit dem Parameter d'_j. Für die Berechnung der Verzweigungswahrscheinlichkeit $p(T_i(z))$ und der bedingten Zustandserwartungswerte $E[T_i(z)]$ sei die folgende Funktion $\delta(t)$ definiert:

$$\delta(t) := \begin{cases} \infty & \text{falls } t = 0 \\ 0 & \text{sonst} \end{cases}$$

$$\int_0^\infty \delta(t)\, dt = 1$$

Dann gilt:

Fall 1: $1 \leq i \leq k \wedge i \neq m$ (alle nicht minimalen deterministischen Phasen scheiden aus)

$$p(T_i(z)) = 0$$

Fall 2: $i = m$ (kürzeste deterministische Phase)

$$
\begin{aligned}
p(T_i(z)) &= P\left(\bigwedge_{j=k+1}^{n} t_i < t_j\right) \\
&= \int_0^\infty f_i(t) \prod_{j=k+1}^{n} (1 - F_j(t))\, dt \\
&= \int_0^\infty \delta(t-d) e^{-\sum\limits_{j=k+1}^{n} \lambda_j t}\, dt \\
&= e^{-\sum\limits_{j=k+1}^{n} \lambda_j d} \\
E[T_i(z)] &= d
\end{aligned}
$$

Fall 3: $k < i \leq n$ (exponentielle Phase)

$$
\begin{aligned}
p(T_i(z)) &= P\left(t_i \leq t_m \wedge \bigwedge_{j=k+1 \wedge j \neq i}^{n} t_i \leq t_j\right) \\
&= \int_0^\infty f_i(t)(1 - F_m(t)) \prod_{j=k+1 \wedge j \neq i}^{n} (1 - F_j(t))\, dt \\
&= \frac{\lambda_i}{\sum\limits_{j=k+1}^{n} \lambda_j} \left(1 - e^{-\sum\limits_{j=k+1}^{n} \lambda_j d}\right)
\end{aligned}
$$

$$
\begin{aligned}
E[T_i(z)] &= \int_0^\infty t \frac{\partial}{\partial t} P\left(t_i \leq t | t_i < t_m \bigwedge_{j=k+1 \wedge j \neq i}^{n} t_i < t_j\right) dt \\
&= \frac{1 - \left(1 + \sum\limits_{j=k+1}^{n} \lambda_j d\right) e^{-\sum\limits_{j=k+1}^{n} \lambda_j d}}{\left(1 - e^{-\sum\limits_{j=k+1}^{n} \lambda_j d}\right) \sum\limits_{j=k+1}^{n} \lambda_j}
\end{aligned}
$$

Das Vorgehen bei der de-Approximation in PEPP besteht aus vier Schritten:

1. Für alle Knoten, gleich welcher der drei Knotentypen Elementarknoten, Parallelknoten oder zyklischer Knoten sie angehören, wird aus den gegebenen Angaben der Erwartungswert $\mathrm{E}(X)$ und die Varianz $\mathrm{V}(X)$ der Laufzeit berechnet.
2. Wo immer möglich, werden zwei serielle Knoten v_1 und v_2 zu einem neuen Knoten v wie folgt zusammengefaßt:

$$\mathrm{E}(X) = \mathrm{E}(X_1) + \mathrm{E}(X_2) \qquad \mathrm{V}(X) = \mathrm{V}(X_1) + \mathrm{V}(X_2)$$

3. Alle Knoten des reduzierten Graphen werden in je zwei seriell angeordnete Knoten aufgeteilt, von denen der erste rein deterministisch, der zweite rein exponentiell verteilte Laufzeit hat.
4. Auf diesen de-Graphen wird das Zustandsraumverfahren (die Methode der Zustandsreihenfolgen) angewandt. Es liefert approximiert den Erwartungswert $\mathrm{E}(X)$ der Gesamtlaufzeit. Zur Beurteilung der Güte der de-Approximation sei auf Abschnitt 5.3.6.1 verwiesen.

Durch die Approximation der Verteilungsfunktionen wird der Zustandsraum deutlich verkleinert. Das approximierende Zustandsraumverfahren macht so komplexere Graphen analysierbar als das Zustandsraumverfahren nach Abschnitt 5.3.3 mit lauter exponentiellen Phasen. Trotzdem gibt es auch für die de-Approximation ein gewisses Limit, ab welchem die Rechenzeiten zu hoch werden. Diese Erkenntnis war Anlaß zur Entwicklung der Schrankenverfahren.

5.3.5 Nichtserienparallele Graphen: Approximative Auswertung durch Schranken

Betrachten wir ein Rechenproblem, dessen Programmgraph sich weder mit SPASS (weil nicht serienparallel), noch mit dem exakten Zustandsraumverfahren oder approximativen de-Verfahren (zu großer Zustandsraum) auswerten lasse. Dann liegt es nahe, bei der Genauigkeit der Laufzeitberechnung Abstriche zu machen, um überhaupt zu Lösungen zu gelangen. Dieser Weg wird mit der Berechnung von Laufzeitschranken eingeschlagen [HM92].

Es gibt verschiedene veröffentlichte Schrankenmethoden. Für PEPP wurden vier Verfahren genauer untersucht. Devroye [Dev80] benutzt lediglich das erste Moment und die Varianz der Teilaufgabenlaufzeiten, um daraus den Erwartungswert für die obere und untere Schranke der Laufzeit des ganzen Progamms zu ermitteln. Die Beschränkung auf das erste Moment liefert relativ schlechte Schranken, aber erfreulich kurze Rechenzeiten. So benötigte das Devroye-Verfahren z.B. bei einem Test mit einem ca. 100 Knoten umfassenden Modell nur einige Sekunden Rechenzeit, drei Verfahren nach Kleinöder, Shogan, Dodin jedoch einige Minuten auf einer SUN Workstation ELC. Die Entwickler von PEPP strebten bessere Schranken an und favorisierten Schrankenmethoden, die die volle verfügbare Information, nämlich die Verteilung der Teilaufgabenlaufzeiten berücksichtigen. Das tun die drei übrigen, in PEPP implementierten Verfahren, die auf Ideen von Kleinöder [Kle82], Shogan [Sho77] und Dodin [Dod85] zurückgehen. Sie modifizieren gegebene Graphen durch Hinzufügen bzw. Streichen von Kanten, bzw. Knoten solange, bis sie serienparallel werden. Man berücksichtigt dabei die Tatsache, daß das Hinzufügen von Kanten und Knoten zu oberen und das Weglassen von Kanten und Knoten zu unteren Schranken führt. Die gesuchte Laufzeitschranke ergibt sich als Mittelwert der Laufzeitverteilung des serienparallelen Graphen. Diese wird mit Hilfe der numerischen serienparallelen Reduktion wie beim in Abschnit 5.3.2 beschriebenen SPASS-Verfahren berechnet. Die Verwendung numerischer Dichtefunktionen erlaubt auch in diesem Fall die Modellierung der Laufzeit mit beliebigen realitätsnahen Verteilungsfunktionen. Tab. 5.2 enthält eine Übersicht über die in PEPP implementierten Schrankenverfahren.

Kleinöder	Ein beliebiger Graph wird durch Hinzufügen bzw. Wegnehmen von Kanten auf einen serienparallelen Graphen reduziert. Die Schranken sind die Erwartungswerte der Laufzeitdichten. Nichtdeterministische Vorgehensweise.
Shogan	Ursprünglich zur Analyse von PERT-Netzwerken entwickelt, schlägt Shogan vor, Knoten und deren Vorgänger hinzufügen. Deterministische Vorgehensweise.
Dodin	Es werden einzelne Knoten dupliziert. Verfahren nur für obere Schranken geeignet. Nichtdeterministische Vorgehensweise.
Devroye	Das Verfahren arbeitet nur mit Momenten und ist daher um zwei Größenordnungen schneller als obige drei Verfahren. Es liefert eine *worst-case-Betrachtung* mit Hilfe von $\mathrm{E}[T]$ und $\mathrm{V}[T]$.

Tabelle 5.2: Übersicht über die Schrankenverfahren

5.3.5.1 Schranken durch Hinzufügen/Weglassen von Kanten

Das erste Verfahren stützt sich auf die Tatsache, daß das Hinzufügen/Weglassen von Kanten zu einem Graphen mit höherer/niedrigerer Gesamtlaufzeit führt [Kle82]. Da es i.a. viele Möglichkeiten gibt, Kanten einzufügen/wegzulassen, um zu einem serienparallelen Graphen zu gelangen, gibt es auch viele obere und untere Schranken.

Heuristischer Algorithmus für die obere Schranke (Idee von Kleinöder)

Statt nun alle möglichen oberen und unteren Schranken zu berechnen, wurde ein heuristischer Algorithmus zum Hinzufügen und Weglassen von

Kanten entwickelt, der sowohl effizient ist als auch recht enge Schranken liefert [Mer91]. Wir betrachten zunächst den Algorithmus zur Berechnung der oberen Schranke, er besteht im wesentlichen aus zwei Schritten:

1. Serienparallele Reduktion des vorliegenden Graphen, bis keine weitere Reduktion mehr möglich ist.
2. Suche nach einem Paar von Knoten, das sich parallel reduzieren läßt, wenn neue Kanten hinzugefügt werden, wobei folgende Bedingungen zu beachten sind:
   - Es dürfen keine Kanten zwischen Knoten auf derselben Ebene hinzugefügt werden.
   - Die Zahl neuer Kanten, die die nächste serienparallele Reduktion ermöglicht, muß minimal sein.
   - Ist diese Bedingung für mehr als ein Paar von Knoten erfüllt, so wählen wir jenes, für das der resultierende Graph minimal wird.

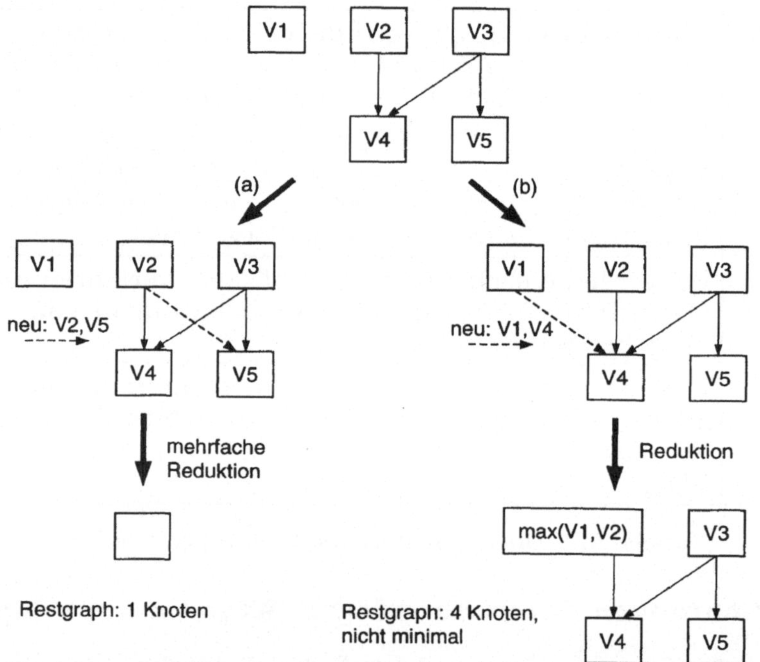

Abbildung 5.16: Ermittlung der oberen Schranke: Verschiedene Möglichkeiten, einen Graphen durch Hinzufügen von Kanten serienparallel zu reduzieren

Diese Schritte werden solange wiederholt, bis nur noch ein Knoten übrigbleibt. Der resultierende Mittelwert aus der Laufzeitverteilung dieses Knotens ist unsere obere Schranke.

Für einen kleinen Graphen ist dies im Beispiel der Abb. 5.16 veranschaulicht. Zur Vereinfachung der Darstellung sind dort die Start- und Endeknoten v_s und v_e weggelassen. Man erkennt, daß in den Fällen (a) und (b) zwar jeweils genau eine neue Kante eingeführt wird, das Resultat jedoch sehr verschieden ausfällt. Die zusätzliche Kante (v_2, v_5) ermöglicht im Fall (a) die vollständige Reduktion auf *einen* Knoten während im Fall (b) mit (v_1, v_4) nur die Knoten v_1 und v_2 verschmolzen werden können. Entsprechend ist auch die Güte der Schranken: Unter der Annahme, daß alle Knoten exponentiell verteilte Laufzeiten mit Erwartungswert 1 haben erhält man im Fall (a) eine obere Schranke von 3.11 und im Fall (b) von 3.33.

Heuristischer Algorithmus für die untere Schranke

Grundsätzlich ist klar, daß das Weglassen von Kanten untere Schranken liefert, weil Vorbedingungen, die den Start der betrachteten Teilaufgabe verzögern könnten, wegfallen. Es gibt zwei Möglichkeiten, die wegzulassenden Kanten auszuwählen:

1. Kanten, die nach Wegfall eine serielle Reduktion ermöglichen
2. Kanten, die nach Wegfall eine parallele Reduktion ermöglichen.

Will man eine Kante entfernen, so ist es a priori unklar, ob der entstehende Graph im nächsten Schritt besser durch serielle oder parallele Reduktion vereinfacht wird.

Die Abb. 5.17 zeigt für zwei von mehreren Möglichkeiten wie serielle (a) bzw. parallele (b) Reduktion durch Weglassen von Kanten vorbereitet werden können. Das von Hartleb und Mertsiotakis entwickelte und in PEPP implementierte Verfahren verfolgt daher beide der hier gezeigten Wege (a) und (b), vergleicht die resultierenden Schranken und wählt die größere der beiden als untere Schranke aus.

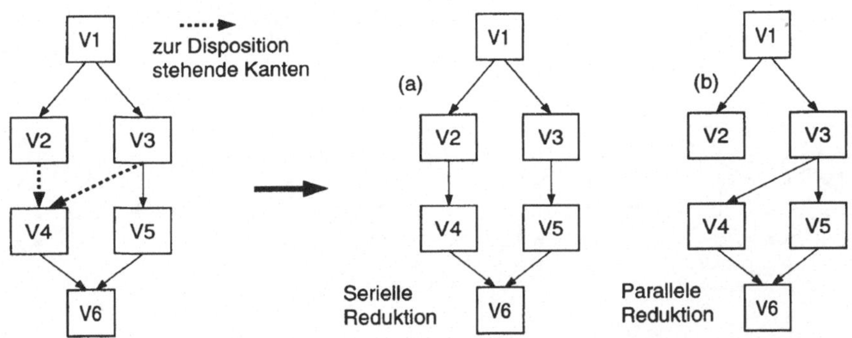

Abbildung 5.17: Untere Schranke: Zwei Wege zur Reduktion eines Graphen

Die Abbildung 5.17 deutet mit zwei Wegen die Vielfalt der Möglichkeiten an: Bei (a) wird die Kante (v_3, v_4) entfernt, danach bietet sich die serielle Reduktion von (v_2 und v_4), sowie (v_3 und v_5) an. Bei (b) wird die Kante (v_2, v_4) entfernt und danach (v_4 und v_5) parallel reduziert, usw..

Beispiel 5.5: Parallelarbeit auf einem Dreiprozessorsystem mit Nachbarschaftskommunikation.

Wir haben in Abb. 5.10 bereits das Problem der Nachbarschaftskommunikation vorgestellt und betrachten hier als einfaches Beispiel neun Teilaufgaben auf einem Dreiprozessorsystem, vgl. Abb. 5.18.

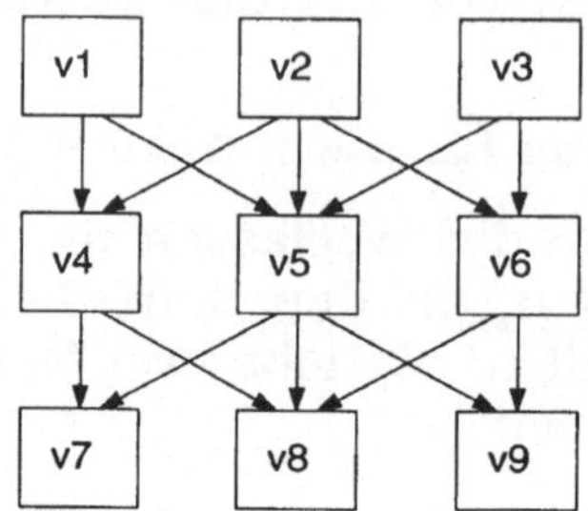

Abbildung 5.18: Neun Teilaufgaben mit Nachbarschaftskommunikation

Alle Knoten haben als Laufzeitverteilung eine Exponentialverteilung mit Mittelwert 1. Wegen der geringen Größe des Graphen läßt sich die Gesamtbearbeitungszeit des Problems exakt berechnen, sie beträgt 5.28 Zeiteinheiten. Die beiden folgenden Abbildungen 5.19 und 5.20 illustrieren die Vorgehensweise bei der Ermittlung oberer und unterer Schranken. Im Falle der oberen Schranke wird viermal eine Kante eingefügt (E), der Rest sind Reduktionen (R).

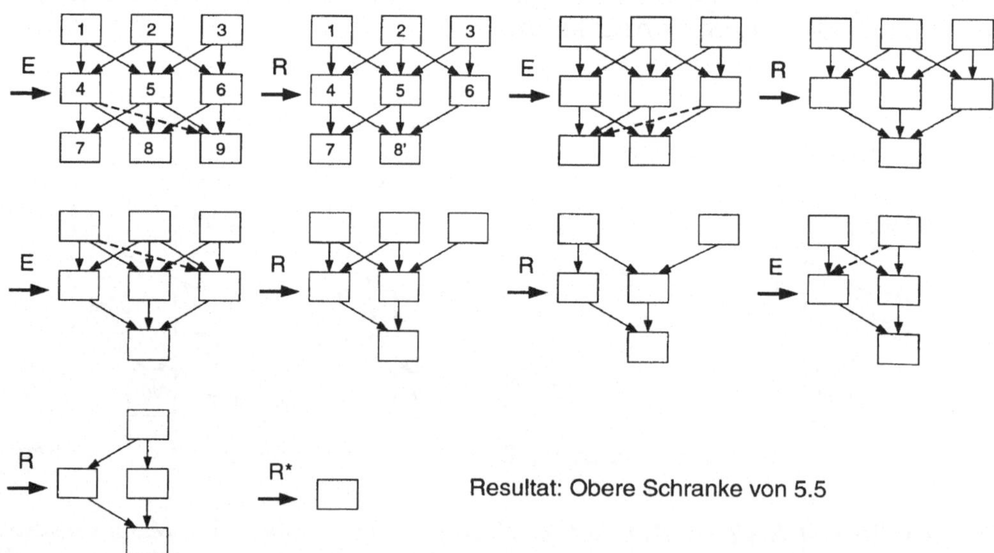

Abbildung 5.19: Ermittlung der oberen Schranke durch schrittweise Reduktion

Im Falle der unteren Schranke werden zu löschende Kanten ausgewählt und entfernt (L), in Abb. 5.20 sind sie gestrichelt dargestellt. Danach sich eröffnende Reduktionsmöglichkeiten (R) werden ausgeschöpft bis erneut Kanten gelöscht werden müssen, usw..

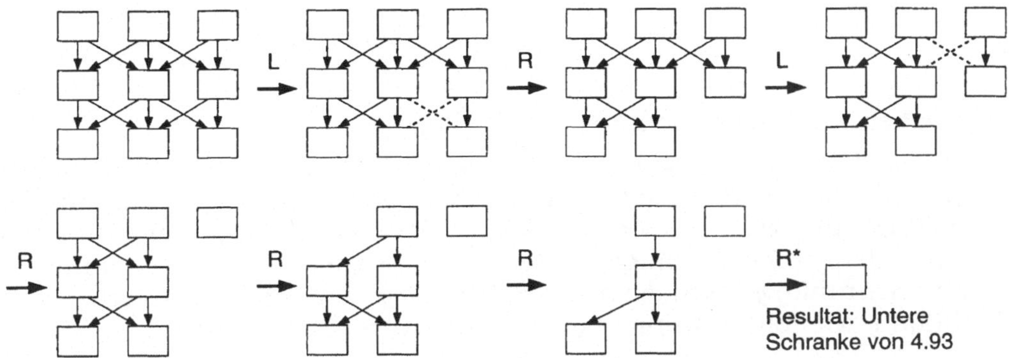

Abbildung 5.20: Ermittlung der unteren Schranke durch schrittweise Reduktion

5.3.5.2 Schranken durch Hinzufügen/Weglassen von Knoten

Verfahren nach Shogan

Das Verfahren von Shogan stützt sich auf eine Methode, die entwickelt wurde, um die Laufzeitverteilungsfunktion eines PERT-Netzwerkes nach oben und unten abzuschätzen [Sho77]. Dabei wurde ein neuer Operator, der sogenannte *Shogan-Operator* eingeführt, der aus zwei vorgegebenen Verteilungen F_i, F_j eine neue, jeweils das Minimum annehmende Verteilung H bildet, siehe Abb. 5.21. Mit diesem Operator läßt sich eine untere Laufzeitschranke berechnen.

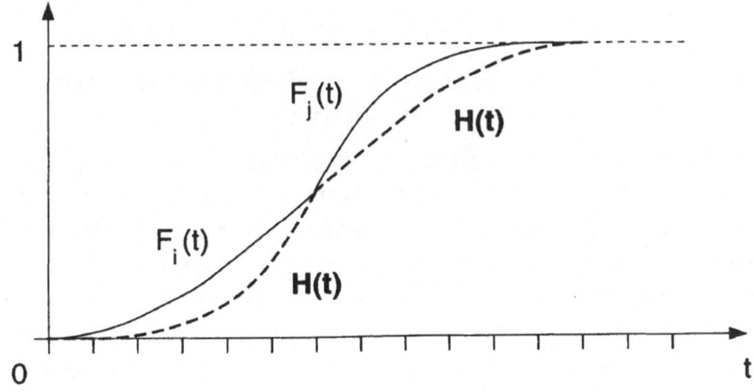

Abbildung 5.21: Der Shogan-Operator

Satz 3:
Zwei *parallel verknüpfte* Teilaufgaben (bzw. Teilgraphen) v_i, v_j (bzw. T_i, T_j) mit den Bearbeitungszeitdichten f_i, f_j haben eine Bearbeitungszeitdichte, die größer ist als

$$h(t) = \text{shogan}(f_i, f_j)(t) = \frac{d}{dt} \min(F_i, F_j)(t)$$

Wir wollen kurz schreiben $h(t) = \text{shogan}(f_i, f_j)$.

Sei $G = (V, E)$ mit $V = \{v_1, \ldots, v_n\}$ und $E \subset V \times V$ ein stochastischer Graph, F_{T_i} die Verteilungsfunktion des Knotens i, und f_{T_i} die entsprechende Dichte. Mit $s(v)$ wird die Menge der Nachfolgerknoten von v, mit $p(v)$ die Menge der Vorgängerknoten von v bezeichnet. Dann können die untere Schranke $g^<$ und die obere Schranke $g^>$ für die Gesamtverteilungsfunktion g wie folgt rekursiv berechnet werden [Kle82, Sho77]:

$$g^< = \text{shogan}\left\{g_j^< \mid s(v_j) = \emptyset\right\}$$

$$g_i^< = \begin{cases} f_i & \text{falls } p(v_i) = \emptyset \\ \text{conv}\left(\text{shogan}\left\{g_j^< \mid v_j \in p(v_i)\right\}, f_i\right) & \text{sonst} \end{cases}$$

$$g^> = \max\left\{g_j^> \mid s(v_j) = \emptyset\right\}$$

$$g_i^> = \begin{cases} f_i & \text{falls } p(v_i) = \emptyset \\ \text{conv}\left(\max\left\{g_j^> \mid v_j \in p(v_i)\right\}, f_i\right) & \text{sonst} \end{cases}$$

wobei

$$\min(F, G)(t) = \begin{cases} F(t) & \text{falls } F(t) < G(t) \\ G(t) & \text{sonst} \end{cases}$$

$$\text{conv}(f, g)(t) = \int_0^t f(t - x) g(x) dx$$

$$\max(f, g)(t) = f(t)G(t) + F(t)g(t)$$

$$\max(f_1, f_2, \ldots f_n) = \max(f_1, \max(f_2, \ldots, \max(f_{n-1}, f_n)))$$

$$\text{shogan}(f_1, f_2, \ldots f_n) = \text{shogan}(f_1, \text{shogan}(f_2, \ldots, \text{shogan}(f_{n-1}, f_n)))$$

Die ersten Momente der Dichten $g^>, g^<$ stellen nun die obere und untere Schranke der mittleren Gesamtbearbeitungszeit dar.

Der Vorteil des Verfahrens von Shogan liegt darin, daß es ein genau festgelegtes Vorgehen zur Berechnung der oberen Schranke vorschreibt: Jeder Knoten v_i, der zwei (oder mehr) Ausgangskanten hat, wird in zwei (oder mehrere) Knoten v_1 und v_i' aufgelöst, deren jeder nur noch eine Ausgangskante besitzt. Damit entsteht eine ganze Vorgängerkette, vgl. Abb. 5.22. Ist diese seriell reduziert, wird der Shogan-Operator auf die noch übriggebliebenen Parallelknoten angewandt. Um das Verfahren auch quantitativ zu veranschaulichen, sei hier eine einfache Annahme gemacht, die Bearbeitungszeit aller Teilaufgaben sei gleich, nämlich exponentiell verteilt mit einer mittleren Laufzeit von 10 ms (bzw. Bedienrate $\lambda = 0.1\ \mathrm{ms}^{-1}$). Der kleine Beispielgraph ist noch exakt beherrschbar mit dem Zustandsraumverfahren. Dieses liefert die Gesamtlaufzeit von 88.33 ms.

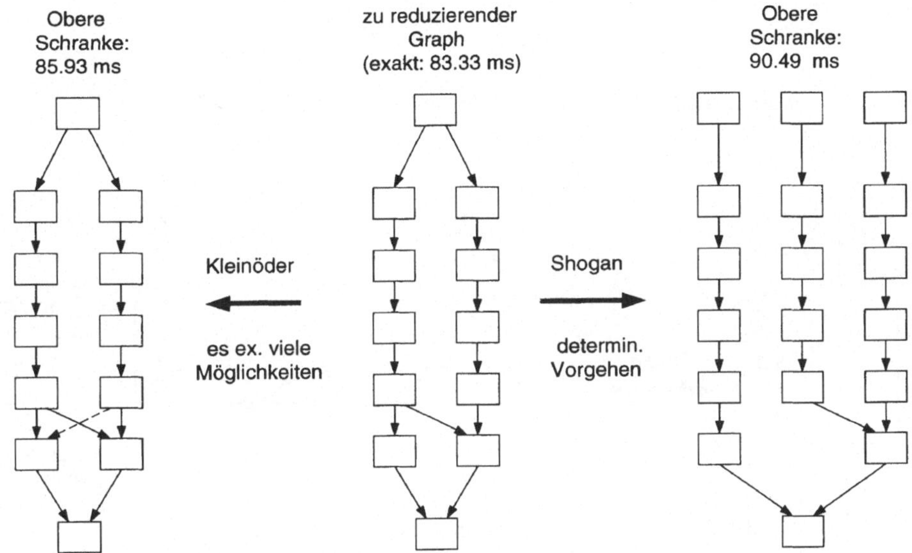

Abbildung 5.22: Exemplarischer Vergleich des Shogan-Verfahrens zur Berechnung der oberen Schranke mit dem Kleinöder'schen.

Verfahren nach Dodin

Das Verfahren von Dodin [Dod85] liefert nur eine obere Schranke. Dodin zeigte, daß diese Schranke immer besser als die obere Schranke von Shogan ist. Ähnlich wie es Kleinöder mit Kanten vorschlägt, sorgen hier eingefügte Knoten dafür, daß serienparallel reduziert werden kann. Den strukturellen Unterschied zum Shogan-Verfahren zeigt die Abb. 5.24. Die Modifikation gegenüber Shogan besteht darin, daß nur einzelne Knoten dupliziert werden. Ein Knoten v ist dann ein Kandidat für die Duplikation, wenn für die Zahl der Vorgänger $p(v)$ bzw. die Zahl der Nachfolger $s(v)$ einer der beiden folgenden Fälle gilt (siehe Abb. 5.23):

(a) Knoten v hat genau einen Vorgänger und mehrere Nachfolger.
(b) Knoten v hat genau einen Nachfolger und mehrere Vorgänger.

Exemplarisch zeigt die Abb. 5.24 den Fall (a), der auf den Knoten v_1 zutrifft:

- v_1 wird dupliziert (v_1')
- die die Serienparallelität störende Kante (v_1, v_4) wird eliminiert
- neu eingefügt werden (v_s, v_1') und (v_1', v_4)

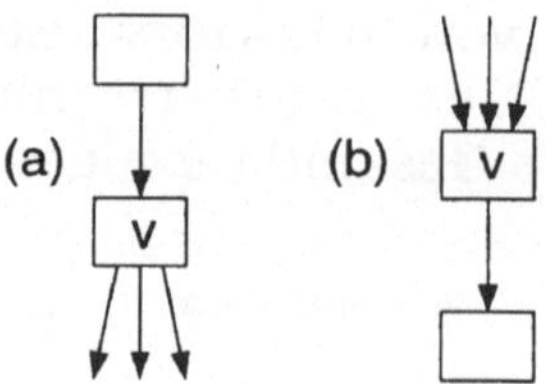

Abbildung 5.23: Zwei Fälle von duplizierbaren Knoten

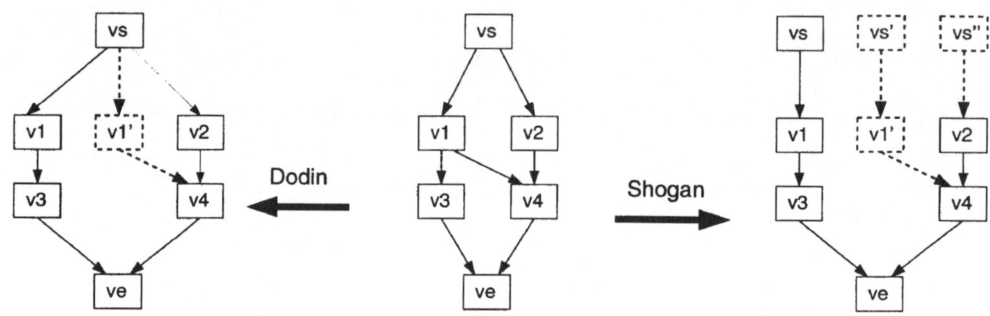

Abbildung 5.24: Obere Schranke nach Dodin im Vergleich zum Shogan'schen Verfahren

Der entscheidende Unterschied zum Shogan-Verfahren liegt darin, daß es hier freigestellt ist, welcher Knoten dupliziert wird, während Shogan deterministisch vorgeht.

Man kann sich das veranschaulichen, indem man statt v_1 den Knoten v_4 dupliziert, (Fall (b)).

5.3.6 Vergleich der Auswertemethoden

Um ein Gefühl zu vermitteln, wie sich die verschiedenen Verfahren bezüglich Rechenzeit und Genauigkeit verhalten, sei im folgenden die Qualität der de-Approximation und der Schrankenverfahren an einem numerischen Beispiel gegenübergestellt, das ein reguläres paralleles Programm mit Nachbarschaftssynchronisation zugrundelegt, vgl. Abb. 5.25.

5.3.6.1 Genauigkeit der de-Approximation

Zur Ermittlung der Genauigkeit der de-Approximation wurden viele Simulationen der Modell-Laufzeit durchgeführt und die Simulationsergebnisse mit den durch de-Approximation näherungsweise berechneten Modell-Laufzeiten verglichen. Die Simulationen wurden mit dem Petri-Netz-Werkzeug GreatSPN [Chi87] durchgeführt.

Knotenlaufzeit (Last)	exakt		de-Approximation	Simulations-ergebnis
	Zust.	Wert		
$E_1(0.2)$	260	40.80	40.80	40.64 ± 0.25
$E_2(0.4)$	6052	34.72	34.70	34.35 ± 0.44
$E_5(1)$	zu aufwendig		29.24	29.26 ± 0.39
$E_{10}(2)$			26.47	26.67 ± 0.51

Tabelle 5.3: Vergleich der exakten, der approximierten, und der Simulationsergebnisse

Die Unterschiede zwischen approximierten und simulierten Modell-Laufzeiten liegen in allen untersuchten Beispielen zwischen 0 und 5 Prozent des jeweils größeren Ergebnisses. Man sieht sofort, daß die in Abschnitt 5.3.4 eingeführte de-Approximation dann exakt ist, wenn den Knoten des Modells nur deterministische oder nur exponentiell verteilte Laufzeiten zugeordnet sind.

Der Graph in Abb. 5.25 zeigt das Modell eines parallelen Programms zur Lösung einer partiellen Differentialgleichung mit einem Mehrgitterverfahren auf einem Multiprozessor mit gemeinsamem Speicher [HKL+88]. Derartige Graphen haben eine reguläre Struktur und können durch Höhe n und Breite m beschrieben werden. Die Datenabhängigkeit verlangt, daß ein Knoten auf Ebene i solange warten muß, bis der eigene Vorgänger und die Vorgänger seines linken und rechten Nachbarn ihre Berechnung auf Ebene $i-1$ abgeschlossen haben (Nachbarschaftssynchronisation).

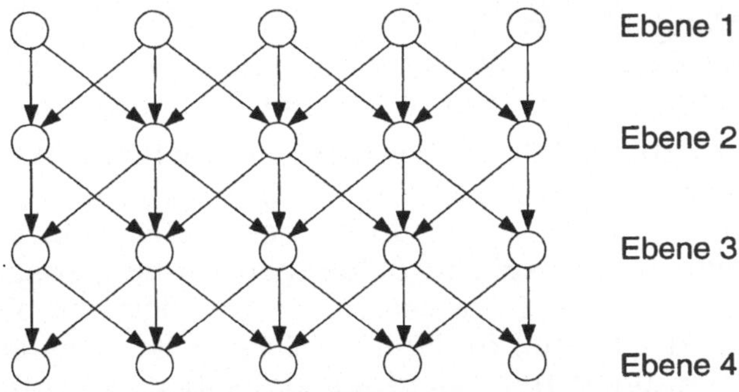

Abbildung 5.25: Modell eines Ablaufes mit 4×5 Nachbarschaftssynchronisation

In Tab. 5.3 werden die approximierten Ergebnisse mit den exakten Werten und den Ergebnissen der Simulation für das Modell in Abb. 5.25 verglichen. Als Last nehmen wir identisch verteilte Laufzeiten für alle Tasks an. Die Genauigkeit der vorgeschlagenen Approximation wird mit Erlang-k-Laufzeitverteilungen getestet. Um die Ergebnisse vergleichbar zu machen, wurden λ und k so gewählt, daß das erste Moment konstant ist und nur die Varianz unterschiedlich.

Die Spalte *de-Approximation* enthält die mittels de-Approximation berechnete Gesamtlaufzeit. Die Erlang-k ($E_k(\lambda)$) verteilten Tasklaufzeiten sind dabei jeweils durch eine deterministisch und eine exponentiell verteilte Phase approximiert. Die Spalte *exakt* gibt die exakten Gesamtlaufzeiten an. Sie konnten nur für die relativ einfachen Verteilungen $E_1(\lambda)$ und $E_2(\lambda)$ ermittelt werden, weil für $E_5(\lambda)$ und $E_{10}(\lambda)$ die Berechnungsdauer zu stark anwächst.

Um dort, wo keine exakten Ergebnisse als Vergleichsmaßstab mehr vorliegen, auch überprüfen zu können, ob die de-Approximation hinreichend genau ist, wurden zusätzlich Simulationen durchgeführt. Deren Ergebnisse sind in der rechten Spalte *Simulationsergebnis* der Tabelle 5.3 dargestellt. Auch bei der Simulation sind die Tasklaufzeiten durch eine deterministisch und eine exponentiell verteilte Phase approximimiert. Ein Vergleich ergibt eine sehr gute Übereinstimmung: die mit de-Approximation errechnete Gesamtlaufzeit liegt im 0.99 Konfidenzintervall der Simulationsergebnisse.

5.3.6.2 Genauigkeit der Schrankenverfahren

Bei der Betrachtung der Nachbarschaftsstrukturen stellt sich heraus, daß die Güte der berechneten Schranken sowohl von der gegebenen Struktur als auch von den Task-Laufzeitverteilungen abhängt.

Der Strukturaspekt

Um die Abhängigkeiten darzustellen, betrachten wir zunächst den Strukturaspekt anhand von Nachbar-$(8 \times m)$–Strukturen gemäß Abb. 5.25 mit $m \in \{4, 6, 8, 10, 12\}$. Alle Task-Laufzeiten seien identisch $E_{10}(2)$ verteilt, wobei $E_{10}(2)$ die Erlang-10 Verteilung mit Bedienrate $\lambda = 2$ s^{-1} darstellt. Die Ergebnisse dieser Betrachtung zeigt Abb. 5.26. Die "extensions" .u und .l stehen für die obere (upper) und untere (lower) Schranke.

Wir beobachten in Abb. 5.26, daß Shogans untere Schranke *Shogan.l* stets kleiner ist als Kleinöders untere Schranke, die durch Entfernen von Kanten gewonnen wurde. Dennoch wird man bei der oberen Schranke nicht stets auf den Kleinöder'schen Ansatz zurückgreifen können, zusätzliche Kanten einzufügen, weil unglücklicherweise für $m > 6$ dort die obere Schranke schlechter als die der beiden anderen Verfahren ist. Das erklärt sich dadurch, daß bei Graphen mit Nachbarschaftsstruktur nur dann ein serienparalleler Graph entsteht, wenn jeder Knoten mit allen Knoten der Vorgänger- uns Nachfolgerebene verbunden ist. Zur serienparallelen Reduzierbarkeit einer $(n \times m)$-Struktur müssen also $(n-1)(m^2-3m+2)$ neue Kanten eingefügt werden. Dagegen kann bei Dodins Methode die serienparallele Reduzierbarkeit mit nur $(n-1)(2m-2)$ neu eingefügten Knoten erreicht werden. Ab einem Parallelitätsgrad $m > 4$ werden somit mehr neue Kanten als neue Knoten erforderlich, um serienparallele Reduzierbarkeit zu erreichen.

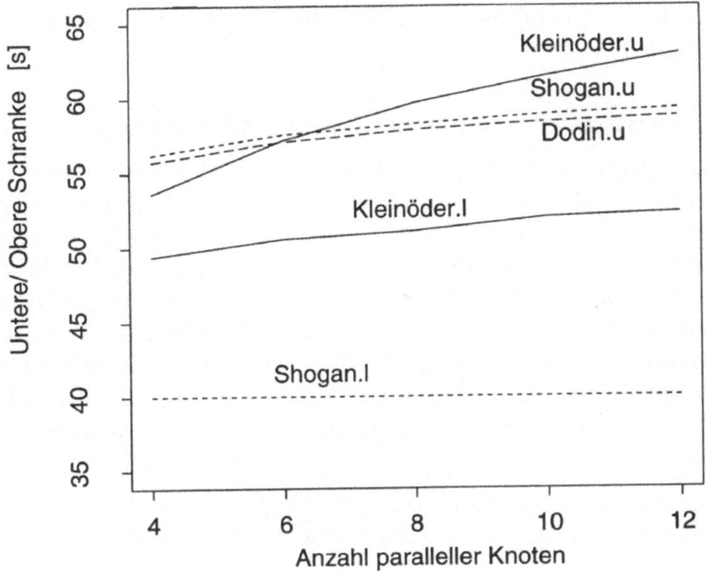

Abbildung 5.26: Schranken der mittleren Gesamtlaufzeit bei variierendem Parallelitätsgrad m

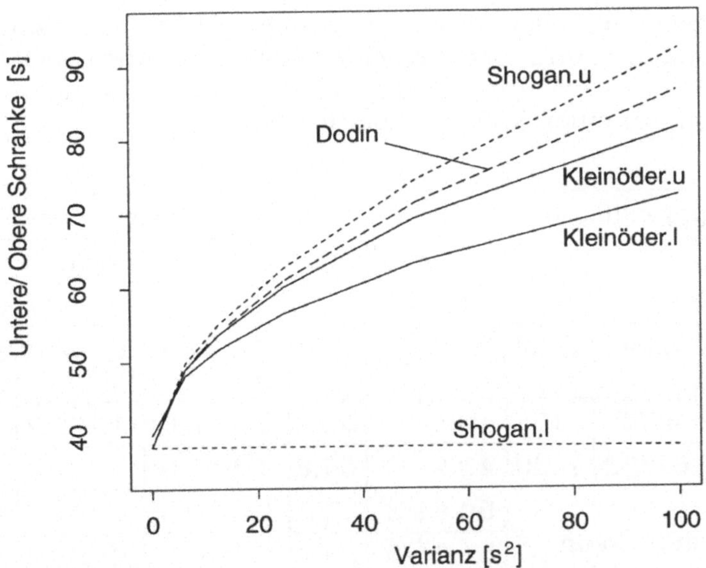

Abbildung 5.27: Schranken der mittleren Gesamtlaufzeit bei variierenden Task-Laufzeiten

Dennoch beobachtet man für $n = 8$ und $m = 4$, daß die obere Schranke *Kleinöder.u* kleiner als *Dodin.u* ist, obwohl für beide Methoden 42 neue Kanten bzw. Knoten erforderlich sind. Die Ursache liegt darin, daß nach bisherigen Erfahrungen die Duplizierung eines Knotens zu einer höheren

Gesamtlaufzeit für den gesamten Graphen führt als das Hinzufügen einer einzelnen Kante.

Der Aspekt variierender Task-Laufzeitverteilungen

Sobald die in einem parallelisierten Ablauf parallel laufenden Tasks unterschiedliche Laufzeiten haben, erhöht sich der Einfluß wechselseitiger Wartezeiten. Wir erwähnten früher, daß die Varianz der Laufzeitverteilungen eine wichtige Rolle spielt. Wir beobachteten, daß niedrige Varianz zu engen Schranken führt, vgl. Abb. 5.27. Diese Betrachtung fußt auf einem Nachbarschafts-(4 × 4)-Modell mit erwarteten Tasklaufzeiten von 10 ms. Während bei hoher Varianz die Güte der Schranken für alle Verfahren geringer wird, läßt sich doch für das Schrankenverfahren nach dem Kleinöder'schen Ansatz die deutlich beste Genauigkeit feststellen, vgl. Abb. 5.27.

Wie nicht anders zu erwarten, sind die Schranken für determininistisch verteilte Laufzeiten eng und entsprechen im wesentlichen den exakten Resultaten.

5.3.6.3 Vergleich des Berechnungsaufwands

Tab. 5.4 zeigt in der Spalte T_c den Berechnungsaufwand der de-Approximation und der verschiedenen Schrankenverfahren exemplarisch für den $(8 \times m)$-Programmgraphen (die angegebenen Rechenzeiten ergaben sich auf einer SUN Workstation ELC).

m	de-Approximation			Schrankenverfahren									
				Kleinöder				Shogan				Dodin	
				untere		obere		untere		obere		obere	
	Wert	Zust.	T_c [s]	Wert	T_c [s]	Wert	T_c [s]	Wert	T_c [s]	Wert	T_c [s]	Wert	T_c [s]
4	51.1	4252	15	**49.4**	2	**53.6**	1	40.0	1	56.2	1	54.8	1
5	52.4	62329	1430	**49.2**	3	**55.6**	1	40.0	1	57.0	2	55.8	1
6	zu aufwendig			**50.6**	3	57.2	2	40.0	1	57.6	2	**56.3**	2
8				**51.1**	5	59.7	6	40.0	2	58.3	3	**57.2**	2
10				**52.0**	9	61.5	10	40.0	2	58.9	3	**57.8**	3
12				**52.3**	14	63.0	18	40.0	2	59.3	4	**58.2**	3

Tabelle 5.4: Vergleich des Berechnungsaufwands

Exakte Ergebnisse kann man für ein Modell dieser Größe wegen explodierender Rechenzeit überhaupt nicht mehr berechnen. Auch bei der de-Approximation zeigt sich ab $m = 6$ die Wirkung der Zustandsraumexplosion, nur bis $m = 5$ ergeben sich einigermaßen erträgliche Rechenzeiten. Tabelle 5.4 hebt halbfett die besten unteren und oberen Schranken hervor. Es wird insbesondere die Eignung des Kleinöder'schen Ansatzes und die des Dodin'schen Verfahrens deutlich. Entscheidend aber ist die Leistungsfähigkeit der Schrankenverfahren bei größeren Modellen, der Berechnungsaufwand ist klein und wächst nur polynomial mit m.

5.4 Weitere Modellierungsmethoden

Dieser Abschnitt gibt einen Überblick über andere Modellierungsmethoden, die neben stochastischen Graphmodellen in der Literatur beschrieben sind und in der Praxis Anwendung finden. In dieser Zusammenstellung werden neben traditionellen Methoden wie Warteschlangenmodellen und Petri-Netzen auch neueste Ansätze, z.B. stochastische Prozeßalgebren oder die Erweiterung formaler Spezifikationssprachen um stochastisch verteilte Zeiten, berücksichtigt.

5.4.1 Warteschlangenmodelle

In den sechziger und siebziger Jahren war die Rechnerhardware teuer und knapp. So lag es nahe, Modelle in erster Linie dem Ziel zu widmen, die knappen Hardware-Ressourcen möglichst geschickt zu nutzen. Es entstanden stationsorientierte Modelle, zumeist Warteschlangenmodelle und mit ihnen eine Flut einschlägiger Veröffentlichungen. Wir nennen stellvertretend das Werk von Kleinrock [Kle75, Kle76]. Im Mittelpunkt des Interesses stehen hier Bedienstationen mit vorgeschalteten Warteschlangen. Im einfachsten Fall ist ein ganzes Rechensystem in Blackbox-Sichtweise als eine Bedienstation mit einer vorgeschalteten Warteschlange dargestellt. Aufträge im Warteschlangenmodell entsprechen dann Jobs, die am Rechensystem ankommen, gegebenenfalls warten müssen, abgearbeitet werden und daraufhin das Rechensystem wieder verlassen.

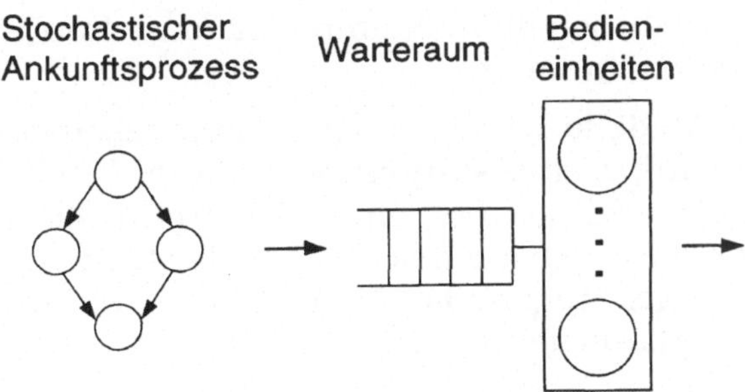

Abbildung 5.28: Warteschlangenmodell eines parallelen Systems

Die Art der Last, bzw. die Leistung des Rechensystems sind durch die Verteilung des Zeitintervalls zwischen zwei aufeinanderfolgenden Auftragsankünften, der sog. Zwischenankunftszeitverteilung, bzw. die Verteilung der Bedienzeit für einen Auftrag festgelegt.

Ordnet man jeder wesentlichen Komponente des Rechensystems eine Bedienstation zu, so entsteht ein Netz von Stationen, ein Warteschlangennetz, in welches die Komponentenarchitektur des Rechensystems eingeht. Es gibt offene, geschlossene und gemischte Warteschlangennetze. In offenen Modellen produziert die Umgebung Aufträge, die im Netz bearbeitet werden und dieses daraufhin wieder verlassen. Die Umgebung ist also durch eine Auftragsquelle und eine Auftragssenke repräsentiert. In geschlossenen liegt ein geschlossener Kreislauf von der Auftragsentstehung bis zur Auftragsfertigstellung vor, Aufträge verlassen das Netz nicht. In gemischten Warteschlangennetzen gibt es sowohl offene als auch geschlossene Auftragsklassen.

Für Warteschlangennetze strebt man geschlossene analytische Lösungen an und spricht deshalb von *analytischen Modellen*. Insbesondere existieren für eine große Klasse von Warteschlangennetzen Produktformlösungen, welche den Rechenaufwand für die Analyse solcher Systeme auf ein erträgliches Maß reduzieren, indem sie die Analyse des Gesamtsystems auf die Analyse der einzelnen Bedienstationen zurückführen. Die Wahrscheinlichkeitsverteilung für das Gesamtsystem läßt sich in Produktformnetzen als Produkt von Randwahrscheinlichkeiten, nämlich der Wahrscheinlichkeitsverteilung der Subsysteme darstellen. Am bekanntesten sind in diesem Zusammenhang die sogenannten BCMP-Netze [BCMP75].

Zur quantitativen Charakterisierung von Last und ihrer Abbildung auf das Rechensystem dienen im Warteschlangenmodell typischerweise

- der Ankunftsprozeß (für offene Auftragsklassen), oft gegeben in Form einer Zwischenankunftszeitverteilung, im exponentiellen Fall durch die Ankunftsrate bestimmt.
- eine feste Zahl von Aufträgen (für geschlossene Auftragsklassen).
- die Bedienzeitverteilung für Aufträge aus einer bestimmten Klasse. Bei exponentieller Bedienzeit ist diese durch eine Bedienrate bestimmt.
- die Verzweigungswahrscheinlichkeiten für das Routing der Aufträge zwischen den Bedienstationen.

Stationsorientierte Modelle werden meist im eingeschwungenen Zustand evaluiert, d.h. man führt eine stationäre Analyse durch. Ein stationärer Zustand kann sich allerdings nur einstellen wenn die durchschnittliche Ankunftsrate unter der Kapazität des Systems liegt, da sonst Sättigung eintritt, die Warteschlangenlängen also über alle Grenzen wachsen. Typische Resultate einer Modellauswertung sind

- die Wartezeitverteilung in den einzelnen Warteschlangen.
- die Komponentenauslastung.
- der Durchsatz der einzelnen Bedienstationen bzw. des gesamten Systems.

Warteschlangenmodelle mit komplexen Aufträgen

In den letzten fünf Jahren findet man in der Literatur über Leistungsbewertung immer mehr Arbeiten über die Analyse von Warteschlangenmodellen, bei denen ein Auftrag aus mehreren Teilaufgaben besteht, die auf verschiedenen Prozessoren ausgeführt werden können. In diesem Abschnitt sollen die unterschiedlichen Modelle kurz vorgestellt werden und eine Einordnung der Modelle erfolgen.

Die Modelle lassen sich im wesentlichen in zwei Klassen einteilen:

1. Fork/Join-Modelle
2. Cluster-Modelle

Fork/Join-Modelle

Bei Fork/Join-Modellen betrachtet man Teilaufgaben, die zu einem Auftrag gehören, als unabhängige Teilaufgaben, die unabhängig voneinander auf verschiedenen Prozessoren ausgeführt werden. Ein Auftrag kann bei diesen Modellen mit einer variablen Prozessorzahl bearbeitet werden. Die Zahl der Prozessoren und die Reihenfolge, in der die Teilaufgaben bearbeitet werden, hängen von der Systemauslastung und der verwendeten Schedulingstrategie ab. Da ein Prozessor nicht fest einem Auftrag zugeteilt ist, gehören die entsprechenden Schedulingstrategien zur Klasse der *dynamischen Strategien* [Maj88, ZM89]. Bei der Analyse der dynamischen Strategien wird die Last entweder durch Programmgraphen [Mil87, Maj88, BL90] oder durch die Anzahl unabhängiger Teilaufgaben [LV90, MEB88] modelliert. Die verschiedenen Schedulingstrategien werden anhand von Simulationsergebnissen für die Antwortzeiten verglichen. Die Autoren kommen übereinstimmend zu dem Ergebnis, daß es für diesen Modelltyp kein Schedulingverfahren gibt, das unabhängig von den Lastparametern immer ein optimales Verhalten zeigt. Während bei Majumdar, Eager und Bunt [MEB88] die Strategie SNPF (Smallest Number of Processes First) bei den meisten Lastmodellen die besten Antwortzeiten bringt, schneidet diese Strategie bei Leutenegger und Vernon [LV90] relativ schlecht ab. Hier erweist sich in den meisten Fällen eine Strategie als optimal, die nach Round Robin arbeitet und nicht jeder Teilaufgabe, sondern jedem Auftrag gleich viel Rechenzeit zukommen läßt.

In den Arbeiten von Nelson, Towsley und Tantawi [NTT87, NT88] und Kim und Agrawala [KA89] werden approximative Analysen für Fork/Join-Modelle mit Synchronisation vorgestellt. Jeder Auftrag wird bei der Ankunft in K unabhängige Teilaufgaben gesplittet. Teilaufgabe T_i wird in die Warteschlange von Prozessor P_i eingeordnet und jeder Prozessor arbeitet seine Warteschlange mit gleicher Bedienrate μ nach FIFO ab. Ein Auftrag ist fertig bedient, wenn alle dazugehörigen K Teilaufgaben fertig bedient sind.

Ein Fork/Join-Modell mit mehreren Synchronisationspunkten wird von Nelson [Nel90] untersucht. Ein Auftrag, der neu in das System kommt, wird mit Wahrscheinlichkeit β_i in i unabhängige Teilaufgaben gesplittet. Alle Teilaufgaben kommen in die gemeinsame Warteschlange und werden gemäß FIFO von K Prozessoren mit exponentiell verteilten Bedienraten abgearbeitet. Wenn alle Teilaufgaben eines Auftrags fertig bedient sind, verläßt der Auftrag das System mit Wahrscheinlichkeit $(1-p)$. Mit Wahrscheinlichkeit p kommt der Auftrag erneut in die Warteschlange zurück und wird wieder gemäß β gesplittet. Mit Hilfe des von Neuts angegebenen *matrixgeometrischen Verfahrens* [Neu81] werden exakte Ergebnisse für die Antwortzeiten berechnet. Allerdings erlaubt dieses Verfahren eine Analyse des Modells nur für $K \leq 8$ Prozessoren, da der Rechenzeitbedarf exponentiell mit K steigt.

Um zu verhindern, daß die gemeinsame Warteschlange bei hoher Last zu einem Engpaß wird, wird von Nelson [Nel90] ein System mit einer gemeinsamen und K lokalen Warteschlangen vorgeschlagen. Die Analyse verschiedener Schedulingstrategien mit dem Matrixgeometrischen Verfahren führte zu dem Ergebnis, daß der größte Durchsatz dann erreicht wird, wenn die Prozessoren immer dann, wenn sie frei sind, die Aufträge in der gemeinsamen Warteschlange auf die lokalen Warteschlangen verteilen.

Baccelli, Massey und Towsley [BMT89] geben für azyklische Fork/Join-Warteschlangennetze eine Stabilitätsbedingung an. Außerdem wird gezeigt, wie untere und obere Schranken für die Antwortzeit dieser Systeme berechnet werden können.

Synchronisierende Warteschlangenmodelle werden zum erstenmal in der Dissertation von Hoffmann [Hof78] verwendet, um den Einprogrammbetrieb eines Multiprozessorsystems zu analysieren. Unter der Annahme, daß jeder Auftrag mit dem gleichen Programmgraphen modelliert werden kann, analysieren Baccelli und Liu [BL90] ein System im Multiprogramming- und Multitasking-Modus mit *Synchronized Queueing Networks*. Es wird eine Stabilitätsbedingung angegeben und aus der Verteilung für den Gleichgewichtszustand des Systems die Auslastung der einzelnen Stationen und die Antwortzeit der Aufträge abgeleitet.

Cluster-Modelle

Die Cluster-Modelle unterscheiden sich von den Fork/Join-Modellen im wesentlichen dadurch, daß die Prozessoren, die einen Auftrag bearbeiten, fest zugeordnet sind. Es werden also für jeden Auftrag sogenannte Prozessor-Cluster gebildet, die ausschließlich einen Auftrag bearbeiten. Dies hat zur Folge, daß ein Auftrag erst dann bedient werden kann, wenn mindestens die angeforderte Prozessorzahl frei ist. Die einem Auftrag zugeordneten Prozessoren werden gleichzeitig belegt. Majumdar [Maj88] bezeichnet diesen Betriebs-Modus als *statisch* und ordnet die entsprechenden Schedulingstrategien in die Klasse der *statischen Strategien* ein. Bezüglich der Prozessorfreigabe werden bei Green zwei Modelle unterschieden [Gre81]:

1. Modelle mit *geschlossener Freigabe*
2. Modelle mit *unabhängiger Freigabe*

Bei Modellen mit geschlossener Freigabe werden die Prozessoren, die einen Auftrag bearbeiten, gleichzeitig freigegeben. Dieser Betriebsmodus ist bei den meisten hochparallelen Systemen, die die gleichzeitige Bearbeitung paralleler Programme unterstützen, implementiert. Das Beispiel in Abb. 5.29 zeigt die Bearbeitung eines Auftrags, der aus 4 Prozessen besteht. Prozeß i wird zum Zeitpunkt T_i fertig bedient. Die Prozessoren werden aber bei der geschlossenen Freigabe erst zum Zeitpunkt $T_2 = \max\{T_i\}$ für die Bearbeitung eines anderen Auftrags freigegeben.

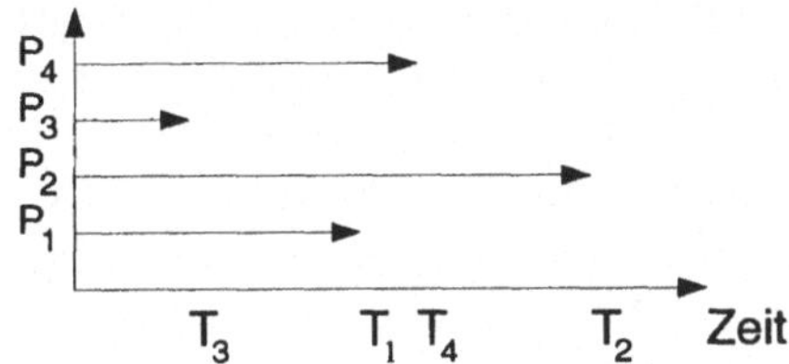

Abbildung 5.29: Beispiel für die Prozessorfreigabe

Für den Fall, daß die von einem Auftrag verursachte Last nicht aus lauter gleich langen Rechenphasen besteht, und daher nicht gleichmäßig auf die angeforderten Prozessoren verteilt werden kann, ist es naheliegend, die Prozessoren jeweils freizugeben, sobald die entsprechenden Teilaufgaben erledigt sind. Für das Beispiel in Abb. 5.29 bedeutet dies, daß Prozessor P_i zum Zeitpunkt T_i freigegeben wird. Dadurch stehen die nicht mehr benötigten Prozessoren früher zur Bearbeitung anderer Aufträge zur Verfügung und die Zeit, in der Aufträge in der Warteschlange stehen, obwohl einige Prozessoren frei sind, kann in vielen Fällen reduziert werden. Die unterschiedlichen Belegungsdiagramme sind in Abb. 5.30 zu sehen.

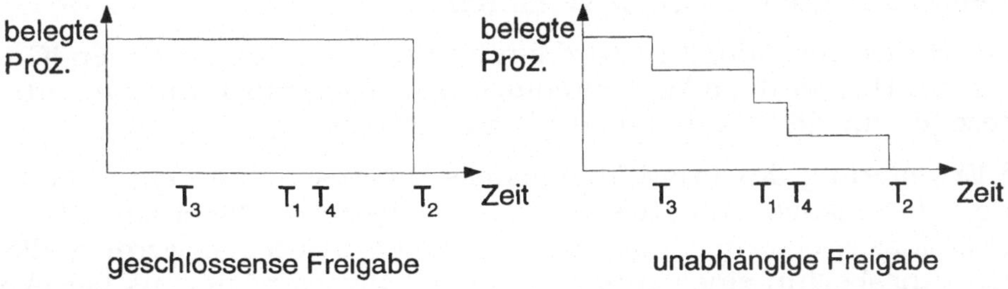

Abbildung 5.30: Belegungsdiagramm für geschlossene und unabhängige Freigabe

Modelle mit geschlossener Freigabe

Modelle mit geschlossener Freigabe wurden zum erstenmal in der Dissertation von Kim [Kim79] analysiert. Dort wird ein Modell analysiert, bei dem ein Auftrag mit Wahrscheinlichkeit p_i zur Klasse i gehört. Aufträge aus Klasse i fordern d_i Prozessoren an und alle Aufträge haben exponentiell verteilte Bedienzeiten mit Rate μ. Mit Hilfe des Matrixgeometrischen Verfahrens werden die Zustandswahrscheinlichkeiten für FIFO berechnet und daraus alle wichtigen Leistungsgrößen abgeleitet.

Eine Erweiterung des Modells auf unterschiedliche Bedienraten in den verschiedenen Klassen wird in einer Arbeit von Brill und Green [BG84] mit der *system point theory* [BP81] untersucht. Da kein Algorithmus gefunden werden konnte, mit dem man die Integralgleichungen aus den Modellparametern ableiten kann, konnte dieses Verfahren nur bei kleinen Modellparametern (Prozessorzahl $N \leq 3$) angewendet werden.

Kant [Kan88] nimmt die von der Anwendung geforderte Verbindungsstruktur zwischen den Prozessoren zusätzlich zur Prozessorzahl in die Lastmodellierung auf. Für das reine Verlustsystem mit exponentiell verteilten Ankunfstabständen und allgemeinen Bedienzeitverteilungen wird eine Produktformlösung [BCMP75] angegeben. Approximative Ergebnisse werden für das Modell mit Warteschlange abgeleitet.

Die Abhängigkeit zwischen der Prozessorzahl, die ein Auftrag anfordert, und der Antwortzeit wird in der Dissertation von Majumdar [Maj88] und einem Artikel von Sevcik [Sev89] mit einem M/M/s-System untersucht. Die Zahl der Prozessoren, die ein Auftrag anfordert, ist für alle Aufträge gleich.

Modelle mit unabhängiger Freigabe

Unter der Annahme, daß die Rechenzeit an einer Teilaufgabe unabhängig ist von den anderen Teilaufgaben, wurden Modelle für derartige Systeme zum erstenmal in den Arbeiten von Green [Gre78, Gre80] analysiert. Für ein Modell mit gleichen exponentiellen Bedienraten bei allen Prozessoren wird die Wartezeitverteilung hergeleitet. Sowohl Gillent und Latouche [GL83] als auch Ittimakin und Kao [IK91] analysieren das gleiche Modell mit dem Matrixgeometrischen Verfahren.

Unter der gleichen Annahme wird ein Prioritätenmodell bei Green [Gre84] analysiert. Hier wird die Momentenmethode angewendet, um die mittleren Wartezeiten für die Prioritätsklassen zu berechnen.

Eine Erweiterung des Prioritätenmodells um sogenannte *cutoff numbers* wurde von Schaack und Larson [SL89] analysiert. Dabei kann für jede Prioritätsklasse eine maximale Prozessorzahl angegeben werden, die bei Bearbeitungsbeginn eines entspechenden Auftrags höchstens belegt sein darf. Dadurch kann für die hochprioren Aufträge immer eine gewisse Zahl an Prozessoren reserviert werden. Allerdings wird auch hier vorausgesetzt, daß alle Prozessoren immer mit der gleichen Bedienrate arbeiten. Die Momente der Wartezeitverteilungen werden aus den Verteilungen im Laplace-Bereich berechnet.

5.4.2 Petri-Netz-Modelle

Petri-Netze sind ein geeigneter Formalismus zur Beschreibung und Darstellung nebenläufiger Aktivitäten. Sie wurden von Petri entwickelt [Pet62], um das funktionale Ablaufgeschehen realer Systeme darzustellen, wobei die Zeit zunächst keine Rolle spielte. Erst später traten die Aspekte der Leistungsbewertung hinzu, was dazu führte, daß Netzelemente mit Zeitattributen versehen wurden.

Ein Petri-Netz PN besteht aus einer Menge von Stellen P (places), einer Menge von Transitionen T (transitions), einer Menge von Kanten A (arcs), die $P \to T$ bzw. $T \to P$ verbinden, und aus Marken (tokens), die sich in Stellen aufhalten und von Stelle zu Stelle wandern können.

Das Grundelement eines Petri-Netzes ist eine Verbindung aus Stelle ○ und Transition —, die verbunden sind über eine Kante (⟶), siehe Abb. 5.31.

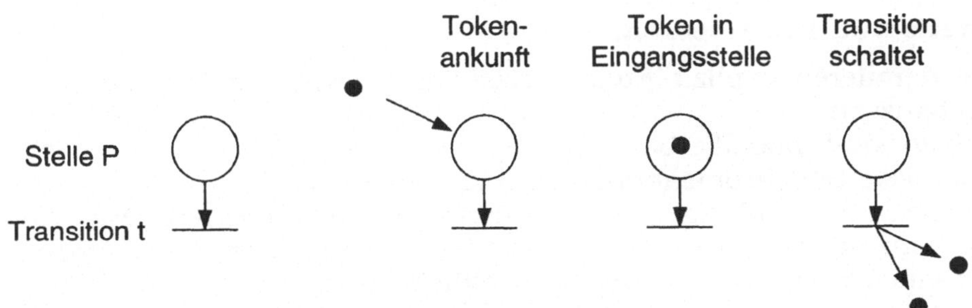

Abbildung 5.31: Links: Stelle, Kante und Transition als Grundelement. Rechts: Typische Abfolge. Ein Token kommt an, erlaubt einer Transition zu schalten und neue Tokens auszusenden.

Eine Transition kann schalten, wenn in jeder ihrer Eingangsstellen mindestens ein Token vorhanden ist. Beim Schalten (fire) wird aus jeder Eingangsstelle ein Token abgezogen und jeder Ausgangsstelle ein Token hinzugefügt. Im Sinne von Programmausführung gesprochen: Sobald ein Token in der letzten noch tokenlosen Eingangsstelle eintrifft, wird die Ausführung von t gestartet, zeitlos erledigt und es werden neue Tokens für eventuelle Nachfolger generiert. Da keinem dieser Schritte eine Dauer zugeordnet ist, handelt es sich um reine Reihenfolgefestlegungen.

Definition: Petri-Netz

Ein *Petri-Netz* ist definiert als das Vier-Tupel $PN = (P, T, A, M^0)$ mit

$P = \{p_1, \ldots, p_n\}$	Stellenmenge
$T = \{t_1, \ldots, t_m\}$	Transitionsmenge
$A \subseteq \{P \times T\} \cup \{T \times P\}$	Kantenmenge
$M^0 = \{m_1^0, \ldots, m_n^0\}$	Anfangszustand bzw. -markierung

Definition: Zustand eines Petri-Netzes

Der Zustand eines Petri-Netzes ist definiert als die Zahl der Tokens, die sich in den verschiedenen Stellen befinden. Der Zustand wird durch einen Vektor $M = (m_1, m_2, \ldots, m_n)$ angegeben, wobei m_i die Zahl der Tokens in der Stelle p_i bedeutet. Der Zustand wird auch *Markierung* genannt.

Die Erreichbarkeitsmenge zu einer gegebenen Anfangsmarkierung M^0 ist die Menge aller Markierungen M, die von M^0 ausgehend durch beliebige Schaltfolgen von Transitionen erreicht werden können.

Will man Programmabläufe mit Petri-Netzen modellieren, ist es üblich, die Teilaufgaben durch Transitionen t_i darzustellen und die Stellen zur Bereitstellung von Ausführungsbedingungen zu verwenden. Präzedenzeigenschaften lassen sich auf diese Weise wie bei unbewerteten Präzedenzgraphen darstellen.

Vorteile von Petri-Netzen:

- Sie definieren explizit *Kausalbeziehungen* zwischen Bedingungen und Ereignissen.
- Zyklen sind modellierbar.
- Komplexe Synchronisationen sind modellierbar.
- Typische Anwendungen: man untersucht mit Petri-Netz Modellen die Existenz oder das Fehlen erwünschter oder unerwünschter Eigenschaften eines Systems, z.B. Deadlockfreiheit.

Nachteile:

- Die graphische Darstellung wird schnell unübersichtlich, die Erreichbarkeitsmenge (Zustandszahl) schnell riesig.
- Klassische Petri-Netze enthalten keine Zeitangaben, deshalb sind Leistungsaussagen nicht möglich.

Es gab schon früh Versuche, die Begrenzung der einfachen Petri-Netze zu durchbrechen, sie weiterzuentwickeln. Wir wollen im folgenden einen kurzen historischen Abriß geben über die Entwicklung vom rein funktionalen Petri-Netz zu modernen stochastischen Petri-Netzen, welche für die Leistungsbewertung eingesetzt werden können.

E-Netze (E-Nets)

Eine frühe Weiterentwicklung waren die von Noe/Nutt vorgeschlagenen E-Netze (*evaluation nets*). Jeder Transition wird eine feste Zeit $\tau = t_{firing} - t_{enable}$ zugeordnet. Eine zur Zeit t_{enable} aktivierte Transition schaltet erst um τ Zeiteinheiten verzögert (zur Zeit t_{firing}), d.h. erst zu diesem Zeitpunkt stehen die von der Transition produzierten Tokens in den Ausgangsstellen zur Verfügung [NN73].

Beispiel 5.6: Deterministisch zeitbehaftetes Petri-Netz

Das nebenstehende Beispiel zeigt die wesentlichen Darstellungsmöglichkeiten mit einem deterministisch zeitbehafteten Petri-Netz und die Laufzeitzuordnung zu den Transitionen. Ein bei der Transition t_1 ankommendes Token startet zunächst die Ausführung von t_1 und generiert nach einer Verzögerung von $\tau_1 = 2$ Zeiteinheiten auf jeder der wegführenden Kanten ein neues Token. Die zusammenführenden Kanten bei t_4 bedeuten, daß t_4 erst gestartet werden kann, wenn sich sowohl in p_4 als auch in p_5 ein Token befindet. Die Zeit für einen Zyklus beträgt $\tau_{\text{zyklus}} = 2 + \max(1, 3) + 1 = 6$.

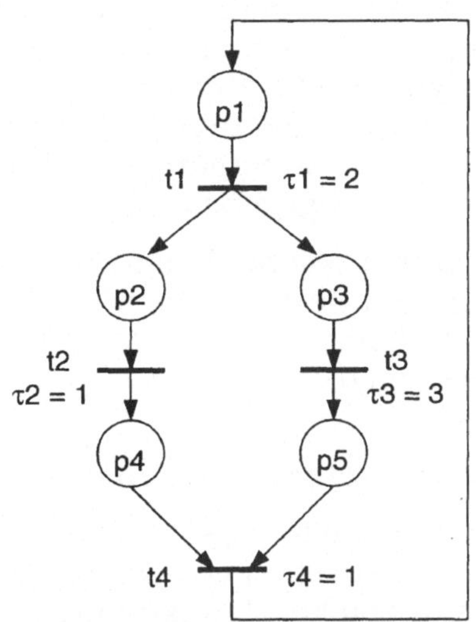

Abbildung 5.32: Deterministisch zeitbehaftetes Petri-Netz

Transitionen mit Minimal- und Maximalverzögerung

Jeder Transition wird eine Minimal- und eine Maximalverzögerung $[\tau_{\min}, \tau_{\max}]$ zugeordnet. Diese Erweiterung wurde mit dem Ziel der Analyse von Kommunikationsprotokollen vorgenommen [MF76].

Stochastische Petri-Netze (SPN)

Bei den stochastischen Petri-Netzen ist jeder Transition eine exponentiell verteilte Verzögerungszeit τ zugeordnet. Damit können Petri-Netze für die Leistungsbewertung von Systemen mit stochastisch verteilten Bearbeitungszeiten eingesetzt werden. Diese Technik wurde unabhängig von Natkin [Nat80] und Molloy [Mol82] entwickelt.

Definition: Stochastisches Petri-Netz

Das Fünf-Tupel $SPN = (P, T, A, M^0, R)$ mit

P, T, A, M^0	wie beim zeitlosen Petri-Netz
$R = \{r_1, \ldots, r_m\}$	Transitions-Schaltraten (firing rates)

heißt *Stochastisches Petri-Netz.*

Molloy zeigte, daß SPNs zu zeitkontinuierlichen Markovketten isomorph sind, daß also jedes SPN eindeutig auf eine Markovkette abgebildet werden kann. Für die Analyse werden ausgehend von der Anfangsmarkierung alle erreichbaren Markierungen erzeugt. Man bezeichnet dies als die dynamische Erzeugung des Erreichbarkeitsgraphen. Die Markierungen entsprechen den Zuständen der zugehörigen Markovkette. Die Raten der Zustandsübergänge sind durch die Schaltraten der Transitionen des Petri-Netzes gegeben.

Ein großer Nachteil von SPNs liegt in der Tatsache, daß die Zustandszahl komplexer Petri-Netze oft so riesig ist, daß die Speicheranforderungen und die Rechenzeit für die Analyse eines solchen Netzes das erträgliche Maß übersteigen.

Verallgemeinerte Stochastische Petri-Netze (GSPN)

Zur Vereinfachung schlugen Ajmone Marsan/Balbo/Conte verallgemeinerte stochastische Petri-Netze (*Generalized Stochastic Petri Nets (GSPN)*) vor, die nur solchen Transitionen, die Programmabschnitte mit nicht vernachlässigbarer Dauer repräsentieren, eine exponentiell verteilte Schaltrate zuordnen. Alle anderen Transitionen schalten zeitlos [ABC84, ABC86]. Es gibt also in GSPNs zwei Arten von Netzmarkierungen: zeitbehaftete und zeitlose. Zu letzteren gehören genau diejenigen Markierungen, in denen mindestens eine zeitlose Transition aktiviert ist. Durch die Unterteilung in zeitbehaftet und zeitlose Markierungen wird es möglich, bei der Erzeugung der zugehörigen Markovkette zeitlose Zustände zu eliminieren und damit bei GSPNs die Rechenzeiten gegenüber denen bei SPNs deutlich zu reduzieren.

Außerdem lassen sich mit den zwei Typen von Transitionen komplizierte Sachverhalte leichter beschreiben: Zeitlose Transitionen, welche auch mit Wahrscheinlichkeiten versehen sein können, erleichtern die Modellierung und kompakte Darstellung komplizierter Synchronisations- und Verzweigungssituationen.

Diese in Turin geleistete Arbeit beschränkte sich nicht auf die Definition einer neuen Petri-Netz-Variante, sondern es wurde von Chiola auch ein Werkzeug zur Erstellung und Auswertung von Petri-Netz-Modellen aus der Klasse der GSPNs, GreatSPN [Chi87], entwickelt, welches breite Verbreitung gefunden hat.

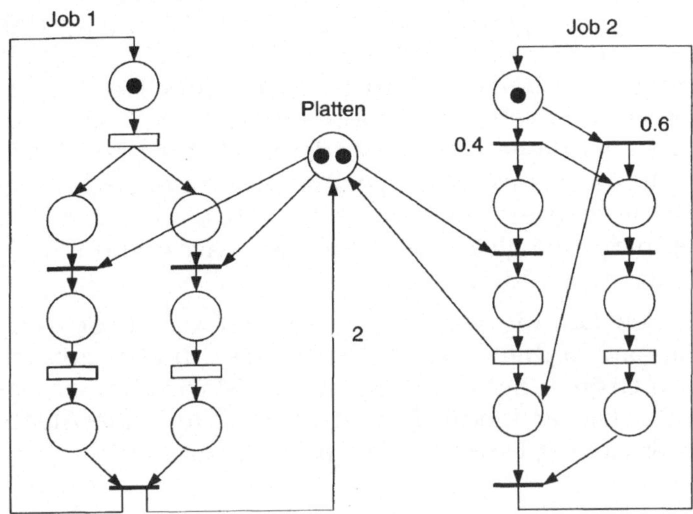

Abbildung 5.33: GSPN Modell zweier Jobs mit gemeinsamem Plattenpool

Beispiel 5.7: GSPN Modell zweier Jobs mit gemeinsamem Plattenpool

Beispielhaft ist in Abb. 5.33 ein GSPN dargestellt. Es repräsentiert die Taskgraphen zweier Jobs, welche sich einen gemeinsamen Pool von Plattenlaufwerken teilen. Dieser wird durch eine Stelle modelliert, die soviele Tokens enthält, wie Platten zur Verfügung stehen. Jobaktivitäten, welche nicht vernachlässigbare Bearbeitungszeit benötigen, sind durch exponentielle Transitionen wiedergegeben (graphisch durch Boxen dargestellt), während für reine Synchronisationstransitionen zeitlose Transitionen (Balken) benutzt werden. Sowohl "Job 1" als auch "Job 2" beschreiben zyklische Aktivitäten. "Job 1" besteht aus einer sequentiellen Teilaufgabe, gefolgt von zwei Teilaufgaben, die je eine Platte benötigen und parallel abgearbeitet werden. Die mit der Vielfachheit 2 beschriftete Kante modelliert die gleichzeitige Rückgabe der beiden Platten an den Pool. "Job 2" kann in zwei verschiedenen Modi ablaufen: Mit Wahrscheinlichkeit 0.4 werden zwei Teilaufgaben aktiviert, von denen eine eine Platte benötigt. Mit der Komplementärwahrscheinlichkeit 0.6 wird lediglich eine Teilaufgabe aktiviert, die ohne Platte auskommt.

Deterministische und Stochastische Petri-Netze (DSPN)

Von Ajmone Marsan und Chiola wurde in [AC87] die neue Klasse der *Deterministic and Stochastic Petri Nets* (DSPN) vorgestellt. Netze aus dieser Klasse haben zeitbehaftete Transitionen mit entweder deterministischer oder exponentiell verteilter Schaltzeit, wobei die Hinzunahme von zeitlosen Transitionen keine Schwierigkeit darstellt. Mit Hilfe von deterministischen Transitionen ist es im Gegensatz zu SPNs oder GSPNs möglich, konstante Prozedurausführungszeiten oder Timeouts zu modellieren, ohne den Umweg über komplizierte und den Zustandsraum aufblähende Phasenverteilungen zu gehen. Das angegebene Lösungsverfahren zur Bestimmung der stationären Verteilung der Netzzustände funktioniert allerdings nur unter der Einschränkung, daß in jeder Netzmarkierung höchstens eine deterministische Transition aktiviert ist. Das Verfahren basiert auf der Methode der eingebetteten Markovkette für Semi-Markov-Prozesse und verlangt die Berechnung transienter Leistungsgrößen der sogenannten untergeordneten Markovketten. Eine solche ist für jede exponentielle Transition definiert, die gleichzeitig oder konkurrierend mit einer deterministischen Transition aktiviert ist.

Die Effizienz des Lösungsverfahrens für DSPNs wurde von Lindemann durch den Einsatz stabiler und effizienter Techniken zur Ermittlung der zeitabhängigen Größen der untergeordneten Markovketten wesentlich verbessert [Lin93]. Dieser modifizierte und beschleunigte Algorithmus wird auch in dem Werkzeug DSPNexpress [Lin92] verwendet.

High-level Petri-Netze, Farbige Petri-Netze

In den achtziger Jahren gab es vielfältige Bestrebungen, die Ausdrucksfähigkeit von Petri-Netzen zu erweitern, um einerseits eine kompaktere Beschreibung zu ermöglichen, andererseits auch komplexe Sachverhalte mit Netzen übersichtlicher darzustellen. Die so entstandenen Klassen von Netzen werden unter dem Oberbegriff *High-level Petri Nets* [JR91] zusammengefaßt.

Für die Leistungsbewertung sind in diesem Zusammenhang insbesondere die *Stochastic Well-Formed Coloured Nets* [CDFH90] von Bedeutung. Es handelt sich dabei um farbige Netze, d.h. die Tokens gehören unterschiedlichen Klassen (Farben) an, und Prädikate an den Transitionen und Kanten des Netzes geben an, wie Tokens unterschiedlicher Klasse zu behandeln sind. Die *Stochastic Well-Formed Coloured Nets* haben dieselbe Mächtigkeit wie allgemeine farbige Petri-Netze. Bei der Generierung des Erreichbarkeitsgraphen wird symmetrisches Verhalten berücksichtigt, indem statt eines hergebrachten Erreichbarkeitsgraphen direkt ein *Symbolic Reachability Graph* (SRG) erzeugt wird, dessen Knoten Mengen symmetrischer Markierungen repräsentieren. Dadurch kann der Zustandsraum u.U. beträchtlich reduziert werden, was in einer exakt aggregierten Markovkette resultiert.

Beispiel 5.8: Farbiges Petri-Netz für das Philosophenproblem

Als Beispiel ist in Abb. 5.34 ein farbiges Petri-Netz für das bekannte Problem der speisenden Philosophen dargestellt. Im Anfangszustand befinden sich alle 5 Philosophen $C = \{p_0, \ldots, p_4\}$ in der Stelle *thinking*, und die 5 Stäbchen, ebenfalls durch die 5 farbigen Tokens in der Menge C repräsentiert, in der Stelle *chopsticks*. Die Transition *start eat* benötigt zum Schalten genau ein Token X aus der Stelle *waiting*, sowie je ein Token derselben Klasse

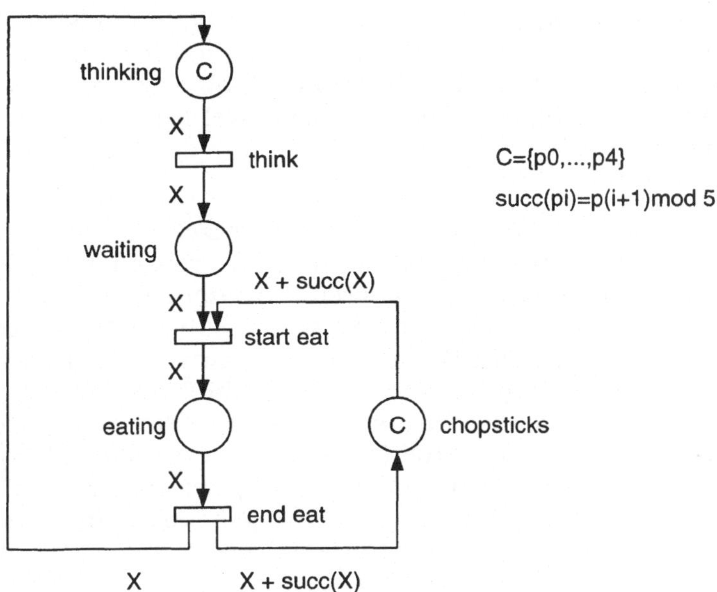

Abbildung 5.34: Farbiges Petri-Netz für das Philosophenproblem

X und der Nachfolgerklasse $\text{succ}(X)$ aus der Stelle *chopsticks*. Dabei ist die Nachfolgerfunktion definiert als $\text{succ}(p_i) = p_{(i+1)\text{mod}5}$. Umgekehrt werden beim Schalten der Transition *end eat* die beiden Stäbchen X und $\text{succ}(X)$ wieder freigegeben und der Philosoph X kehrt in die Stelle *thinking* zurück.

5.4.3 Stochastische Prozeßalgebren

Trotz des hohen erreichten Entwicklungsstandes von Techniken und Werkzeugen traditioneller Modellierungsmethoden haben diese gewisse Mängel und Schwächen. Oftmals scheuen sich die Anwender und Software-Entwickler, diese Methoden einzusetzen, da sie für Nichtexperten zu abstrakt sind und keine einfache Beschreibung des dynamischen Verhaltens komplexer (verteilter) Softwarestrukturen ermöglichen. Hinzu kommt, daß die meisten herkömmlichen Modellierungsansätze in monolithischen Modellen resultieren, die zum einen dem Anwender unverständlich und zum anderen für die Auswertung zu unhandlich sind. So erklärt sich die Forderung nach modularen Beschreibungsmethoden mit programmiersprachlichen Ausdrucksmitteln, die sich leicht in den Software-Entwicklungsprozeß integrieren lassen. Ziel des modernen Software-Engineering ist es, von einer formalen Spezifikation automatisch zum ablauffähigen Programm zu gelangen. Daher kommt man zu der Idee, eine der formalen Spezifikation ähnliche Beschreibung als Leistungsmodell zu verwenden.

Zu den neuesten Ansätzen für die Beschreibung von Leistungsmodellen, die versuchen, oben genannte Mängel zu überwinden und die Forderungen zu erfüllen, gehören stochastische Prozeßalgebren. Dabei handelt es sich um formalsprachliche Beschreibungsmittel für die Spezifikation des Verhaltens parallel arbeitender und kooperierender Aktoren, kurz parallele Prozesse genannt.

Historisch gesehen stellen stochastische Prozeßalgebren eine Weiterentwicklung und Erweiterung der klassischen Prozeßalgebren dar, deren Beschreibungsmöglichkeiten auf das rein funktionale Verhalten realer Systeme beschränkt war. Prominente Vertreter klassischer Prozeßalgebren sind Hoare's *Communicating Sequential Processes* (CSP) [Hoa85] und der *Calculus of Communicating Systems* (CCS) [Mil89] von Milner. Die Erweiterung der klassischen Prozeßalgebren zu stochastischen Prozeßalgebren besteht vor allem darin, den Aktivitäten der Prozesse stochastisch verteilte Zeiten zuzuorden, so daß nicht nur Reihenfolgebeziehungen zwischen auftretenden Ereignissen, sondern auch Leistungsaspekte untersucht werden können. Aus Gründen der Auswertbarkeit beschränken sich die meisten Ansätze auf exponentiell verteilte Ausführungszeiten, damit die prozeßalgebraische Modellbeschreibung auf eine zeitkontinuierliche Markovkette abgebildet werden kann, ähnlich wie dies auch bei stochastischen Petri-Netzen geschieht.

Die wichtigsten Eigenschaften stochastischer Prozeßalgebren lassen sich unter den beiden Schlagworten Modularität und Kompositionalität zusammenfassen. Ersteres bedeutet, daß Modelle aus Komponenten aufgebaut sind, welche unabhängig voneinander spezifiziert werden können. Dadurch wird den Anforderungen der strukturierten Modellierung [Sie94] Rechnung getragen. Der Ansatz ist kompositionell in dem Sinn, daß Komponenten eines Modells durch andere ersetzt werden können, beispielsweise um für ein Teilsystem eine Alternativimplementierung zu untersuchen, ohne daß deshalb an den anderen Komponenten Änderungen vorgenommen werden müssen. Interna einer Komponente sind nach außen hin nicht sichtbar. Relevant ist lediglich die Schnittstelle einer Komponente zur Umgebung, die sich in den synchronisierenden Ereignissen manifestiert. Ein wichtiger Vorteil stochastischer Prozeßalgebren ist auch die Integration von qualitativer Analyse (z.B. zu Zwecken der Verifikation) und Leistungsbewertung in ein und demselben Modell. Dadurch wird es möglich, auch kombinierte Maße zu ermitteln, also solche Maße, die sowohl funktionale als auch temporale Aspekte umfassen, wie zum Beispiel die Wahrscheinlichkeit für das Auftreten eines Deadlocks oder der Erwartungswert für die Zeit bis zum Auftreten eines bestimmten Systemzustands.

Zu den publizierten Vertetern der stochastischen Prozeßalgebren gehören außer dem in Erlangen entwickelten TIPP [GHR93] auch die in Edinburgh entwickelte Prozeßalgebra PEPA [Hil93] und der in [Buc94] beschriebene

Ansatz. Wir wollen in diesem Zusammenhang nur eine kurze intuitive Einführung in stochastische Prozeßalgebren geben und benutzen dazu ein einfaches Beispiel, welches mit Hilfe der Sprache TIPP beschrieben wird.

Beispiel 5.9: TIPP-Beschreibung eines einfachen Multiprozessors

$$\begin{aligned}
Processor &:= (work, \lambda).(grant_bus, -).(release_bus, \lambda).Processor \\
Multiprocessor &:= \underbrace{Processor \parallel_{\{\}} Processor \parallel_{\{\}} \ldots \parallel_{\{\}} Processor}_{N\ mal} \\
Bus_Arbitrator &:= (grant_bus, \lambda).(release_bus, -).Bus_Arbitrator \\
System &:= Multiprocessor \parallel_{\{grant_bus, release_bus\}} Bus_Arbitrator
\end{aligned}$$

Das Beispiel beschreibt ein einfaches Multiprozessorsystem, bestehend aus N gleichartigen Prozessoren und einem Bus-Arbitrator. Die Prozessoren greifen alle über den Bus auf ein gemeinsames Betriebsmittel zu. Man erkennt den modularen Aufbau des Gesamtmodells aus den parallel geschalteten Komponenten *Multiprocessor* und *Bus_Arbitrator*, wobei erstere wiederum als parallele Komposition mehrerer *Processor*-Komponenten definiert ist. Bei jeder Anwendung des Paralleloperators $\parallel$ wird über den Index die Menge der Aktionen angegeben, die synchronisiert stattfinden sollen. Jede Aktion ist als Paar (a, r) angegeben, wobei a den Namen der Aktion und r die Rate der zugehörigen exponentiellen Verteilung angibt. Im Falle von $r = -$ handelt es sich um eine passive Aktion, d.h. die Länge des Zeitintervalls, nach dem diese Aktion eintritt, wird von der Partneraktion gleichen Namens bestimmt. Neben dem Paralleloperator wird im Beispiel noch der sogenannte Präfix-Operator "." verwendet, mit dessen Hilfe die sequentielle Abfolge von Aktionen beschrieben werden kann.

5.4.4 SDL und MSCs

Im vorherigen Abschnitt wurde bereits erwähnt, daß beim modernen Software-Entwurf immer stärker formale Spezifikationstechniken [Hog89] zum Einsatz kommen. Im Bereich der Protokoll- und Realzeitsoftware ist hier neben LOTOS und Estelle insbesondere die Sprache SDL (*Specification and Description Language*)[CCI92a] von Bedeutung, welche auf dem Konzept der erweiterten endlichen Automaten beruht. In engem Zusammenhang mit SDL stehen *Message Sequence Charts* (MSCs) [CCI92b], welche benutzt werden, um Anforderungs- und Testszenarien für Kommunikationssysteme in Form einer standardisierten Spurbeschreibung darzustellen. Inhalt solcher Spuren ist das Kommunikationsverhalten von Komponenten, repräsentiert durch deren Nachrichtenaustausch untereinander und mit der Umgebung. Sowohl SDL als auch MSCs besitzen eine textuelle und eine graphische Ausprägung, und es existieren zahlreiche Werkzeuge zur Unterstützung von Editieren, Simulation, Validierung und Codegenerierung.

Zu den ersten Versuchen, SDL-Beschreibungen auch für die Leistungsbewertung einzusetzen, gehören Arbeiten von Bause und Buchholz [BB93], die SDL um Zeitaspekte zu TSDL (Timed SDL) erweitern, sich dabei auf exponentielle Verteilungen beschränken und so in der Lage sind, aus einer TSDL-Spezifikation die zugehörige Markovkette zu generieren. Für die Auswertung der Markovkette wird eine approximative nicht-exhaustive Zustandsraumanalyse eingesetzt, um auch Modelle mit großem Zustandsraum bewältigen zu können.

Die Erlanger Arbeiten auf diesem Gebiet erstrecken sich bisher auf die Generierung von MSCs aus Ereignisspuren, wozu die Funktionalität des Tools HASSE erweitert wurde (siehe Abschnitt 4.4.4).

Literatur

[ABC84] M. Ajmone Marsan, G. Balbo, and G. Conte. A Class of Generalized Stochastic Petri Nets for the Performance Evaluation of Multiprocessor Systems. *ACM Transactions on Computer Systems*, 2(2):93–122, May 1984.

[ABC86] M. Ajmone Marsan, G. Balbo, and G. Conte. *Performance Models of Multiprocessor Systems*. MIT Press, 1986.

[AC87] M. Ajmone Marsan and G. Chiola. On Petri Nets with Deterministic and Exponentially Distributed Firing Times. In G. Rosenberg, editor, *Advances in Petri Nets*, pages 132–45. Springer Verlag, 1987.

[Amd67] G.M. Amdahl. Validity of the Single Processor Approach to Achieving Large Scale Computing Capabilities. In *AFIPS Computer Conference Proceedings*, pages 483–485, 1967.

[BB93] F. Bause and P. Buchholz. Qualitative and Quantitative Analysis of Timed SDL Specifications. In *Kommunikation in Verteilten Systemen*, pages 486–500, München, March 1993. Springer, Informatik aktuell.

[BCMP75] F. Baskett, K.M. Chandy, R.R. Muntz, and F.G. Palacios. Open Closed and Mixed Networks of Queues with Different Classes of Customers. *Journal of the ACM*, 22(2):248–260, 1975.

[BG84] P.H. Brill and L. Green. Queues in Which Customers Receive Simultanous Service from a Random Number of Servers: A system point approach. *Management Science*, 30(1):51–68, 1984.

[BL90] F. Baccelli and Z. Liu. On the Execution of Parallel Programs on Multiprocessor Systems—A Queuing Theory Approach. *Journal of the Association for Computing Machinery*, 37(2):373–414, 1990.

[BMT89] F. Baccelli, W.A. Massey, and D. Towsley. Acyclic Fork–Join Queuing Networks. *Journal of the Association for Computing Machinery*, 36(3):615–642, 1989.

[BP81] P.H. Brill and M.J.M. Posner. The System Point Method in Exponential Queues: A Level Crossing Approach. *Mathematics of Operation Research*, 6(1):31–49, Feb. 1981.

[Buc94] P. Buchholz. On a Markovian Process Algebra. Technical Report 500/1994, Universität Dortmund, 1994.

[CCI92a] CCITT. *Recommendation Z.100: Specification and Description Language SDL, Blue Book*. ITU General Secreteriat — Sales Section, Place des Nations, CH-1211 Geneva 20, 1992.

[CCI92b] CCITT. *Recommendation Z.120: Message Sequence Charts (MSC)*. ITU General Secreteriat — Sales Section, Place des Nations, CH-1211 Geneva 20, 1992.

[CDFH90] G. Chiola, C. Dutheillet, G. Franceschinis, and S. Haddad. Stochastic Well-Formed Coloured Nets and Multiprocessor Modelling Applications. IBP Tech. Report 90/41, Universite Paris 6, Oct. 1990. Reprinted in High-level Petri Nets, K. Jensen, G. Rozenberg, eds.

[Chi87] G. Chiola. *GreatSPN Users' Manual*, 1987.

[Dev80] L.P. Devroye. Inequalities for the Completion Times of Stochastic PERT Networks. *Math. Oper. Res.*, 4:441–447, 1980.

[DHK+92] P. Dauphin, F. Hartleb, M. Kienow, V. Mertsiotakis, and A. Quick. PEPP: Performance Evaluation of Parallel Programs — User's Guide - Version 3.1. Technical Report 5/92, Universität Erlangen–Nürnberg, IMMD VII, April 1992.

[DHK+93] P. Dauphin, F. Hartleb, M. Kienow, V. Mertsiotakis, and A. Quick. PEPP: Performance Evaluation of Parallel Programs — User's Guide - Version 3.3. Technical Report 17/93, Universität Erlangen–Nürnberg, IMMD VII, September 1993.

[Dod85] B. Dodin. Bounding the Project Completion Time Distributions in PERT Networks. *Operations Research*, 33(4):862–881, 1985.

[EMU72] G. Estrin, R.R. Muntz, and R.C. Uzgalis. Modeling, measurement and computer power. volume 40, pages 725–738. AFIPS, 1972. SJCC 1972.

[Fre91] H. Freund. Modellgesteuerte Animation dynamischer Abläufe. Diplomarbeit, Universität Erlangen–Nürnberg, IMMD VII, August 1991.

[GHR93] N. Goetz, U. Herzog, and M. Rettelbach. TIPP - Introduction and Application to Protocol Performance Analysis. In H. König, editor, *Formale Beschreibungstechniken für verteilte Systeme*. Saur Verlag, Reihe: FOKUS, 1993.

[GL83] F. Gillent and G. Latouche. Semi-explicit solutions for M/PH/1-like queueing systems. *European Journal of Operational Research*, 13:151–160, 1983.

[Gre78] L. Green. *Queues Which Allow a Random Number of Servers per Customer*. PhD thesis, Yale University, 1978.

[Gre80] L. Green. A Queueing System in Which Customers Require a Random Number of Servers. *Operations Research*, 28(6):1335–1346, 1980.

[Gre81] L. Green. Comparing Operating Characteristics of Queues in which Customers Require a Random Number of Servers. *Management Science*, 27(1):65–74, 1981.

[Gre84] L. Green. A Multiple Dispatch Queueing Model of Police Patrol Operations. *Management Science*, 30(6):653–664, 1984.

[Her89] U. Herzog. Leistungsbewertung und Modellbildung für Parallelrechner. *Informationstechnik (it)*, 31(1):31–38, 1989.

[Hil93] J. Hillston. PEPA: Performance Enhanced Process Algebra. Technical Report CSR-24-93, University of Edinburgh, March 1993.

[HKL+88] R. Hofmann, R. Klar, N. Luttenberger, B. Mohr, and G. Werner. An Approach to Monitoring and Modeling of Multiprocessor and Multicomputer Systems. In T. Hasegawa et al., editors, *Int. Seminar on Performance of Distributed and Parallel Systems*, pages 91–110, Kyoto, 7–9 Dec. 1988.

[HM92] F. Hartleb and V. Mertsiotakis. Bounds for the Mean Runtime of Parallel Programs. In R. Pooley and J. Hillston, editors, *Proceedings of the Sixth International Conference on Modelling Techniques and Tools for Computer Performance Evaluation*, pages 197–210, Edinburgh, 1992.

[Hoa85] C.A.R. Hoare. *Communicating Sequential Processes*. Prentice-Hall, Englewood Cliffs, NJ, 1985.

[Hof78] W. Hoffmann. *Warteschlangenmodelle für die Parallelverarbeitung*. Dissertation, Universität Erlangen-Nürnberg, 1978.

[Hog89] Dieter Hogrefe. *Estelle, LOTOS und SDL*. Springer, Berlin, 1989.

[IK91] P. Ittimakin and E.P.C. Kao. Stationary Waiting Time Distribution of a Queue in Which Customers Require a Random Number of Servers. *Operarions Research*, 39(4):633–638, 1991.

[JR91] K. Jensen and G. Rozenberg, editors. *High-level Petri Nets*. Springer, 1991.

[KA89] C. Kim and A.K. Agrawala. Analysis of the Fork-Join Queue. *IEEE Transactions on Computers*, 38(2):250–255, 1989.

[Kan88] K. Kant. Application Level Modeling of Parallel Machines. In *Proceedings of the ACM Sigmetrics Conference on Measurement and Modeling of Computer Systems*, pages 83–93, Santa Fe, NM, May 1988.

[Kie91] M. Kienow. Automatische, modellgesteuerte Validierung von Ereignisspuren. Diplomarbeit, Universität Erlangen–Nürnberg, IMMD VII, Oktober 1991.

[Kim79] S. Kim. *M/M/S Queueing System Where Customers Demand Multiple Server Use*. PhD thesis, Southern Methodist University, 1979.

[Kle75] L. Kleinrock. *Queueing Systems*, volume 1: Theory. John Wiley & Sons, 1975.

[Kle76] L. Kleinrock. *Queueing Systems*, volume 2: Applications. John Wiley & Sons, 1976.

[Kle82] W. Kleinöder. *Stochastische Bewertung von Aufgabenstrukturen für hierarchische Mehrrechnersysteme*. Dissertation, Universität Erlangen–Nürnberg, 1982.

[Lin92] C. Lindemann. DSPNexpress: A Software Package for the Efficient Solution of Deterministic and Stochastic Petri Nets. In *Proceedings of the 6th International Conference on Modelling Techniques and Tools for Computer Performance Evaluation*, pages 15–29, Edinburgh, September 1992.

[Lin93] C. Lindemann. An improved numerical algorithm for calculating steady-state solutions of deterministic and stochastic Petri net models. *Performance Evaluation*, 18(1):79–95, July 1993.

[LV90] S.T. Leutenegger and M.K. Vernon. The Performance of Multiprogrammed Multiprocessor Scheduling Policies. In *ACM SIGMETRICS, Conference on Measurement and Modeling of Computer Systems*, Boulder, Colorado USA, 1990.

[Maj88] S. Majumdar. *Processor Scheduling in Multiprogrammed Parallel Systems*. PhD thesis, University of Saskatchewan, 1988.

[ME67] D.F. Martin and G. Estrin. Models of Computations and Systems — Evaluation of Vertex Probabilities in Graph Models of Computations. *Journal of the ACM*, 14(2):281–299, April 1967.

[MEB88] S. Majumdar, D.L. Eager, and R.B. Bunt. Scheduling in Multiprogrammed Parallel Systems. *Performance Evaluation Review*, 16(1):104–113, 1988.

[Mer91] V. Mertsiotakis. Erweiterung des Graphanalyseprogramms SPASS und Integration in die X-Window-Umgebung von PEPP. Studienarbeit, Universität Erlangen-Nürnberg, IMMD VII, 1991.

[MF76] J.A. Merlin and D.J. Farber. Recoverability of Communication Protocols- Implications of a Theoretical Study. *IEEE Trans. on Commun.*, 24(9):1036–1043, Sept. 1976.

[Mil87] A.R. Miller. *Nonpreemptive run-time scheduling issues on a multitasked, multiprogrammed multiprocessor with dependencies, bidimesnsional tasks, folding and dynamic graphs*. PhD thesis, University of Illinois at Urbana-Champaign, 1987.

[Mil89] R. Milner. *A Calculus of Communicating Systems*. Prentice Hall, London, 1989.

[Mol82] M.K. Molloy. Performance Analysis Using Stochastic Petri Nets. *IEEE Trans on Computers*, C-31:913–917, September 1982.

[Nat80] S. Natkin. *Reseaux de Petri Stochastiques*. PhD thesis, CNAM-Paris, 1980.

[Nel90] R. Nelson. A Performance Evaluation of a General Parallel Processing Model. In *ACM SIGMETRICS Conference on Measurement and Modeling of Computer Systems*, Boulder, Colorado USA, 1990.

[Neu81] M.F. Neuts. *Matrix-Geometric Solutions in Stochastic Models*. Johns Hopkins Series in Mathematical Sciences. Johns Hopkins University Press, 1981.

[NN73] J. D. Noe and G. J. Nutt. Macro E-Nets Representation of Parallel Systems. *IEEE Trans. on Computers*, C-22(8):718–727, 1973.

6 Die Integration von Monitoring und Modellierung

6.1 Methodenintegration und ereignisorientierte Verhaltensbeschreibung

Die Abläufe in parallelen und verteilten Systemen sind im allgemeinen so kompliziert, daß es sich dringend empfiehlt, die *geeigneten potentiellen Ereignisse* vor der Messung formal zu spezifizieren. Dieses Kapitel ist einer neuen, von Quick [Qui93] entwickelten Methode zur systematischen und damit auch effizienten Durchführung des Bewertungsprozesses mit Monitoring gewidmet. Diese Methode beruht auf der systematischen Selektion potentieller Ereignisse. Zur formalen Definition potentieller Ereignisse werden ablauforientierte Modelle verwendet, zur Implementierung von Werkzeugen speziell die in Kapitel 5 behandelten stochastischen Graphmodelle.

Sowohl bei der Modellierung als auch beim Monitoring wird das dynamische Ablaufverhalten eines Programms auf die für den Programmablauf wesentlichen Punkte, nämlich *interessierende Ereignisse* abstrahiert. Dies ist die methodische Basis für die Integration beider Methoden. Das verbindende Element dabei ist das *Ereignis*, weshalb man von *diskreten Ereignis-Modellen* (DE-Modelle) und *ereignisgesteuerter Messung* spricht.

Der Integrationsgedanke läßt sich wie folgt zusammenfassen:

- Zur Bewertung werden sowohl Modelle als auch Messungen herangezogen.
- Modelle dienen der Messung, indem sie eine formale Definition von potentiellen Ereignissen ermöglichen. Durch die Möglichkeit, ein Programm auf beliebige Programmabschnitte funktional zu abstrahieren, kann beim Monitoring die Programmbewertung auf einem heterogenen Abstraktionsniveau durchgeführt werden. Intensiver zu bewertende Programmteile werden dabei detaillierter beobachtet als die für die Bewertung weniger relevanten Programmteile. Die Abstraktion auf ausgewählte Ereignisse entlastet den Anwender beim ereignisgesteuerten Monitoring von einer unnötig großen Ereignismenge, reduziert den Grad der Beeinflussung des beobachteten Systems und vermeidet eine überfrachtete Ereignisspuranalyse.
- Messungen dienen der Modellierung, indem sie realistische Parameter für Modellrechnungen liefern. Die für die Leistungsmodellierung benötigten Parameter wie z.B. Programmlaufzeiten kann man schätzen; werden diese Parameter jedoch mit Hilfe von Messungen ermittelt, so kann das Modell genauer kalibriert werden, und die Vorhersageergebnisse bekommen mehr Relevanz. Für eine realitätsbezogene Modellierung sind also Meßergebnisse höchst wünschenswert. Dies ist neben dem Ziel, die

Durchführung von Messungen zu systematisieren, ein weiterer Grund, Monitoring und Modellierung zu integrieren.

Bevor in diesem Kapitel die von Graphmodellen ausgehende Methode zur werkzeugunterstützten automatischen Instrumentierung dargestellt wird, seien die hierfür notwendigen Begriffe und Definitionen eingeführt sowie die mit dieser Methode angestrebten Ziele dargestellt.

6.2 Programminstrumentierung

Die Bewertung eines Programms ist für den Programmentwickler am angenehmsten, wenn die Instrumentierung auf der Quelltextebene erfolgt und damit jedem Ereignis in der Ereignisspur eine Stelle im Quellprogramm zugeordnet werden kann. Dann kann auch die Ereignisspuranalyse quellbezogen erfolgen. Um die Instrumentierung eines Programms bis hin zu einzelnen Anweisungen formal definieren zu können, ist es notwendig, ein Programm als eine Anweisungsfolge zu definieren (siehe Abschnitt 6.2.3). Hierbei orientieren wir uns an prozeduralen Programmiersprachen.

Unter Programminstrumentierung versteht man das Einfügen von Anweisungen, die die Beobachtung des Programmablaufs unterstützen. Hierfür wird häufig auch der Begriff *Software-Instrumentierung* verwendet. Im Gegensatz dazu wird mit *Hardware-Instrumentierung* die Adaptierung eines Monitorsystems an die Hardware des zu beobachtenden Systems (Objektsystem) bezeichnet.

Die instrumentierten Stellen im Programm, die man als *Ereignis* erkennen möchte, wenn sie durchlaufen werden, haben wir als *potentielle Ereignisse* bezeichnet. Programminstrumentierung ist nicht an die Aufzeichnung von Ereignisspuren gebunden, sondern kann z.B. auch für eine gleichzeitig zum Programmablauf durchgeführte Programmanimation sowie für die online-Berechnung von Leistungsindizes verwendet werden. Haupteinsatzgebiet ist jedoch die Aufzeichnung von Ereignisspuren.

6.2.1 Eigenschaften der Programminstrumentierung

Die Kennzeichnung potentieller Ereignisse durch Programminstrumentierung hat die folgenden wesentlichen Eigenschaften:

- **Abstraktionsgrad vom Anwender bestimmbar**
  Die Instrumentierung ermöglicht es, die Programmbewertung auf einem problemabhängigen, heterogenen Abstraktionsgrad durchzuführen. Der Anwender kann dazu bei der Instrumentierung, abhängig von seiner Problemstellung, genau festlegen, welche Ereignisse aufgezeichnet werden sollen, was zugleich den Abstraktionsgrad der Programmbewertung bestimmt.
- **Benutzerorientierte und problemorientierte Ereignisattribute**
  Neben den aufzuzeichnenden Ereigniskennungen können weitere Ereignisattribute festgehalten werden. Mit der Programminstrumentierung

steht eine Methode zur Verfügung, die es erlaubt, benutzerorientiert und problemabhängig zusätzliche problemorientierte Ereignisattribute (Programmvariablen) anzugeben, die den durch die Ereignisse abstrahierten funktionalen Ablauf näher spezifizieren.

- **Quellbezug zum Programm**
Die Kennzeichnung potentieller Ereignisse durch das Einfügen von Monitoringanweisungen in das zu bewertende Programm ermöglicht es, bei der Ereignisspuranalyse jedem aufgezeichneten Ereignis direkt eine Stelle im Programm bzw. einen im Programm bekannten Namen zuzuordnen (*Quellbezug*). Dies erleichtert die spätere Auswertung der Messung, weil durch den Quellbezug die Programmbewertung aus der Sicht des Programmierers, also auf der gleichen Ebene wie die Programmimplementierung erfolgen kann.

- **Geringe Verzögerung durch die Instrumentierung**
Die Ausführung der Monitoringanweisungen bringt zeitliche Verzögerungen bei der Ausführung des Programms mit sich. Deren Umfang ist vom Betriebssystem und bei Hybridmessungen auch von der gewählten Schnittstelle abhängig. Eine maximale durch eine Monitorinanweisung verursachte zeitliche Verzögerung, die nicht überschritten werden darf, kann nicht bestimmt werden. Die tolerierte Verzögerung ist im allgemeinen mit dem bei der Messung gewählten Abstraktionsgrad korreliert. Je kleiner die Programmabschnitte zwischen zwei Monitoringanweisungen sind, desto geringer sollte die Ausführungsdauer einer Monitoringanweisung sein.

- **Qualitative Auswirkungen auf das Ablaufgeschehen**
Daß die Instrumentierung eines Programms dessen Ausführung verzögert, ist unmittelbar einleuchtend, da die Ausführung der Monitoringanweisungen Zeit beansprucht. Es geht aber um mehr, denn durch Abhängigkeiten, Datenaustausch und Prozeßsynchronisation kann bei parallelen Prozessen schon eine sehr kleine Verzögerung zu qualitativen Ablaufveränderungen führen, vgl. folgende Anmerkungen.

6.2.2 Anmerkungen zur Analyse von Rückwirkungen

Die Bestimmung der durch die Monitoringanweisungen verursachten zeitlichen Rückwirkung auf das Ablaufverhalten des instrumentierten Programms ist Gegenstand einer eigenen Forschungsrichtung, der sog. *perturbation analysis*. Mit Hilfe der *perturbation analysis* [MR91] kann die Rückwirkung quantifiziert und der uninstrumentierte — ohne die Ausführung der Monitoringanweisungen entstehende — Ablauf bestimmt werden. Malony [Mal90] stellt Verfahren dar, den Einfluß der Monitoringanweisungen qualitativ und quantitativ zu ermitteln, um so einen Programmablauf ohne Monitoringanweisungen rekonstruieren zu können. Er unterscheidet dabei direkte Einflüsse, verursacht durch die Ausführungszeit für die zusätzlichen Anweisungen, und indirekte Einflüsse, verursacht durch zusätzliche Betriebssystemaufrufe, ungünstigere Programmübersetzung oder verändertes Speicherzugriffsverhalten. Beim Softwaremonitoring werden gegenüber dem Hybridmonitoring weitere Veränderungen des Programmablaufs dadurch verursacht, daß die Ereignisaufzeichnung aufwendiger ist. So muß die Ereignisspur entweder im Hauptspeicher gespeichert werden, was den Speicherbereich für das Anwenderprogramm beschränkt und zu erhöhten Swapping- oder Paging-Aktivitäten führen kann, oder auf ein externes Speichermedium geschrieben werden, was den E/A-Verkehr deutlich erhöht. Weiterhin muß zur Bestimmung der Erfassungszeit die Systemuhr gelesen werden; dies läßt sich in den meisten Fällen nur mit einer zeitaufwendigen Systemfunktion realisieren.

Die Ausführungszeit eines Programms kann jedoch durch die Programminstrumentierung auch geringer werden: Bei parallelen Programmen ist es möglich, daß das instrumentierte Programm durch ein verändertes Prozeß-Scheduling eine kürzere Ausführungszeit als das uninstrumentierte hat [Met90]! Dieser Aspekt wird hier jedoch nicht weiter ausgeführt.

Die durch die Instrumentierung entstehenden Probleme beschreibt Papadopoulos in [Pap89] sehr anschaulich: *"Developers of parallel applications often feel like they are living in a Heisenbergian purgatory; instrumenting a program can radically change its run-time behavior, even causing it to produce different answers!"*

Eine pragmatische Betrachtungsweise zu diesem Thema, die das Dilemma der Programmverzögerung löst, stammt von Haban und Wybranietz [HW86], der wir uns voll und ganz anschließen: Monitoringanweisungen werden nicht als negative Beeinflussung, sondern als Bestandteil des Programms betrachtet! Haban und Wybranietz gebrauchen in diesem Zusammenhang den Begriff der *permanenten Instrumentierung*. Die für die Monitoringanweisungen benötigte Ausführungsdauer wird wegen der dadurch gewonnenen Information in Kauf genommen. Durch diese Betrachtungsweise — *"as part of the system they create no additional overhead"* [HW86] — wird zum einen die Diskussion vermieden, daß ein instrumentiertes Programm sich anders verhält als ein uninstrumentiertes Programm — es gibt eben nur das Verhalten des instrumentierten Programms! — zum anderen entfällt die zeitaufwendige Übersetzung und Dokumentation von zwei Programmversionen.

6.2.3 Definitionen

Das im Abschnitt 6.2.4 entwickelte, automatisierte Vorgehen bei der Instrumentierung setzt eine Verhaltensbeschreibung mit Hilfe eines DE-Modells voraus. Sie erfolgt in abstrakter Form durch die Angabe einer Menge von Ereignissen des sog. Ereignisalphabets α_{mod} und einer Menge von Ereignisfolgen S_{mod}, sog. Spuren, die ein Modell erzeugen kann. Bei einem DE-Modell handelt es sich um ein mathematisches Modell, das es gestattet, die Menge aller Spuren S_{mod}, die ein Modell generieren kann, zu beschreiben. Seien dies j mögliche Spuren, so gilt $S_{mod} = \bigcup_{i=1,...,j} s_{mod_i}$. Mit Monitoring wird jedoch lediglich *ein* Programmablauf, repräsentiert durch genau eine Ereignisspur s_{mon}, aufgezeichnet. Entspricht das aufgezeichnete Programmverhalten dem im Modell beschriebenen Ablauf, so gilt $s_{mon} \in S_{mod}$.

Des weiteren wird auf folgenden Definitionen aufgebaut:

Definition: Programm

Ein *Programm* P bestehend aus n Anweisungen $a_i, i = 1, ..., n$ ist definiert als eine geordnete Folge dieser n Anweisungen, wobei die Indizierung der Anweisungen deren Position im Programmtext entspricht. Es gilt

$$P = < a_1, a_2, ..., a_n > \quad .$$

Bei Ausführung von P können die Anweisungen auch in einer anderen Reihenfolge als der im Programmtext angegebenen ausgeführt werden, (z.B. `if-then-else`-Verzweigung, `switch-case`-Verzweigungen, Ausführung von Prozeduren); insbesondere können Anweisungen auch — bei Ausführung des Programms durch mehrere Prozesse — parallel ausgeführt werden. Daher gilt diese Definition auch für ein paralleles Programm, denn auch ein paralleles Programm kann für die hier angestellten Betrachtungen zur Programminstrumentierung als eine Folge von Anweisungen verstanden werden.

Definition: Anweisungsmenge

Die *Anweisungsmenge* $A(P)$ eines Programms P ist definiert als die Menge aller in P vorkommenden Anweisungen. Dies sind die Elemente der Folge $P = < a_1, a_2, ..., a_n >$. Also ist

$$A(P) = \{a_i | 1 \leq i \leq n\} \quad .$$

Bestehe P aus j verschiedenen Anweisungen, so läßt sich $A(P)$ schreiben als $A(P) = \{A_1, A_2, ..., A_j\}, j \leq n$. Die Beziehung zwischen P und $A(P)$ läßt sich darstellen als $P = < a_1, a_2, ..., a_n > \in A(P)^n$. Da im Programm Elemente aus der Anweisungsmenge $A(P)$ mehrfach vorkommen können, gilt $n \geq j$.

Definition: Instrumentierung

Die *Instrumentierung* $I(P)$ eines Programms P ist definiert als das Einfügen einer *Monitoringanweisung* $m_i \in M$. M ist die Menge aller möglichen Monitoringanweisungen, die einen Monitor zur Aufzeichnung eines Ereignisrecords veranlassen. Die Menge der tatsächlich eingefügten Monitoringanweisungen wird als Instrumentierungsalphabet α_{instr} bezeichnet. Dabei muß die Anweisung m_i an den Monitor mindestens eine Ereigniskennung übergeben, und es muß eine eindeutige Abbildung zwischen den Ereigniskennungen und den instrumentierten Programmstellen existieren.

Definition: Zustandswechsel

Da wir potentielle Ereignisse durch Instrumentierung eines Programms $P = < a_1, a_2, ..., a_n >$ kennzeichnen wollen, wird ein *Zustandswechsel* programmtextorientiert als der zeitlose Übergang zwischen der Ausführung von zwei Programmanweisungen a_i, a_j definiert. Dabei ist im allgemeinen $j = i + 1$, für Verzweigungen und Prozeduraufrufe gilt dies jedoch nicht.

Da der Begriff *Zustandswechsel* zu sehr mit dem Programmablauf assoziiert wird, für die Instrumentierung ein Zustandswechsel jedoch programmtextorientiert definiert sein muß, wird im folgenden für die Menge aller Zustandswechsel einschließlich des Programmendes der Begriff *Instrumentierungspunkt*[38] eingeführt. Die Menge der Instrumentierungspunkte eines Programms ist $S = \{s_1, s_2..., s_n, s_{n+1}\}$. Jeder Anweisung a_i sowie dem Programmende (Instrumentierungspunkt s_{n+1}) wird ein Instrumentierungspunkt zugeordnet; eine Anweisung a_i kann vor ihrer Ausführung an der Stelle s_i instrumentiert werden. Die Programmanweisung a_i und die an der Stelle s_i instrumentierte Monitoringanweisung m_i werden nach dieser Definition immer direkt hintereinander ausgeführt (vgl. auch Definition "*Vollständige Instrumentierung*" im folgenden Abschnitt).

6.2.4 Wege zu einer adäquaten Instrumentierung

Die Interaktionen zwischen kooperierenden Prozessen führen zu weitergehenden Problemen und Fragestellungen als bei sequentiellen Programmen: Neben der Dauer einzelner Programmabschnitte sind darüber hinaus die Kommunikation und Synchronisation zwischen den Prozessen sowie die Ursachen für Wartezeiten und Konflikte von Interesse. Die vom Monitorsystem aufgezeichneten Daten können nur dann relevante Ergebnisse liefern, wenn das dynamische Ablaufgeschehen auf die (für die Bewertung) "richtigen" Ereignisse abstrahiert worden ist. Dem muß die Programminstrumentierung gerecht werden.

Es ist jedoch nicht pauschal zu beantworten, an welchen Stellen im Programm Monitoringanweisungen eingefügt werden sollen. So stellt Nutt dar [Nut75], daß sich die Beantwortung dieser Frage vielmehr nach der zu untersuchenden Problemstellung und nach dem zu beobachtenden Programm richtet. Soll z.B. nur die Kommunikationsdauer zwischen zwei Prozessen auf zwei verschiedenen Rechnern ermittelt werden, so reicht es aus, die Kommunikationsaktivitäten *send* und *receive* zu instrumentieren. Wenn jedoch Fragen nach den Ursachen des Programmverhaltens (z.B. "*Warum* dauert die Programmausführung so lange?") beantwortet werden sollen, ist nicht mehr so einfach zu entscheiden, wo instrumentiert werden soll.

[38] Der Begriff Instrumentierungspunkt bedeutet einen Beobachtungsstützpunkt, vgl. Seite 19, der durch Programminstrumentierung implementiert wird.

Aus der Literatur über Monitoring sind bisher noch keine Ansätze bekannt, formal zu beschreiben, wo instrumentiert werden soll, d.h. welche Stellen eines Programms als potentielle Ereignisse definiert werden. Die Bedeutung eines potentiellen Ereignisses (Ereignissemantik) wird in der Literatur entweder gar nicht oder nur sehr vage und unkonkret dargestellt. Die folgende Zitatauswahl verdeutlicht dies:

- *"Events are generated by a single store instruction that is inserted at specific, well-chosen places in the software."* [WH90]
- *"... inserting a special code in specific places ..."* [FSZ83]
- *"Events represent important types of system behavior."* [LP88]
- *"... significant change in the state of the object ..."* [McK88]

Wir stellen deshalb eine problemorientierte Selektion der zu instrumentierenden Ereignisse vor, die die Bedeutung der Ereignisse vor der Instrumentierung festlegt und dadurch eine automatische, werkzeugunterstützte Instrumentierung ermöglicht.

Die in den obigen Zitaten gemachten Aussagen, die über eine informelle und intuitiv leicht nachvollziehbare Darstellung der Ereignissemantik nicht hinausgehen, sind hierzu nicht ausreichend. Sie zeigen, daß es schwierig ist, formal zu beschreiben, wo instrumentiert werden soll, d.h. die Semantik der Ereignisse konkret zu definieren und damit die bei der Instrumentierung durchgeführte Abstraktion des Programmverhaltens formal darzustellen. In den ersten beiden Zitaten werden potentielle Ereignisse sogar implizit mit der Instrumentierung definiert: Ein Ereignis ist dort, wo instrumentiert worden ist.

Zur automatischen Instrumentierung müssen die potentiellen Ereignisse jedoch zuerst formal beschrieben werden, bevor Monitoringanweisungen von einem Werkzeug automatisch in ein Programm eingebracht werden können. Reilly behandelt in dem Buch *"A Performance Monitor for Parallel Programs"* [Rei90] in den Kapiteln *"The Event Collection Problem"* und *"Collection Techniques"* die Problematik der Ereignisselektion und Ereigniserfassung. Hier ist das Ereignis als ein Zustandswechsel eines Objekts definiert. Welche Stellen im Programm instrumentiert werden sollen, wird jedoch auch hier nicht näher spezifiziert. McKerrow verwendet eine ähnliche Definition: Für ihn ist ein Ereignis eine Aktion, die einen *signifikanten Zustandswechsel* initiiert. Hier treten sofort die Fragen auf, was signifikante Zustandswechsel sind und vor allem, wie man sie findet.

Dies ist vor allem von der Problemstellung, d.h. vom Ziel der Messung abhängig. Kapitel 4 hat gezeigt, daß die Ereignisse bei der Ereignisspuranalyse die tragende Rolle spielen. Man kann mit der Ereignisspur nur die Analysen durchführen, zu denen die korrespondierenden Ereignisse in der Ereignisspur verfügbar sind. Daraus folgt unmittelbar, daß die Problemstellung die Abstraktion des Programmablaufs und damit die Instrumentierung direkt beeinflußt. Obwohl dieses Ziel der Messung nicht formal faßbar ist, wird es im folgenden doch als formaler Parameter Z bei der Suche nach einer Abstraktion dargestellt, um das Bewertungsziel als wesentliche Randbedingung zur Ereignisdefinition einzubeziehen.

Um das Programm so zu instrumentieren, daß basierend auf den aufgezeichneten Ereignissen die Bewertungsprobleme gelöst werden können, beginnt nun unter Berücksichtigung des Bewertungsziels Z die Suche nach einer Methode zur adäquaten Instrumentierung. Dazu benötigen wir noch folgende Definition (P, $A(P)$, $I(P)$ und $m_i \in M$ seien wie oben definiert):

Definition: Vollständige Instrumentierung

Ein Programm $P = < a_1, a_2, ..., a_n >$ heißt *vollständig instrumentiert*, wenn für die Instrumentierung gilt

$$I_V(P) = < m_1, a_1, m_2, a_2 ..., m_n, a_n, m_{n+1} > \quad .$$

Bei einer vollständigen Instrumentierung wird an jedem Instrumentierungspunkt $s_i \in S$, $i \in \{1, 2, ..., n+1\}$ eine Monitoringanweisung $m_i \in M, i \in \{1, 2, ..., n+1\}$ eingefügt. Dabei existiert eine eineindeutige Zuordnung zwischen den Programmanweisungen a_i, $i \in \{1, ..., n\}$ des Programms P und den Monitoringanweisungen m_i, $i \in \{1, ..., n\}$. Vor jeder Programmanweisung und am Ende des Programms wird eine Monitoringanweisung eingefügt. Die Anweisungsmenge des vollständig instrumentierten Programms ist damit $A(I_V(P)) = A(P) \cup \{m_1, ..., m_{n+1}\}$.

Um eine für die Lösung eines gegebenen Bewertungsproblems geeignete Instrumentierung formal zu beschreiben, muß eine Abstraktionsfunktion gefunden werden, die in Abhängigkeit vom Bewertungsziel Z als Ergebnis diejenigen Instrumentierungspunkte liefert, an denen eine Monitoringanweisung eingefügt werden muß. Die Menge aller möglichen Instrumentierungspunkte S eines Programms P muß auf eine Menge der zu instrumentierenden Punkte reduziert werden. Gesucht sind die Stellen in $P = < a_1, a_2, ..., a_n >$, an denen eine Monitoringanweisung $m_i, i \in \{1, 2, ..., n+1\}$ eingefügt werden soll. Hierzu können zwei Ansätze unterschieden werden.

position: Sei $abstr_p : (Z, \{1, 2, ..., n+1\}) \rightarrow Bool$ eine Funktion, die in Abhängigkeit von Z jedem möglichen Instrumentierungspunkt s_i einen booleschen Wert zuordnet. Wenn $abstr_p\ (Z, i) = true$, so wird s_i mit m_i instrumentiert; wenn $abstr_p\ (Z, i) = false$, wird keine Instrumentierung von s_i durchgeführt. Die Selektion der Instrumentierungspunkte mit der Funktion $abstr_p$ wird als *positionsorientierte Abstraktion* bezeichnet.

inhalt: Die Funktion $abstr_i : (Z, P) \rightarrow Q$ abstrahiert das Programm $P = < a_1, a_2, ..., a_n >$ in Abhängigkeit von Z auf eine reduzierte Anweisungsfolge $Q = < b_1, b_2, ..., b_m >$ mit $m \leq n$. Die Elemente b_i der Folge Q repräsentieren den zu bewertenden Inhalt. Die mit der Funktion $abstr_i$ durchgeführte Selektion wird daher als *inhaltsorientierte Abstraktion* bezeichnet. In aller Regel wird die reduzierte Folge Q kein ausführbares Programm mehr sein. Die Abstraktion von P auf Q wird über eine Teilmenge der Anweisungsmenge $A(P)$ durchgeführt.

Einziger Nachteil der inhaltsorientierten Abstraktion gegenüber der positionsorientierten Abstraktion ist, daß mit $abstr_i$ die Instrumentierung einer Anweisung nicht auf einen bestimmten Programmbereich eingeschränkt werden kann. Dieser Nachteil hat jedoch gleichzeitig den Vorteil, daß hierdurch die systematische Instrumentierung unterstützt wird. Nur jene Anweisungen können instrumentiert werden, die problemorientiert beschreibbar sind. Soll z.B. die Laufzeitverteilung einer Prozedur, deren Prozedurrumpf im Quellprogramm nicht vorliegt, untersucht werden, so müssen *alle* vorkommenden Aufrufe dieser Prozedur instrumentiert werden. Dies mag als zu starke Einschränkung gegenüber der Flexibilität der positionsorientierten Abstraktion empfunden werden, es zeigt sich jedoch, daß die Funktion $abstr_i$ so erweitert werden kann, daß eine kontextsensitive Instrumentierung das Gewünschte leistet.

Durch die Definition der Funktion $abstr_i$ wird die bisher durchgeführte Kennzeichnung potentieller Ereignisse *während* der Instrumentierung durch eine explizite Selektion der Ereignisse *vor* der Instrumentierung abgelöst. Diese funktionale Trennung und die *formale* Beschreibung des Ereignisalphabets erlauben es, die Instrumentierung automatisiert und mit einem Instrumentierungswerkzeug auszuführen: Das Instrumentierungswerkzeug nutzt die Ergebnisse der Funktion $abstr_i$ als Eingabe. Dabei ist die Anweisungsmenge $A(Q)$ als Eingabe ausreichend, da beim eigentlichen Instrumentierungsvorgang die Reihenfolge der zu instrumentierenden Anweisungen nicht relevant ist.

6.3 Modellgesteuerte Instrumentierung

In diesem Abschnitt wird ein Verfahren dargestellt, die inhaltsorientierte Abstraktionsfunktion $abstr_i : (Z, P) \rightarrow Q$ durchzuführen und hiermit ein uninstrumentiertes Programm in ein instrumentiertes Programm zu überführen. Gelingt es, diese Abstraktionsfunktion werkzeugunterstützt durchzuführen, so kann die Instrumentierung eines Programms automatisch mit einem Instrumentierungswerkzeug durchgeführt werden. Im weiteren werden wir zeigen, daß die automatische Programminstrumentierung weitere Vorteile für den gesamten Bewertungsprozeß mit Monitoring hat. Dies mündet im modellgesteuerten Monitoring.

6.3.1 Realisierung der inhaltsorientierten Abstraktion

Funktionale Modellierung mit DE-Modellen und ereignisgesteuertes Monitoring basieren auf der Festlegung von Ereignissen und einer Abstraktion des zu modellierenden bzw. zu messenden Ablaufs auf eine Folge dieser Ereignisse. Durch diese Gemeinsamkeit beider Methoden können die in der Modellierung angewendeten und erprobten Methoden der Abstraktion auch dem Monitoring zugänglich gemacht werden.

Der bisher implizit während der Instrumentierung durchgeführten Ereignisselektion wird ein Modellierungsprozeß vorgeschaltet. Die Instrumentierung des zu beobachtenden Programms kann dann von einem Werkzeug durchgeführt werden, das einem funktionalen Modell des zu messenden Ablaufs entnimmt, welche Programmabschnitte zu instrumentieren sind. Dies ist in Abb. 6.1 dargestellt. Alle für die Instrumentierung notwendigen Informationen können aus dem funktionalen Modell des Programmverhaltens extrahiert werden. Diese Instrumentierung bezeichnen wir im folgenden als *modellgesteuerte Instrumentierung*, das der Instrumentierung zugrundeliegende Modell als *Monitoringmodell*. Bei dieser Methode werden die Zustandsübergänge aller im Modell dargestellten Aktivitäten im Programm instrumentiert.

Die zur automatischen Instrumentierung notwendige Abstraktionsfunktion $abstr_i : (Z, P) \to Q$ läßt sich ausgehend von einer Modellierung des Programms P realisieren. In dem Modell müssen die für die Programmbewertung notwendigen Aspekte berücksichtigt sein. Dann kann die relevante Anweisungsmenge $A(Q)$ aus dem Modell extrahiert werden.

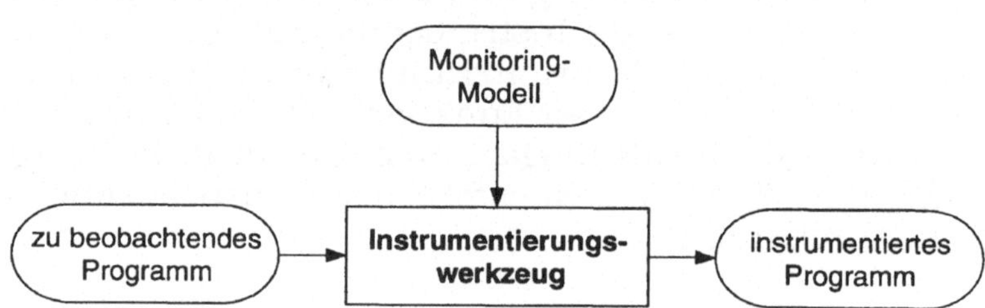

Abbildung 6.1: Modellgesteuerte Instrumentierung

Ein potentielles Ereignis bei der Messung ist damit durch die Modellierung zweier Aktivitäten und ihres Übergangs bestimmt. Um die zu instrumentierenden Stellen im Programmtext durch ein Modell identifizieren zu können, muß die Semantik der Modellereignisse mit jener der im Programmtext zu instrumentierenden Ereignisse übereinstimmen. Es muß eine Funktion existieren, die die Modellaktivitäten eindeutig auf Programmaktivitäten abbildet. Diese Funktion muß nicht bijektiv sein, da mehrere Modellaktivitäten auf dieselbe Programmaktivität abgebildet werden können. Wenn für ein Modellierungswerkzeug und eine Programmiersprache eine solche Abbildung gefunden worden ist, besteht keinerlei Einschränkung auf einen bestimmten Abstraktionsgrad: Es ist sowohl möglich, einen Prozeß als eine Aktivität zu modellieren und so den Beginn und das Ende des Prozesses zu instrumentieren, als auch einzelne Programmanweisungen oder Prozeduren im Modell als eine Aktivität darzustellen und diese zu instrumentieren.

In Abb. 6.2 und Beispiel 6.1 ist die modellgesteuerte Instrumentierung mit einem Graphmodell exemplarisch dargestellt (Modellaktivitäten werden hier als Knoten, mögliche Zustandsübergänge durch Pfeile dargestellt). Zur Identifikation der zu instrumentierenden Stellen wird die Abbildung der Modellaktivitäten auf Programmaktivitäten über Prozedurnamen realisiert.

Beispiel 6.1: Modellgesteuerte Instrumentierung mit einem Graphmodell

In einem Programm soll die Dauer der Systemprozedur sys_B mit Messungen ermittelt werden (Ziel der Programmbewertung). Der in diesem Beispiel betrachtete Programmabschnitt P bestehe aus der Anweisungsfolge $P = < A();, \; sys\_B();, \; C(); >$ (siehe Programmabschnitt in Abb. 6.2 links).

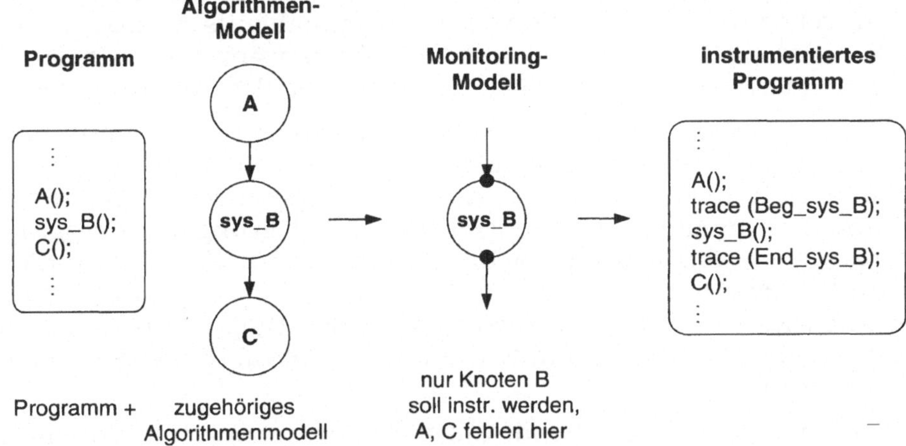

Abbildung 6.2: Modellgesteuerte Instrumentierung mit einem Graphmodell

Die Anweisungsmenge $A(P)$ enthält die drei in P vorkommenden Anweisungen $A(P) = \{A();, \; sys\_B();, \; C();\}$. Da nur die Prozedur sys_B von Interesse ist, wird nur diese modelliert, z.B. mit einem Graphmodell. In einem Graphmodell (vgl. Algorithmenmodell in Abb. 6.2) repräsentieren die Knoten Programmaktivitäten, die Kanten geben die Ausführungsreihenfolge der Aktivitäten an. Aus diesem Modell kann dann die zu instrumentierende Anweisungsmenge extrahiert und einem Instrumentierungswerkzeug übergeben werden. Die Modellierung realisiert die Abstraktion $abstr_i : (Z, P) \rightarrow Q$ durch die Projektion der Anweisungsmenge $A(P)$ auf die für die Messung relevante Anweisung $sys\_B();$. Die reduzierte Anweisungsfolge Q besteht damit nur aus einer Anweisung $Q =< sys\_B(); >$. Die im Modell dargestellte Aktivität wird am Anfang und am Ende instrumentiert (im Monitoringmodell ist dies durch Punkte am Knoten angedeutet, vgl. Abb. 6.2).
Die Namen der Anweisungen im Programmtext sind mit denen der Modell-

aktivitäten identisch. Durch die Instrumentierung von sys_B am Anfang und am Ende kann die für die Ausführung benötigte Dauer bestimmt werden. Das Resultat der Instrumentierung zeigt der Programmtext in Abb. 6.2 rechts. Es werden zwei Monitoringanweisungen `trace(event_id)` eingefügt. Der Parameter der Monitoringanweisung ist eine eindeutige Kennung für den Beginn bzw. das Ende einer Aktivität. Er wird vom Instrumentierungswerkzeug automatisch festgelegt.
Nach der Messung kann die Dauer der Prozedur sys_B durch

$$D_{sys\_B} = t(\text{End\_sys\_B}) - t(\text{Beg\_sys\_B})$$

bestimmt werden. Kommt die Anweisung sys_B mehrfach im Programm vor, so werden alle Vorkommen automatisch instrumentiert.

Die modellgesteuerte Instrumentierung bietet für die Selektion potentieller Ereignisse den Vorteil, daß sich die Instrumentierung auf eine bereits im Modell durchgeführte Abstraktion des Programmablaufs stützen kann. Die Selektion potentieller Ereignisse erfolgt nicht erst während der Instrumentierung, sondern bereits vorher bei der Erstellung des Monitoringmodells.

Bei allen Vorteilen der modellgesteuerten Instrumentierung muß man jedoch wissen, daß es kein allgemeines Verfahren gibt, die Abstraktionsfunktion $abstr_i$ zu generieren, also das Monitoringmodell in Abhängigkeit von P und Z automatisch zu erzeugen. Die Modellierung eines Programms P_1 ist zwar genau die Realisierung der Funktion $abstr_i(Z_1, P_1) = Q_1$, die Modellierung realisiert aber die Abstraktion nur für das Programm P_1 für das Bewertungsziel Z_1. Mit einer Modellierung des Programms P_1 hat man also genau eine Funktion gefunden, um eine Abstraktion von P_1 nach Q_1 durchzuführen.

Ein Modell ist zwar ausreichend, um die Instrumentierung automatisch ausführen zu können, zur Durchführung von Messungen an einem Programm P_l ist es jedoch wünschenswert, die Abstraktion dieses Programms abhängig von verschiedenen Zielsetzungen $\{Z_1, Z_2, ..., Z_k\}$ automatisch durchführen zu können. Weiterhin sollte natürlich auch die Modellierung von beliebigen Programmen möglich sein. Hierfür eine allgemeine Abstraktionsfunktion zu finden, ist aufgrund der beiden folgenden Gründe bisher nicht möglich:

- Es gibt keine formale Darstellung des Bewertungsziels.
- Es existieren keine Verfahren zur automatischen Modellerstellung abhängig von einer bestimmten Zielsetzung.

Die Modellierung parallel ablaufender, miteinander kooperierender Prozesse ist heutzutage ein wichtiger Forschungsschwerpunkt (z.B. [Her89, ABC86]), da bei größeren Software- und Hardware-Systemen der Implementierungsaufwand zu groß ist, um Erfahrungen an einem Prototypen zu gewinnen sowie den Einfluß von Parametermodifikationen gezielt zu bestimmen. Hier spielt die Modellierung eine große Rolle.

Schroetter und de Meer [Sd91] zeigen in einer Übersicht über Modellierungswerkzeuge auf, daß es neueste Forschungsergebnisse auf dem Gebiet der Modellierung gibt, die Modellerstellung zu formalisieren und mit Werkzeugen zu unterstützen. Die automatische Erzeugung eines vergröberten Graphmodells aus einer detaillierten formalsprachlichen Spezifikation ist z.B. in der Entwicklungsumgebung DSPL realisiert [HKMS93][39]. Das abgeleitete Graphmodell wird dazu verwendet, das spezifizierte Programm auf Taskebene zu optimieren und auf die zugrundeliegende Hardware-Struktur abzubilden [MT93].

Angesichts der wirtschaftlichen Bedeutung von Rechensystemen ist zu fordern, daß Leistungsbewertung und Modellerstellung unter ingenieurwissenschaftlichen Gesichtspunkten durchgeführt werden. So verwenden Smith und Hillston et al. hier den Begriff *Performance Engineering* [Smi90, HKP91]. Es wird versucht, die bisher auf Intuition und Empirik gründenden Schritte der Modellierung und Abstraktion zu formalisieren, um so zu einem automatischen, werkzeugunterstützten und formal dokumentierbaren Verfahren zu gelangen. Ein erster Schritt zur Formalisierung der Abstraktion eines Systems auf für eine Leistungsbewertung interessierende Aspekte wurde mit der Ablaufbeschreibungssprache MSC für SDL-spezifizierte Systeme erreicht. MSC liefert eine Sprache, um das Kommunikationsverhalten von Systemkomponenten untereinander und mit ihrer Umgebung zu spezifizieren. Von den Details eines mit SDL spezifizierten Realzeit- oder Telekommunikationssystems kann mittels MSC abstrahiert und die Konzentration allein auf das Kommunikationsverhalten des Systems gelegt werden. Diese Forschung im Bereich der Modellierung und Spezifikation leistet einen weiteren Schritt zur formalen Realisierung einer allgemeinen Abstraktionsfunktion $abstr_i : (Z, P) \rightarrow Q$.

6.3.2 Vorteile der Modellgesteuerten Instrumentierung für den Bewertungsprozeß

Obwohl zur Zeit noch keine formale Darstellung des Bewertungsziels und keine automatische Modellerstellung vorliegen, empfiehlt sich die modellgesteuerte Instrumentierung schon heute, weil die formale Beschreibung eines Verfahrens zu einer systematischen Darstellung des Verfahrens zwingt und zugleich die Grundlage bietet, die formal beschriebenen Schritte des Verfahrens mit Hilfe von Werkzeugen automatisch durchzuführen.

Für die *Programminstrumentierung* bietet die modellgesteuerte Vorgehensweise zwei entscheidende Vorteile:

1. **Systematische Selektion potentieller Ereignisse**
   Die bei der Modellierung schon lange erprobten, methodisch untersuchten und mit Werkzeugen unterstützten Verfahren der Abstraktion

[39] Man hat bei derartigen Gegenüberstellungen stets das Problem der begrifflichen Klarheit: natürlich ist auch das Graphmodell eine Spezifikation.

werden dem Monitoring zugänglich gemacht. Die Selektion geeigneter potentieller Ereignisse wird nicht länger während der Instrumentierung, sondern bereits explizit bei der Modellierung durchgeführt. Durch die formale Abbildung der Modellereignisse auf die potentiellen Ereignisse kann die Instrumentierung automatisch durchgeführt werden. Die für ein Instrumentierungswerkzeug notwendige Beschreibung wird hierzu aus dem Monitoringmodell extrahiert.

2. **Effiziente Ausführung der Instrumentierung**
Der eigentliche Instrumentierungsvorgang wird werkzeugunterstützt ausgeführt. Das Instrumentierungswerkzeug führt sowohl das Einfügen der Monitoringanweisungen als auch die Vergabe der Ereigniskennungen durch.
Einfügen der Monitoringanweisungen
Der Anwender muß nicht länger im Programm, das auf mehrere Dateien verteilt sein kann, nach den zu instrumentierenden Programmaktivitäten suchen, die Programme editieren und die Monitoringanweisungen am Beginn und am Ende der interessierenden Aktivitäten einfügen. Er erspart sich nicht nur diese Arbeit, sondern umgeht zugleich das Problem, daß es bei jeder manuellen Programmänderung zu Syntaxfehlern kommen kann, die ein erneutes Editieren und eine wiederholte Übersetzung des Programms erfordern. Bei Aktivitäten, die mehrere Ausgänge haben (z.B. Prozeduren, Schleifen, etc.) ist die manuelle Instrumentierung aller Ausgangspunkte im allgemeinen sehr aufwendig. Häufig kommt es hier zu Instrumentierungsfehlern, die zu Problemen bei der Ereignisspuranalyse führen, da das Ende einer Aktivität in der gemessenen Ereignisspur nicht feststellbar ist. Weitere Probleme treten auf, wenn verschachtelte Anweisungen manuell instrumentiert werden.
Vergabe der Ereigniskennungen
Bei der werkzeugunterstützten Instrumentierung werden die Ereigniskennungen automatisch festgelegt. Abhängig vom potentiellen Ereignis können noch optionale Ereignisattribute berücksichtigt werden. Die Semantik der vergebenen Ereigniskennungen sowie die Bedeutung der Ereignisattribute kann während der Instrumentierung automatisch dokumentiert werden.

Wesentliche Eigenschaften der modellgesteuerten Instrumentierung sind die Darstellung funktionaler Zusammenhänge bereits vor der Messung sowie die Identität der Ereignisalphabete α_{mod} und α_{instr}. Diese Eigenschaften bieten gegenüber der intuitiven Instrumentierung einen grundlegenden Vorteil bei der Programmbewertung mit Monitoring und Modellierung, da die im Monitoringmodell enthaltene Information nun für weitere Schritte bei der Programmbewertung genutzt werden kann. Im folgenden werden Schritte der *Programmbewertung* und die Vorteile der modellgesteuerten Instrumentierung dargestellt:

1. Automatische **Dokumentation** der Messung
   Da bei der modellgesteuerten Instrumentierung während des Instrumentierungsvorgangs die Ereignissemantik bekannt ist, kann vom Instrumentierungswerkzeug eine Zuordnung von instrumentierten Ereigniskennungen und vordefinierten — aus dem Namen der Modellaktivität abgeleiteten — Interpretationen automatisch erstellt werden. Diese sog. *Ereignisspurbeschreibung* (siehe Abschnitt 4.2.3) kann zur Dokumentation der Messung und zum Zugriff auf die Ereignisspur bei der Ereignisspuranalyse verwendet werden.
2. Automatische Erstellung einer **Konfigurationsbeschreibung für das Monitorsystem**
   In größeren parallelen und verteilten Systemen können aus Aufwandsgründen nicht alle Komponenten des Systems beobachtet werden. Ist im Monitoringmodell die Abbildung des Programms auf das System dargestellt (*mapping*), kann im Monitoringmodell neben der Instrumentierung auch angegeben werden, welche Prozessoren des Systems beobachtet werden sollen. Daraus kann automatisch eine Konfigurationsbeschreibung für das Monitorsystem erstellt werden.
3. Automatische **Überprüfung** der Konsistenz von Programm und Modell
   Durch identische Ereignisalphabete bei der Instrumentierung und im Modell ($\alpha_{\text{instr}} = \alpha_{\text{mod}}$) kann in einem ersten Schritt bereits während der Instrumentierung überprüft werden, ob die im Modell dargestellten Programmaktivitäten im Programm vorkommen. Nach der Messung kann überprüft werden, ob das in der Ereignisspur s_{mon} aufgezeichnete funktionale Programmverhalten mit dem im Modell dargestellten funktionalen Verhalten übereinstimmt. Bei einer Übereinstimmung von Messung und Modellierung gilt $s_{mon} \in S_{mod}$.
4. Automatische **Erstellung von Auswerteszenarien** für die Ereignisspuranalyse
   Durch die Beschreibung funktionaler Zusammenhänge im Monitoringmodell ist schon vor der Messung bekannt, wie die Ereignisspur analysiert werden muß. Deshalb kann anhand des Modells vor der Ereignisspuranalyse bereits ein Auswerteszenario (vgl. Konfigurationsdateien der SIMPLE-Auswertewerkzeuge, Abschnitt 4.4) erstellt werden. Um die Ereignisspur problemorientiert analysieren zu können, werden die vom Instrumentierungswerkzeug erzeugten Interpretationen der Ereignisse verwendet.
5. Automatische **Erzeugung eines Leistungsmodells**
   Zur Modellierung des zeitlichen Programmverhaltens kann das funktionale Monitoringmodell zu einem Leistungsmodell erweitert werden. Wenn die hierzu benötigten Laufzeitverteilungen und Verzweigungswahrscheinlichkeiten mit Hilfe von repräsentativen Messungen gewonnen werden, wird eine realitätsnahe Modellierung erreicht. Die mit der Modellierung erzielten Vorhersagen bekommen dadurch mehr Relevanz.

6.4 Gegenüberstellung mit Ansätzen aus der Literatur

In diesem Abschnitt wird die Methode der modellgesteuerten Instrumentierung anhand ihrer Eigenschaften "*systematische Ereignisselektion*" und "*heterogener Abstraktionsgrad*" vergleichbaren Ansätzen aus der Literatur gegenübergestellt.

Systematische Ereignisselektion

Die Integration von Messung und Modellierung ermöglicht es, die Instrumentierung automatisch vom Modell aus zu steuern und damit zu einer systematischen Selektion der Ereignisse zu gelangen. Einen vergleichbaren Ansatz haben Miller et al. im System IPS-2 [MCH+90] implementiert, wo Messungen nacheinander auf bestimmten, vordefinierten Abstraktionsebenen anhand eines Schichtenmodells durchgeführt werden. Hier wird die Programmbewertung allerdings mit einem fest vorgegebenen Ziel, der Bestimmung des kritischen Pfades (*critical path analysis*), durchgeführt. Das Einfügen der Monitoringanweisungen wird wie bei der modellgesteuerten Instrumentierung automatisch durchgeführt.

Die Notwendigkeit eines zugrundeliegenden Modells stellt Miller [Mil92] für die Visualisierung des Programmverhaltens dar. Das Programmverhalten könne nur dann geeignet visualisiert werden, wenn ein Modell des Ablaufverhaltens existiere. Bei der modellgesteuerten Instrumentierung wurde gezeigt, daß ein solches, bereits vor der Messung erzeugtes Modell über die Visualisierung hinaus auch für die Ereignisspuranalyse und die Leistungsmodellierung verwendet werden kann.

Im Gegensatz zur angestrebten systematischen Ereignisselektion bei den oben dargestellten Ansätzen wird im System VTA [SS92] die Instrumentierung eines Programms ohne eine erkennbare Systematik vorgenommen, da Monitoringanweisungen während der Programmlaufzeit instrumentiert ("Ereignisse aktivieren") und wieder ausgeblendet ("Ereignisse deaktivieren") werden können. Dies wird durch eine online-Instrumentierung realisiert, indem während der Programmbearbeitung, ohne das System anzuhalten, Patches in den Objektcode eingetragen werden. Bei dieser Methode muß während des Instrumentierungsvorgangs bekannt sein, an welcher Stelle im Programmablauf sich das Programm befindet, da sonst eine Monitoringanweisung entfernt wird, die noch nicht ausgeführt worden ist, bzw. eine Stelle instrumentiert wird, die bereits ausgeführt worden ist. Eine solche dynamische Instrumentierung verursacht einen enormen Verwaltungs- und Dokumentationsaufwand und kann überdies zu Problemen bei der Ereignisspuranalyse führen, wenn einige Ereignisse zeitweilig fehlen. Wegen der Einschränkung auf einen Prozessortyp sowie der nicht systematischen und äußerst zeitkritischen Durchführung der Instrumentierung ist ein Vorteil dieses Ansatzes gegenüber der Instrumentierung eines Programms vor dessen Ausführung nicht zu erkennen.

Ein interessanter Ansatz wird im System Paradyn [MCC+94] beschritten: Das Programm wird während einer Meßreihe automatisch instrumentiert, jedoch geleitet von einer halbautomatischen Engpaßanalyse. In jedem Programmlauf werden möglichst wenig Monitoranweisungen eingefügt, jedoch gerade genug, um die nächste Entscheidung in der Analyse treffen zu können.

Heterogener Abstraktionsgrad

Die Methode, Ereignisse durch die funktionale Modellierung eines Programms zu selektieren, beschränkt sich nicht auf eine Abstraktionsebene. Vielmehr erlaubt sie im Gegensatz zu anderen Ansätzen, das Programmverhalten mit einem heterogenen Abstraktionsgrad zu bewerten. So können z.B. Programmteile, die für die Programmbewertung von größerem Interesse sind, bis in die einzelne Anweisung modelliert werden, während nicht näher zu bewertende Programmteile als *eine* funktionale Einheit betrachtet werden, die im Modell zu einer einzigen Aktivität zusammengefaßt sind.

Dagegen ist in den Systemen RADAR [LR85], BELVEDERE [HC89] und JADE [JLSU87] nur die Kennzeichnung von Funktionen zur Prozeßkommunikation als potentielles Ereignis möglich. Hiermit können die Abhängigkeiten zwischen kommunizierenden Prozessen zwar elegant beobachtet werden, nicht jedoch die internen Aktivitäten eines Prozesses. In dem in [LM87] dargestellten Konzept des *"instant replay"* können nur Zugriffe auf gemeinsame Objekte als Ereignis gekennzeichnet sein. Auch wenn die Kommunikationsereignisse Aufschluß darüber geben, wie die Koordination und Synchronisation von parallel ablaufenden Prozessen durchgeführt wurde, so ist es doch notwendig, das interne Ablaufverhalten eines Prozesses zusätzlich beobachten und bewerten zu können, um z.B. die Ursachen eines fehlerhaften Kommunikationsverhaltens ermitteln zu können (z.B.: Warum erfolgte eine Prozeßverklemmung? Warum hat ein Prozeß die Nachricht so spät gesendet?).

Die Monitoring- und Debuggingsysteme NETMON-II [ESZ90], TOPSYS [BLT90] und IPS-2 [MCH+90] lassen ebenso wie bei der in dieser Arbeit neu entwickelten Methode eine Instrumentierung von beliebigen Ereignissen zu. TOPSYS und IPS-2 werden vorwiegend zum Debugging paralleler Programme eingesetzt. Dazu ist es notwendig, den Ablauf in seiner feinsten Granularität beobachten und Variablenwerte erfassen zu können. Im System IPS-2 wird die Instrumentierung zur Ermittlung des kritischen Pfades vom System automatisch vorgenommen, was zu einer Instrumentierung auf vordefinierten Abstraktionsebenen führt. Die Bestimmung des kritischen Programmpfades kann so automatisch durchgeführt werden. Nachteilig ist jedoch, daß nicht anwenderabhängig und problemorientiert instrumentiert werden kann, wenn andere Leistungsaussagen gemacht werden sollen.

Die Aufzeichnung von Variablenwerten (Prozedurübergabe- und Rückgabeparameter von Funktionen) ist mit der modellgesteuerten Instrumentierung ebenfalls möglich. Abhängig von den Ereignissen können zu den Ereigniskennungen optionale Ereignisattribute aufgezeichnet werden. Ihre Erfassung kann bereits im Monitoringmodell angegeben werden.

Bei keinem anderen zur Bewertung des dynamischen Programmverhaltens eingesetzten Monitorsystem, das die Programmbeobachtung mit einem heterogenen Abstraktionsgrad ermöglicht, wird zur Selektion der Ereignisse eine formale Methode verwendet. Eine vergleichende Klassifikation verfügbarer Monitor- und Analysesysteme in der Dissertation von Mohr [Moh92] zeigt zudem, daß außer dem System ZM4/SIMPLE kein anderes System sowohl zu Debugging und Programmbewertung als auch zur Leistungsmodellierung eingesetzt werden kann. Dies ist umso erstaunlicher, da zwischen beiden Gebieten eine enge Verzahnung existiert und beide Gebiete voneinander profitieren können.

6.5 Modellgesteuertes Monitoring: Praktische Realisierung

In Kapitel 5.3 haben wir die Auswertemethoden des Erlanger Modellierungswerkzeugs PEPP in den Mittelpunkt der Betrachtung gestellt. PEPP unterstützt darüber hinaus noch die modellgesteuerte Instrumentierung. Diese bietet wesentliche Vorteile für den Bewertungsprozeß, die in systematischem, modellgesteuertem Monitoring münden. In der praktischen Durchführung der Leistungsbewertung mit PEPP zeigt sich dies in Werkzeugen, die ausgehend von stochastischen Graphmodellen eine Verbindung zu Messungen herstellen.

Abb. 6.3 zeigt, wie PEPP beim modellgesteuerten Monitoring eine Verbindung zu dem Instrumentierungswerkzeug AICOS, dem Monitorsystem ZM4 und zur Ereignisspuranalyseumgebung SIMPLE herstellt. Es drückt auch die Reihenfolge der für eine idealtypische Messung notwendigen Schritte aus (die einzelnen Rechtecke im Kasten "PEPP" stellen die Buttons von PEPP dar, sie sind daher englisch beschriftet): Eine Messung beginnt mit der Auswahl der zu instrumentierenden Stellen im Programm. Dies geschieht über die Erstellung des Monitoringmodells (Button `Create`).

Erster Schritt nach der Modellerstellung ist die Instrumentierung eines Programms (Button `Instrumentation`). Das Instrumentierungswerkzeug AICOS arbeitet über eine Kommandodatei, aus der es die Orte und die Art und Weise, wie der jeweilige Ort zu instrumentieren ist, liest. Die durch das Monitoringmodell spezifizierte Instrumentierung wird von PEPP in eine derartige Kommandodatei umgesetzt (*AICOS Kommandodatei*). Konzeptionell ist diese Unterstützung zunächst völlig unabhängig von der verwendeten Programmiersprache. Das Bindeglied zu jeder Sprache sind generische Funktionen, mit denen noch keine Festlegung auf eine bestimmte Programmiersprache vorgenommen wird. Diese generischen Funktionen können dann von einem sprachspezifischen Instrumentierungswerkzeug in Funktionen in einer bestimmten Sprache umgesetzt werden. Die Verbindung von PEPP und AICOS realisiert die automatische, modellgesteuerte Instrumentierung für C-Programme.

Der zweite Schritt ist die Vorbereitung der Messung (Button `Monitor`). Für den Hardwaremonitors ZM4 unterstützt PEPP zum einem die Auswahl der zu messenden Hardware-Komponenten anhand des Modells und zum anderen durch die Erstellung eines Skripts zur Konfigurierung des Monitorsystems (*ZM4 Konfigurationsdatei*) den Einsatz des Monitorsystems ZM4. Da zwischen dem Monitoringmodell und dem Programm in der Regel keine formale Beziehung besteht, bzw. sie nicht automatisch auseinander hervorgehen, ist als dritter Schritt eine nachträgliche Abbildung einer gemessenen Ereignisspur auf das Modell notwendig, um zu gewährleisten, daß die Ereignisspur tatsächlich einen möglichen Ablauf des im Modell dargestellten Programms repräsentiert (Button `Validation`). Eine valide Ereignisspur kann dann für Leistungsaussagen herangezogen werden. Ein vierter Schritt ist die modellgesteuerte Beeinflussung der Auswertung (Button `Trace Analysis`). Dazu wird semantisches Wissen aus dem Monitoringmodell über die aufgezeichneten Ereignisse verwendet, um problemorientierte Leistungsaussagen mit Hilfe der Auswerteumgebung SIMPLE gewinnen zu können. Es entsteht ein Auswerteszenario in Form automatisch erzeugter Konfigurationsdateien für verschiedene SIMPLE-Werkzeuge (*Konfigurationsdatei zur Spuranalyse*). Damit ist man am Ziel einer ereignispurbasierten Leistungsbewertung eines Programms.

Die Schritte der Instrumentierung, Monitorkonfiguration, Validierung und Ereignisspurauswertung mit PEPP werden im folgenden näher erläutert. Für die Mächtigkeit der für die Modellierung zur Verfügung stehenden Modellierungskonstrukte im Modellierungswerkzeug PEPP sowie für die unterschiedlichen Auswertemethoden zur Auswertung von Graphmodellen zur Leistungsvorhersage (Button `Evaluation`) verweisen wir auf Kapitel 5.3.

6.5.1 Modellgesteuerte Instrumentierung mit AICOS

Die eigentliche Instrumentierung des zu beobachtenden Programms wird mit dem Instrumentierungswerkzeug AICOS (*A*utomatic *I*nstrumentation of *C* program*s*) realisiert. Dies wurde 1991 in [KQS92] erstmals dargestellt. AICOS ermöglicht die automatische Instrumentierung von C-Programmen (Kernighan/Ritchie- und ANSI-C). Die Instrumentierung eines zu messenden C-Programms wird von AICOS in den folgenden Schritten durchgeführt:

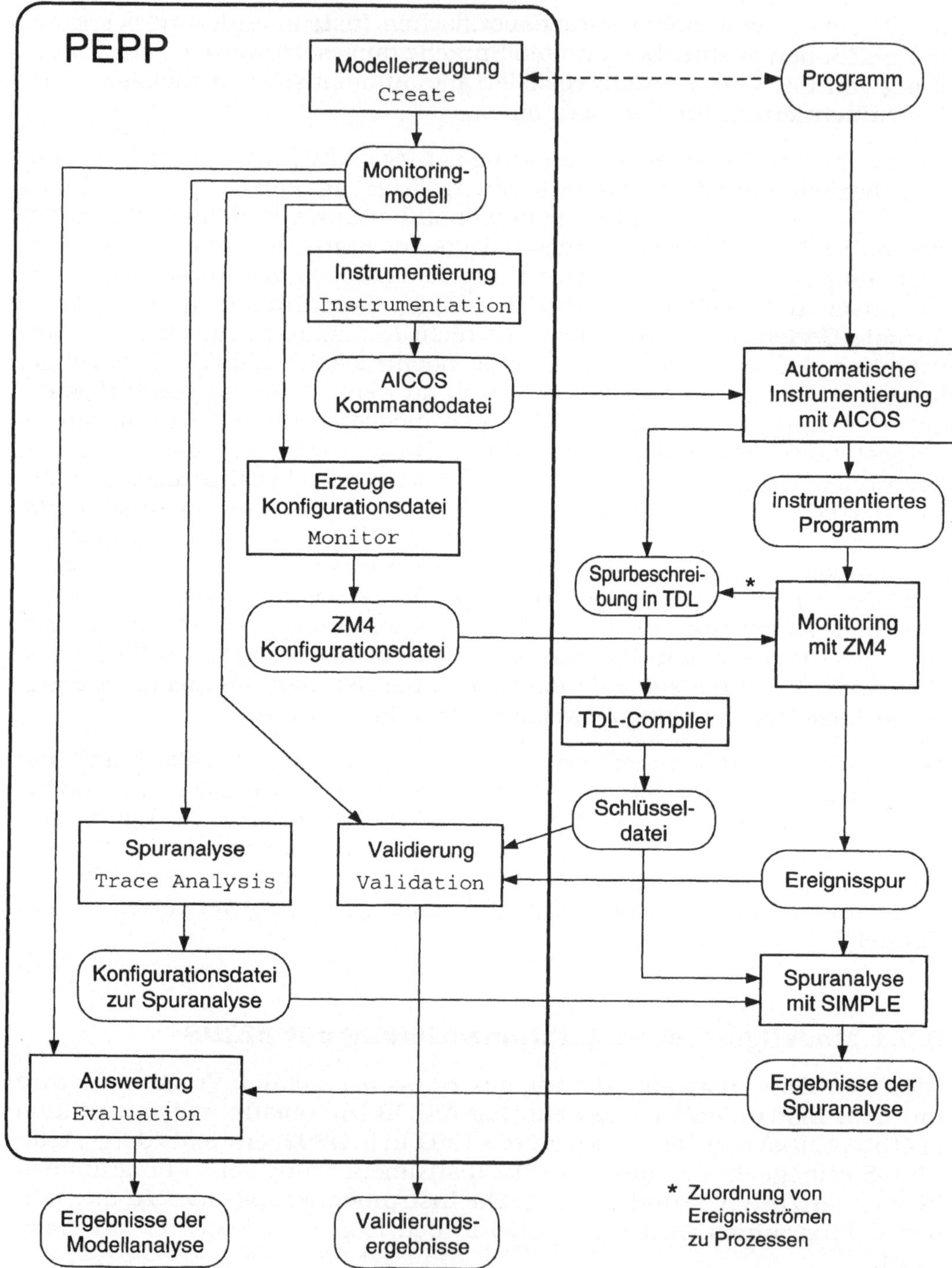

Abbildung 6.3: Modellgesteuertes Monitoring mit PEPP, AICOS und SIMPLE

1. Ausführen aller C-Präprozessoranweisungen (mit cpp).
2. Syntaktische Analyse des C-Programms.
3. Erzeugung von Ableitungsbaum und Symboltabelle.
4. Einfügen der Monitoringanweisungen in den Ableitungsbaum.
5. Transformation des modifizierten Ableitungsbaums in ein neues, nunmehr instrumentiertes C-Programm.

AICOS benötigt dazu eine Kommandodatei, in der das *wo* und *was* der Instrumentierung festgelegt wird. AICOS deckt mit seiner Komandosprache sowohl die inhalts- als auch die positionsorientierte Instrumentierung ab. Es erlaubt die

- Instrumentierung von Prozeduren (inhaltsorientiert),
- Instrumentierung von Zeilen (positionsorientiert) und
- Instrumentierung von Annotationen (inhaltsorientiert).

Die Instrumentierung von Annotationen wird auf den ersten Blick als positionsorientiert eingestuft werden, denn Annotationen können nur instrumentiert werden, wenn sie im Quelltext vorhanden sind, d.h. während der Programmierung oder der Vorbereitung der Messung in den Quelltext eingefügt wurden. Sind Annotationen vorhanden, so unterstützen sie wie Prozeduren die inhaltsorientierte Instrumentierung, weil sie ihre Position relativ zur annotierten Programmzeile bei Änderungen des Quelltextes stets beibehalten. Wird der Quelltext gar von einer Programmierumgebung auf höherem Niveau automatisch erzeugt, so können auch Annotationen in den Quelltext beim Übergang von der höheren Programmierumgebung auf Quelltextebene automatisch eingebracht werden, anhand derer das Programm inhaltsorientiert instrumentiert werden kann. Bei der modellgesteuerten Instrumentierung von SDL/MSC-spezifizierten Protokollen auf der Basis der SDT-Entwicklungsumgebung [Tel93] von TeleLOGIC wurde die inhaltsorientierte Instrumentierung via Annotationen erstmals eingesetzt [Lem94].

Die Erstellung der Kommandodatei kann mit einem Editor geschehen oder bei Vorliegen eines Monitoringmodells aus demselben automatisch generiert werden. Im ersten Falle wird lediglich die Instrumentierung automatisiert. Im zweiten Fall, der *modellgesteuerten Instrumentierung*, wird zusätzlich die Spezifikation der Instrumentierungspunkte durch ein Modellierungswerkzeug unterstützt. Das Modellierungswerkzeug PEPP stellt hierfür zwei Verfahren zur Verfügung:

1. **Instrumentierung aller Modellknoten**
Monitoringmodelle, die ausschließlich zur Vorbereitung einer bestimmten Messung entwickelt werden, vgl. Abb. 6.2, tragen in der Regel schon durch die Wahl der Knoten zur Definition von Instrumentierungspunkten bei. Durch die Modellgestaltung erfolgt also mittelbar auch eine Definition von Instrumentierungspunkten. Alle Programmabschnitte ohne potentielle Ereignisse erscheinen im Monitoringmodell

nicht mehr als Knoten. Geht man so vor, genügt es, im entstandenen Programmgraphen des Monitoringmodells in allen Knoten die Eintritts- und Austrittspunkte zu instrumentieren. Sobald aber Programmstrukturen auch für andere Zwecke im Modell festgehalten werden sollen, ist es wichtig, Instrumentierungspunkte auch individuell interaktiv definieren zu können.

2. **Interaktive Definition von Instrumentierungspunkten**
   Es ist darüber hinaus möglich, interaktiv an jedem beliebigen Knoten einen Instrumentierungspunkt für alle Eingänge und/oder alle Ausgänge zu setzen. Der (erforderliche) Knotenname erlaubt den Bezug zu dem später zu instrumentierenden Quellprogrammabschnitt.
   Natürlich bedeutet dieser Bezug zu einem Namen, daß sinnvollerweise Funktionen und Prozeduren, also namenbehaftete Programmabschnitte einem Knoten zugeordnet werden.
   Bei dieser Art der Instrumentierung geht es um inhaltsorientierte Abstraktion, vgl. Abschnitt 6.2.4. Dementsprechend wird nach dem Setzen eines Instrumentierungspunktes in *einem* Knoten der gesamte Graph nach weiteren Knoten durchsucht, die denselben Namen tragen. Werden solche Knoten gefunden, wird auch dort ein Instrumentierungspunkt gesetzt. Entsprechendes gilt für das Löschen von Instrumentierungspunkten.

Näheres zur Instrumentierung mit AICOS sowie zur Syntax in der von PEPP erzeugten Kommandodatei findet man im Benutzerhandbuch von AICOS [DHK+93].

Automatische Vergabe der Ereigniskennungen

Für jedes potentielle Ereignis muß angegeben werden, welche Monitoringanweisung an dieser Stelle im Programm instrumentiert werden soll. Dies kann für jede zu instrumentierende Stelle direkt anhand des Graphmodells in PEPP erfolgen.

Dabei muß gewährleistet werden, daß jedem Ereignis in der Ereignisspur seine korrespondierende Stelle im Programm zugeordnet werden kann. Hierzu gibt es zwei Möglichkeiten:

- Jede Stelle wird mit einer anderen Funktion instrumentiert. Die unterschiedlichen Funktionen gewährleisten die Eindeutigkeit der Ereigniskennungen.
  Die zu instrumentierende Funktion `fkt` wird mit den Monitoringanweisungen `trace1();` und `trace2();` instrumentiert. Der entsprechende Teil in der von PEPP erzeugten Steuerdatei für AICOS sieht dann folgendermaßen aus:

  ```
  #BEFOREAFTERCALL fkt
  trace1();
  trace2();
  ```

- Da die erste Möglichkeit zu einer nicht mehr zu überschauenden Anzahl von Funktionen führt, wird in der Regel an allen Stellen dieselbe Funktion, die zur eindeutigen Identifizierung jedoch mit unterschiedlichen Parametern (Ereigniskennung) aufgerufen werden muß, instrumentiert. Bei der Instrumentierung mit AICOS kann dieser Parameter sogar erst während der Instrumentierung vergeben werden. Soll der Parameter erst während der Instrumentierung automatisch von AICOS bestimmt werden, so muß in der Steuerdatei der Parameter `%e` angegeben werden. Dieser Parameter gibt an, daß der aktuelle Inhalt des Ereigniszählers von AICOS als Parameter der Funktion `trace()` expandiert wird. Die Funktionsaufrufe `trace(%e)` sind also Stellvertreter der zu erzeugenden konkreten Monitoringanweisungen, die in den zu beobachtenden Code eingefügt werden. Damit wird eine eindeutige Vergabe der Ereigniskennungen gewährleistet.
  Erst während der Instrumentierung ist damit bekannt, welche Ereigniskennung einer Stelle im Programm zugeordnet wird. Diese Methode setzt voraus, daß die Ereigniskennungen bei der Ereignisspuranalyse transparent sind. Dies ist bei der Auswertung mit SIMPLE der Fall, da die Referenzierung der Ereignisse dort über ihre symbolischen, problemorientierten Bezeichner realisiert wird. Die notwendige Zuordnung der Ereigniskennungen zu den problemorientierten Bezeichnern wird von AICOS während der Instrumentierung vorgenommen. Sie resultiert in einer durch AICOS automatisch erzeugten TDL-Beschreibung (siehe folgender Abschnitt).
  Der Teil der Steuerdatei für AICOS hat hier folgendes Aussehen:

```
#BEFOREAFTERCALL fkt
trace(%e);
trace(%e);
```

AICOS bietet darüber hinaus weitere Möglichkeiten, differenzierte Monitoringanweisungen bereits im Graphmodell festzulegen, ohne auf ein bestimmtes Format eingeschränkt zu sein. Auch die für diese variable Art der Instrumentierung (generische Instrumentierung) benötigten Monitoringanweisungen werden von AICOS automatisch erzeugt. In dem folgenden Beispiel wird dies exemplarisch dargestellt.

Beispiel 6.2: Die Wirkungsweise der generischen Instrumentierung in AICOS

Die Funktion `A` soll zu Beginn und am Ende mit unterschiedlichen Ereignisattributen instrumentiert werden. Dies führt zu unterschiedlichen Parametern der abstrakten Monitoringanweisung `trace()` und dadurch bei der Instrumentierung auch zu unterschiedlichen Ausgabefunktionen für die konkreten Ereigniskennungen und Parameter. Diese von AICOS automatisch erzeugten Funktionen sind für den Anwender transparent. Die Steuerdatei für AICOS habe die folgende Gestalt:

```
#BEFOREAFTERCALL A
trace(%e, %1.3)
trace(%e, %L, %2.1)
```

Die erste der beiden abstrakten Monitoringanweisungen (Eintrittsinstrumentierung) legt fest, daß bei jedem Erreichen eines Instrumentierungspunktes der inkrementierte Inhalt des Ereigniszählers (%e) als Ereigniskennung zu verwenden ist und der erste im Prozeduraufruf angegebene Prozedurübergabeparameter (%1) als zusätzlicher Parameter in den Ereignisrecord einzutragen ist, und zwar mit einem Format von 3 Bytes (%1.3). Die Angabe %L in der zweiten abstrakten Monitoringanweisung (Austrittsinstrumentierung) besagt, daß zusätzlich zur Ereigniskennung (%e) die Quellcode-Zeilennummer der entsprechenden Anweisung in den Ereignisrecord mit einem festen Format von 4 Bytes einzutragen ist, und daß die zweite abstrakte Monitoringanweisung zur genaueren Kennzeichnung des Umfeldes den zweiten (%2) Prozedurübergabeparameter verwendet und ihn als 1 Byte (%2.1) in den Ereignisrecord einträgt.

Der konkrete Instrumentierungsvorgang läuft so ab: Die zu instrumentierende Funktion A werde in Zeile 1357 wie folgt aufgerufen:

```
A(sender,receiver).
```

Bei der Instrumentierung treffe AICOS in Zeile 1357 auf die Funktion A, wobei der Ereigniszähler %e zuvor bereits 16-mal herangezogen worden sei. Dann muß die nächste automatisch zu erzeugende Ereigniskennung 17 lauten. Es entsteht folgende Instrumentierung von A :

```
trace1 (17, sender);
A (sender, receiver);
trace2 (18, 1357, receiver);
```

Man erkennt, daß die konkrete Monitoringanweisung trace1 den ersten (sender) und die konkrete Monitoringanweisung trace2 den zweiten (receiver) Prozedurübergabeparameter an den Monitor übergibt. Wegen der Angabe %L in der zweiten abstrakten Monitoringanweisung wird in der konkreten Monitoringanweisung trace2 als zweiter Parameter die Zeilennummer verstanden. Der zweite Parameter wird in diesem Beispiel zur aktuellen Zeilennummer 1357 expandiert. Der Code der konkreten Monitoringanweisungen trace1() und trace2() wird von AICOS automatisch erzeugt.

Automatische Erzeugung einer Ereignisspurbeschreibung

Die beim ereignisgesteuerten Monitoring entstehenden Ereignisspuren enthalten Ereignisspurfelder, die in ihren Formaten, Struktur und Bedeutung vom verwendeten Monitorsystem, vom gemessenen Objektsystem und von der Instrumentierung im gemessenen Programm abhängen. Zur Analyse einer Ereignisspur muß den Analysewerkzeugen daher bekannt sein, wie die Spur aufgebaut ist, aus wievielen Feldern ein Ereignisrecord besteht, wie groß die einzelnen Felder sind sowie welche Bedeutung die einzelnen Felder und die gemessenen Daten haben.

Das für die Ereignisspuranalyse benötigte Wissen über Syntax und Semantik der Spur ist bei der modellgesteuerten Instrumentierung bereits während der Instrumentierung vorhanden:

- **Syntax.** Bei der Konstruktion der Monitoringanweisungen muß bekannt sein, welcher Monitor verwendet wird, da die instrumentierten Anweisungen monitorabhängig sind. Die Länge der einzelnen Felder eines Ereignisrecords werden durch die Monitoringanweisung (Länge der Ereigniskennung, Anzahl und Länge der Ereignisattribute) sowie durch die monitorabhängige Darstellung des Zeitstempels bestimmt. Die Länge der Ereignisrecords in einer Ereignisspur muß nicht konstant sein. Sie ist vielmehr von der Ereigniskennung oder anderen Feldern eines Ereignisrecords abhängig.
- **Semantik.** Alle Instrumentierungspunkte S werden über einen Bezeichner referenziert, der auch für die Analyse der Ereignisspur verwendet werden kann. Zusammen mit den durch das Instrumentierungswerkzeug vorgenommenen instrumentierungsabhängigen Ergänzungen bilden die Bezeichner die Interpretation eines potentiellen Ereignisses.

Die Auswertung der aufgezeichneten Ereignisspuren mit der Ereignisspurauswerteumgebung SIMPLE unterstützt AICOS, indem es die bei der Instrumentierung vorhandene Information nutzt und automatisch eine Ereignisspurbeschreibung in TDL erstellt. Diese Datei wird von SIMPLE zum Zugriff auf die Ereignisspur verwendet. Sie kann gleichzeitig als Dokumentation der Instrumentierung verstanden werden. Diese Dokumentation ist beim Monitoring ein wichtiger Punkt, da im allgemeinen eine Vielzahl von Messungen mit unterschiedlichen Instrumentierungen durchgeführt werden. Die zu jeder Instrumentierung beim modellgesteuerten Monitoring automatisch erstellte Ereignisspurbeschreibung löst dieses zentrale Problem.

6.5.2 Modellgesteuerte Unterstützung von Messungen

In parallelen und verteilten Systemen ist es in den meisten Fällen aus Aufwandsgründen nicht möglich — aber häufig aus funktionalen Gründen auch nicht notwendig —, alle Komponenten des Systems mit Monitoren zu beobachten. Daher ist neben der Abstraktion des funktionalen Programmablaufs auch eine Abstraktion des Rechensystems, auf dem das Programm bearbeitet wird, notwendig. In parallelen Systemen werden häufig reguläre Algorithmen bearbeitet. Deshalb ist es häufig keine Einschränkung, nur ausgewählte Hardware-Komponenten des Systems zu beobachten.

Da im Monitoringmodell nicht nur das funktionale Programmverhalten, sondern auch die Abbildung des Programms auf das Hardware-System dargestellt werden kann (Verknüpfung von Last- und Maschinenmodell zu einem Systemmodell), liegt es nahe, die Abstraktion des Hardware-Systems auf die zu beobachtenden Hardware-Komponenten ebenso wie die Programmabstraktion im Monitoringmodell durchzuführen. Die Fragestellung, welche Systemkomponenten beobachtet werden sollen, wird besonders bei hochparallelen Systemen relevant.

Die Abstraktion des Programms und dessen Abbildung auf das Hardware-System im Monitoringmodell hilft dem Anwender, die Anwendung strukturierter zu betrachten und Zusammenhänge leichter zu erkennen, so daß aufgrund der Beschreibung im Modell entschieden werden kann, welche Komponenten beobachtet werden sollen. Nach dieser Auswahl im Modell und der Angabe des Rechensystems, das mit einem Monitor beobachtet werden soll, kann die Erstellung der Monitorkonfigurationsbeschreibung automatisch erfolgen[40]. In ihr ist beschrieben, wie das Monitorsystem konfiguriert wird, wie die Adaption an das zu beobachtende parallele oder verteilte System erfolgt und wie die Messung durchgeführt wird. Eine Konfigurationsbeschreibung ist insbesondere dann eine Hilfe für den Anwender, wenn eine komplexe Monitoringkonfiguration eingesetzt werden soll.

Betrachten wir exemplarisch den Fall, daß als Monitoringmethode die Hybridmessung mit dem verteilten Hardwaremonitor ZM4 gewählt wird, wobei ZM4 beliebig viele Monitoragenten MA und Ereignisrecorder DPU anbietet. Deren Zahl, aber auch die gewählte Einstellung der DPU's wird von PEPP in einer Konfigurationsbeschreibung automatisch angegeben.

Der Sinn der PEPP-Konfigurationsbeschreibung liegt darin, Anfängern wie erfahrenen Anwendern die Einstellung des Monitors ZM4 und die Abwicklung der Messung (Aktivierung der DPU's, Starten MTG, Lesen der E-Records, Eintragen der E-Records in die lokale Spur und nach Ende der Messung: Kopieren der lokalen Spuren zum STAR) zu erleichtern und Fehlbedienungen zu vermeiden. Die Erstellung einer Konfigurationsbeschreibung mit dem PEPP-Befehl `Monitor` erlaubt die Spezifikation der im Beispiel 6.3 dargestellten Parameter. In diesem Beispiel ist die Erstellung einer Konfigurationsbeschreibung und die weiteren zur Durchführung einer Messung mit dem Monitorsystem ZM4 auszuführenden Schritte für eine Messung an einem 5-Prozessor-Transputersystem gezeigt.

Beispiel 6.3: Konfigurationsbeschreibung für die Messung an einem 5-Prozessor-Transputersystem

Für Messungen an einer Transputer-Anwendung sollen ZM4-Konfigurationsbeschreibungen mittels der PEPP-Funktion `Monitor` erzeugt werden. Die zu spezifizierenden Parameter könnten wie folgt aussehen

---

[40] Dieser Gedanke ist z.B. für den in Kapitel 3 beschriebenen Hardwaremonitor ZM4 so verwirklicht, daß das in in Kapitel 5 behandelte Modellierungswerkzeug PEPP die Erstellung einer Monitorkonfigurationsbeschreibung für SUN-Sparc, Transputernetzwerke, SUPRENUM-Parallelrechner unterstützt.

Processors:	T0'T1'T2'T3'T4
Object System:	TRANSPUTERBUS
Batch Generator:	create_batch_files
Merge Program:	merge_traces
Directory:	/home/faui79/inf7/klar/traces
Host:	faui79f

Nach der Eingabe dieser Parameter werden die UNIX-Shell-Skripts `create_batch_files` und `merge_traces` erzeugt.
Der nächste Schritt ist die Ausführung des generierten Programms `create_batch_files`. Dieses erzeugt die zur Einstellung und zum Start der Monitoragenten benötigten MS-DOS-Batch-Dateien.

Diese Dateien müssen nun zu den einzelnen Monitoragenten übertragen werden. Dies kann beispielsweise durch das File Transfer Protokoll (ftp) abgewickelt werden. Um eine Messung durchzuführen, müssen die Batch-Dateien auf den Monitoragenten ausgeführt werden, bevor das zu messende Programm gestartet wird.
Nach Abschluß der Messung werden die gemessenen lokalen Spuren von den Monitoragenten automatisch auf den Auswerterechner (hier faui79f) in das Verzeichnis `/home/faui79/inf7/klar/traces` übertragen. Dies geschieht über das Remote Procedure Protocol durch den Aufruf des Kommandos `rcp` (Remote Copy), der in jeder erzeugten Batch-Datei enthalten ist.
Um eine globale Ereignisspur des gemessenen Ablaufgeschehens zu erhalten, müssen die verschiedenen lokalen Spuren (in diesem Fall sind es lokale Spuren für die Transputer T0 bis T4) zu einer Spur verschmolzen werden. Hierzu dient das zweite erzeugte Skript, das wir `merge_traces` genannt hatten. Das Skript enthält einen korrekten, auf die durchgeführte Messung zugeschnittenen Aufruf des SIMPLE-Werkzeuges `dpumerge`. Nach Aufruf dieses Skripts erhalten wir als Ergebnis eine Datei mit der globalen Ereignisspur.

6.5.3 Modellgesteuerte Validierung

Das Monitoringmodell gibt alle möglichen (korrekten) Programmläufe wieder. Die Validierung in PEPP dient dazu, automatisch zu überprüfen, ob ein gemessenes dynamisches Programmverhalten konsistent mit dem Modell ist. Eine solche Konsistenzprüfung hilft zu vermeiden, daß Rückschlüsse aus fehlerhaften Messungen gezogen werden, die notwendigerweise falsch sein müssen.

Validierung kann sowohl von einem als korrekt angenommenen Programm[41] als auch von einem als korrekt angenommenen Modell ausgehen. Bei der hier gewählten Betrachtungsweise wird das Modell als korrekt vorausgesetzt. Somit bedeutet diese Art der Validierung in der Regel eine Suche nach Programmierfehlern. Die mit der Validierungsfunktion von PEPP ausgeführten Überprüfungen sind:

1. Die Vorgänger-Nachfolgerbeziehung zwischen Ereignisrecords in der aufgezeichneten Ereignisspur muß mit jenen der entsprechenden Modellknoten übereinstimmen. Dies erfolgt so:
   - Vergleich der Knotennamen im Modell mit den Ereignisnamen in der gemessenen Spur *(zwingender Validierungsschritt)*.
   - Innerhalb der Modellknoten spezifizierte Prozessoren/Prozesse werden mit den in den Ereignisrecords angegebenen verglichen *(optionaler Validierungsschritt)*.
2. Der Name des (zu beobachtenden) Quellprogramms in den Modellknoten muß mit jenem im entsprechenden Ereignisrecord übereinstimmen *(optionaler Validierungsschritt)*.

Die Validierung kann anhand des Modells schrittweise (Animation) oder als Ganzes, ausgelöst durch einen Befehl, durchgeführt werden. In beiden Fällen kann die Validierung mit einer Spurauswertung `Trace Analysis` verbunden werden (siehe Abschnitt 6.5.5). Die von PEPP gelieferten Ergebnisse einer Validierung erscheinen auf zwei Darstellungsebenen, als Text oder als graphische Darstellung im Graphmodell. Zur Darstellung des Programmablaufs verwendet PEPP insgesamt fünf graphische Darstellungstypen von Knotenzuständen, vgl. Abb. 6.4, die zeigen, daß bei dem Vergleich der Spur mit dem Modell der Bearbeitungsstatus des zugehörigen Knotens einer der folgenden war:

unprocessed

Ein zu diesem Knoten gehörendes Ereignis ist weder bisher in der Spur aufgetreten, noch ist es vom Modell her möglich, daß es anschließend auftritt.

ready

Alle Vorgängerknoten sind abgearbeitet, das diesem Knoten zugehörige Ereignis könnte vom Modell aus als nächstes Ereignis auftreten. Der Knoten kann abgearbeitet werden.

processed

Ein zu diesem Knoten zugehöriges Ereignis wurde bereits in der Spur aufgefunden.

---

[41] Dieser Weg ist insbesondere dann wichtig, wenn existierende Software aufzuarbeiten und weiterzuentwickeln ist [Goo94].

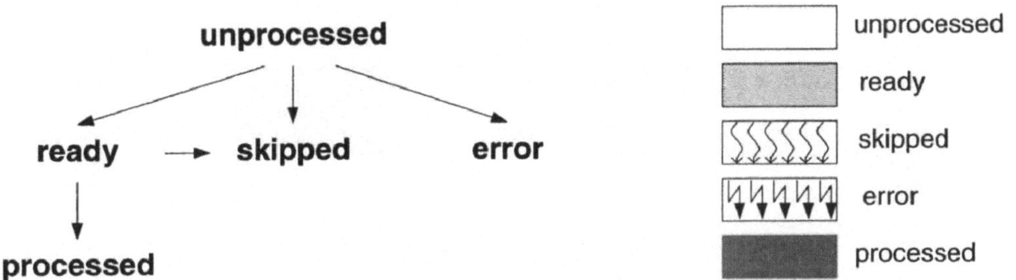

Abbildung 6.4: Kennzeichnung der Knoten bei der Validierung

error

Der Knoten gehört zu einem Ereignis, das aus der Sicht des Modells unerwartet und fehlerhaft ist.

skipped

Übersprungene Knoten sind solche, deren Ereignis vor dem Auftreten eines aus der Sicht des Modells fehlerhaften Ereignisses hätte auftreten müssen.

Falls die Validierung keinen dieser Fehler entdeckte, erscheint der Text `Trace matches model.`

Im Fehlerfall wird das Graphmodell dargestellt und in dem entsprechenden Knoten durch eine Folge von Blitzen angedeutet, daß dort Fehler auftraten.

Die Abb. 6.5 zeigt dies an einem kleinen Beispiel. Betrachten wir zunächst links unten den Knoten C. Die Darstellung des Knotens (*weißer Knoten*) kennzeichnet, daß in der Spur bislang kein Ereignis aufgetreten ist, das diesem Knoten zugeordnet werden konnte. Man nennt ihn unbearbeitet (`unprocessed`). Zu dem Knoten B (rechts oben) sei in der Ereignisspur sowohl ein Aufruf-Ereignis (`call`) als auch ein Fertigstellungs-Ereignis (`return`) aufgetreten. Er ist komplett fertiggestellt (`processed`). Bei der Darstellung des Knotens A deuten zwei unterschiedlich unterlegte Felder an, daß Aufruf-Ereignis (`call`) und Fertigstellungs-Ereignis (`return`) separat angezeigt werden können. Hier: Aufruf-Ereignis (`call`) ist eingetreten (`processed`), jedoch ist das Fertigstellungs-Ereignis (`return`) noch nicht erfolgt, jedoch ausführungsbereit (`ready`). Da aber das Fertigstellungs-Ereignis des Knotens A Voraussetzung zur korrekten Abarbeitung des Knotens D ist, stellen das vorzeitige Auftreten der dem Knoten D zuzuordnenden Ereignisse im Eingangsteil den Synchronisationsfehler `skipped` und im Ausgangsteil den Programmflußfehler `error` dar.

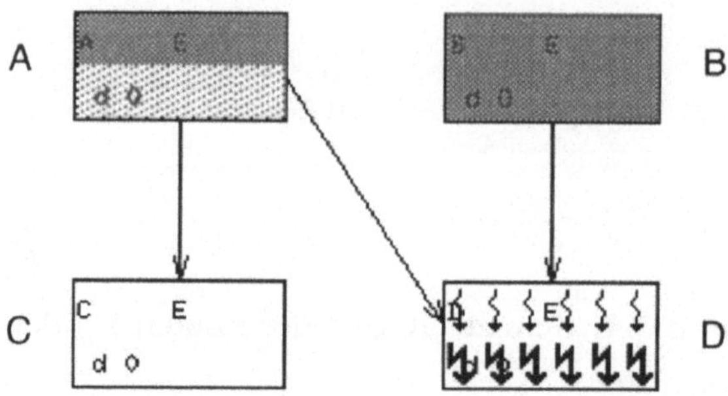

Abbildung 6.5: Fehlersituation bei der Validierung

Für Debuggingzwecke kann zusätzlich abgefragt werden, in welcher Programmzeile (`source line`) im Quelltext der Fehler auftrat, welche Ereignisnummer (`event number`) und welcher Ereigniszeitpunkt (`event time`) betroffen sind. Auch kann man abfragen, wie häufig das inkriminierte Ereignis auftrat (Feld: `Occurrence`).

Neben der Fehlerlokalisation werden die Fehler klassifiziert (z.B. Synchronisationsfehler, Ablauffehler), um dem Anwender die Fehlerbehebung im Programm zu erleichtern. Die Validierung mit stochastischen Graphmodellen ist in [DKQ92] dargestellt.

6.5.4 Modellgesteuerte Spurauswertung

Modellgesteuertes Monitoring bietet den Vorteil, daß für die Ereignisspurauswertung auf bereits im Modell dargestellte funktionale Programmzusammenhänge zurückgegriffen werden kann, was bei der Ereignisspuranalyse eine wichtige Rolle spielt. Das Modell beinhaltet insoweit umfassendere Information als die Ereignisspur, als es alle möglichen funktionalen Abläufe, die Spur jedoch nur den während der Messung stattgefundenen Ablauf enthält[42]. Das Wissen aus dem Monitoringmodell wird genutzt, um in die Ereignisspurauswertung einzubringen, welche Ereignisse miteinander korrespondieren und welche Ereignisse relevante Programmaktivitäten begrenzen. Das Monitoringmodell wurde ja unter Einbeziehung des Bewertungsziels gerade so konstruiert, um das Bewertungsziel mit dieser Instrumentierung zu erreichen. Durch die Darstellung funktionaler Zusammenhänge und bestimmt durch die Zielsetzung, das funktionale Monitoringmodell zu einem Leistungsmodell zu erweitern, sind deshalb bereits aus dem Monitoringmodell die bei der Ereignisspuranalyse durchzuführenden Schritte bestimmbar. Es kann ein Auswerteszenario abgeleitet werden, in dem dargestellt ist, von welchen Aktivitäten Laufzeitverteilungen berechnet, welche Verzweigungswahrscheinlichkeiten zur Erstellung

[42] Die Spur wiederum enthält mit ihren Zeitangaben mehr (leistungsrelevante) Information als das Monitoringmodell.

des Leistungsmodells ermittelt und welche Prozeßsynchronisationen bewertet werden müssen.

Anhand des Graphmodells in Abb. 6.5 soll dies veranschaulicht werden: Die Aktivitäten A, C und die Aktivitäten B, D sollen auf je einem Prozessor parallel bearbeitet werden. Aus dem dargestellten Modell kann abgeleitet werden, welche Ereignisse herangezogen werden müssen, um zu ermitteln, ob der zweite Prozessor auf die Beendigung der Aktivität A warten muß, bevor die Aktivität D bearbeitet werden kann. In diesem Fall müssen die Eintrittszeitpunkte der Ereignisse "Ende von Knoten A" und "Ende von Knoten B" bestimmt werden.

Wird das Monitoringmodell als Graphmodell dargestellt, so können z.B. bei allen Knoten mit mehr als einem Vorgängerknoten (Synchronisation zweier Prozessoren; analog auch in Petri-Netz-Modellen bei Transitionen mit mehr als einer Eingangsstelle) für deren Bewertung bereits anhand des Modells automatisch Konfigurationsdateien für die Ereignisspuranalyse erstellt werden. Neben Konfigurationsdateien für die statistische Auswertungen können auch Konfigurationsdateien für ablauforientierte Analysen (z.B. Ereignisspuranalyse mit Gantt-Diagrammen, Programmanimation, etc.) anhand der im Monitoringmodell dargestellten funktionalen Zusammenhänge automatisch erzeugt werden.

Darüber hinaus ist es häufig erst durch die Darstellung funktionaler Zusammenhänge möglich, bestimmte, umgangssprachlich beschriebene Problemstellungen formal zu beschreiben und diese damit auszuwerten.

Da die Ereignisspuranalyse ebenso wie die Darstellung der Ereignisse im Monitoringmodell problemorientiert und damit transparent von den instrumentierten Ereigniskennungen erfolgt, können zur Beschreibung der Ereignisspuranalyse die gleichen Bezeichner wie im Monitoringmodell verwendet werden.

6.5.5 Synchronisierte Validierung und Spurauswertung

Mit dem oben beschriebenen Verfahren der modellgesteuerten Validierung werden *funktionale Fehler* aufgedeckt (funktionales Debugging). Dabei verstehen wir unter funktionalen Fehlern solche, die zur Nichterfüllung der in der Anforderungsdefinition festgelegten Eigenschaften eines Programms führen, das Programm arbeitet falsch. Verfehlt ein funktional korrektes Programm bei seiner Ausführung vorgegebene Fertigstellungs- bzw. Antwortzeiten, so wollen wir darin einen *Leistungs-* oder *Performancefehler* sehen. Das Erkennen von *Leistungsfehlern* (leistungsbezogenes Debugging), also von Programmeigenschaften, die zu einem schlechten oder unerwünschten *zeitlichen* Verhalten eines Programms führen, wird in der Phase der modellgesteuerten Spurauswertung durch statistische Berechnungen von Laufzeiten oder ablauforientierten Auswertungen erreicht. Die modellgesteuerte Spurauswertung ist der modellgesteuerten Validierung nachgeschaltet. Dies bringt für entdeckte Leistungsfehler einen

Nachteil mit sich: *Die direkte Zuordnung von Leistungswerten zu Teilen im Monitoringmodell geht verloren.* Lediglich über problemorientierte Bezeichner (siehe Kapitel 4) der Ereignisse kann ein Bezug hergestellt werden. Bei Bezeichnern, die an unterschiedlichen Stellen im Modell auftreten, da beispielsweise eine Prozedur an verschiedenen Stellen im Programm aufgerufen wird, ist eine eindeutige Zuordnung nur durch zusätzliche, z.T. aufwendige Ereignisspurauswertungen zu erreichen.

Eine Lösung bietet ein von Dauphin [Dau94] entwickeltes Verfahren, das es ermöglicht, neben der Validierung im Hinblick auf die funktionale Richtigkeit eines Programmablaufes auch Leistungsaspekte zu betrachten. Der zentrale Gedanke dabei ist es, die Spur *schrittweise* zugleich auszuwerten *und* gegenüber dem Modell zu validieren. Bei diesem synchronisierten Vorgehen lassen sich bei der Auswertung beobachtete quantitative Programmablaufeigenschaften sogleich dem entsprechenden Knoten im Modell und dem entsprechenden Programmabschnitt zuordnen. Zeigt eine Ereignisspurauswertung ein auffälliges zeitliches Verhalten des Programms auf, so kann über den aktuellen Stand der Validierung eindeutig der verursachende Modell- und Programmabschnitt ermittelt werden.

Für die Realisierung der Synchronisation zwischen modellgesteuerter Validierung und Ereignisspurauswertung sind zwei Vorgehensweisen denkbar:

1. Vollständige Integration der Auswertewerkzeuge für die Ereignisspurauswertung in das Modellierungswerkzeug.
2. Definition einer Schnittstelle zwischen Ereignisspurauswertewerkzeugen und Modellierungswerkzeug, über die die Synchronisation durchgeführt wird.

Wir wählen die zweite Vorgehensweise, weil sie eine Entkopplung von Modellierungs- und Auswertewerkzeugen ermöglicht. So können Modell- und Auswertewerkzeuge unabhängig voneinander entwickelt und als eigenständige Werkzeuge eingesetzt werden. Für die Synchronisation wird ein Master-Slave Konzept vorgeschlagen, bei dem das Modellierungswerkzeug den Master und die Auswertewerkzeuge die Slaves darstellen. Master und Slaves kommunizieren gemäß dem in Abb. 6.6 gezeigten Protokoll, das sich aus vier Komponenten zusammensetzt[43]:

1. **Öffnen einer Synchronisationsverbindung**:
   Jedes Auswertewerkzeug, das mit dem Validierungsprozeß synchronisiert werden möchte, muß diese Forderung dem Modellierungswerkzeug, das die Validierung ausführt, mitteilen (`sync_request`). Die Anmeldung wird vom Modellierungswerkzeug bestätigt (`sync_request_confirm`). Falls innerhalb eines im Protokoll vorgegebenen Zeitintervalls keine Bestätigung des Synchronisationswunsches eintrifft, verarbeitet das Auswertewerkzeug die Ereignisspur im Stand-alone-Betrieb.

[43] In [Dau94] wird eine beispielhafte Realisierung des Synchronisationsprotokolls auf der Basis des X-Protokolls unter Verwendung des Property-Mechanismus beschrieben.

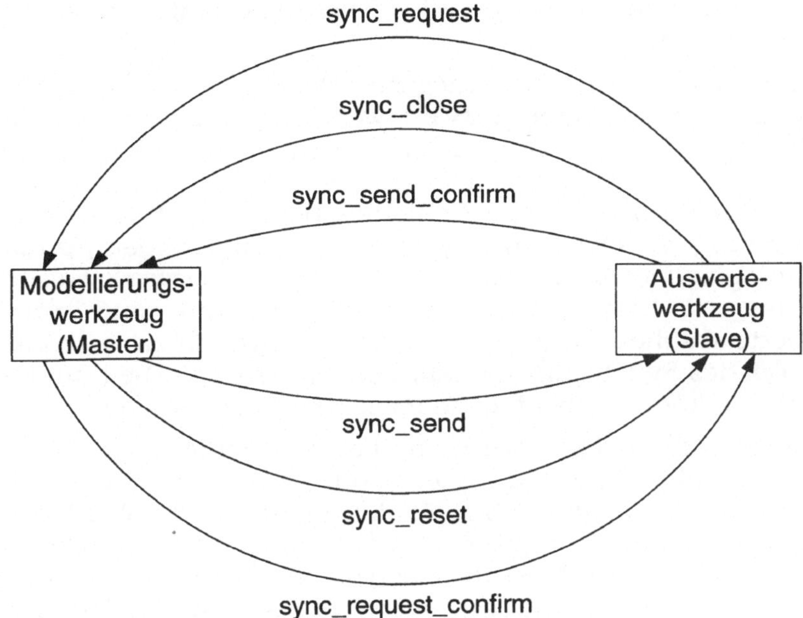

Abbildung 6.6: Synchronisationsprotokoll

2. **Schließen einer Synchronisationsverbindung**:
Wenn ein mit der Valdierung synchronisiertes Auswertewerkzeug terminiert (`sync_close`), ist dies dem Modellierungswerkzeug mitzuteilen. Der Terminierungswunsch wird vom Modellierungswerkzeug nicht bestätigt.
3. **Kommunikation über eine Synchronisationsverbindung**:
Die Synchronisation selbst läuft nach dem aus der Kommunikationstechnik bekannten *Send-and-Wait*-Protokoll ab. Sobald das Modellierungswerkzeug in der Validierungsphase das nächste Ereignis aus der Ereignisspur gelesen und auf die korrespondierende Modellaktivität abgebildet hat, sendet es ein Synchronisationsereignis (`sync_send`) mit der Nummer des zuletzt verarbeiteten Ereignisses aus der Ereignisspur an alle für die Synchronisation angemeldeten Auswertewerkzeuge. Daraufhin erwartet es von allen an der Synchronisation beteiligten Auswertewerkzeugen eine Bestätigung (`sync_send_confirm`) seines Synchronisationsereignisses. Die Auswertewerkzeuge ihrerseits schicken eine Bestätigung erst, nachdem sie das übergebene Ereignis aus der Ereignisspur gelesen und in ihrer Auswertung berücksichtigt haben.
4. **Zurücksetzen einer Synchronisationsverbindung**:
Falls der Validierungsprozeß vom Benutzer neu gestartet wird, müssen die Auswertungen der synchronisierten Auswertewerkzeuge ebenfalls neu aufgesetzt werden (`sync_reset`), um die beschriebene exakte Zuordnung von Leistungsaussagen zu Modellaktivitäten zu gewährleisten.

Neben der Entkopplung bietet eine Realisierung gemäß des zweiten Weges noch folgende Vorteile:

- Die Umgebung für leistungsbezogenes Debugging ist *offen für weitere Auswertewerkzeuge.* Neue Auswertewerkzeuge müssen, um von einem Modellierungswerkzeug synchronisiert werden zu können, lediglich den Slave-Teil des Synchronisationsprotokolls erfüllen. Die Funktionen für diesen Modul können in einer Bibliothek bereitgestellt werden.
- Die Umgebung für leistungbezogenes Debugging ist *offen für alternative Modellierungswerkzeuge.* Ein neues Modellierungswerkzeug, das eine Validierung von Ereignisspuren durchführen kann, muß, um die synchronisierte Validierung und Auswertung koordinieren zu können, den Master-Teil des Synchronisationsprotokolls erfüllen. Die Funktionen für diesen Modul können ebenfalls in einer Bibliothek bereitgestellt werden.

Die Genauigkeit der Lokalisierung von Leistungsfehlern mit Hilfe der synchronisierten Validierung und Ereignisspurauswertung hängt vom Detaillierungsgrad der Spezifikation im Monitoringmodell ab. Werden auch sequentielle Programmteile explizit im Monitoringmodell berücksichtigt, so läßt sich ein möglicher Leistungsengpaß oder eine Tuning-Möglichkeit nicht nur global auf einen Prozeß oder Prozessor zurückführen, sondern auf bestimmte Abschnitte innerhalb eines Prozesses. Die Offenheit des beschriebenen Ansatzes ermöglicht es auch, als mögliches Ereignisspurauswertewerkzeug einen parallelen Debugger einzusetzen, der nach dem Verfahren des "*instant replay*" [LM87] arbeitet. Voraussetzung ist, daß er wie alle anderen Werkzeuge auf derselben Ereignisspur arbeitet. Mit dem parallelen Debugger können dann auch die sequentiellen Teile des parallelen Programms Anweisung für Anweisung untersucht werden.

6.6 Zusammenfassung

Wir haben in diesem Kapitel eine Methode dargestellt, die die Bewertung paralleler Programme mit Monitoring auf eine neue, systematische Basis stellt. Sie ist wegen der Kompliziertheit der zu bewertenden Abläufe und der bei parallelen Programmen auftretenden Fragestellungen eine wichtige Hilfe beim Software-Engineering. Zwar bedarf Programmbewertung intuitiver Ansätze, sie sollte jedoch der Intuition nicht allein überlassen werden, da sich parallele Programme ohne eine zugrundeliegende Methodik nicht systematisch bewerten lassen. Anders als bei sequentiellen Programmen interessieren bei der Bewertung paralleler Programme nicht nur die Laufzeiten einzelner Programmaktivitäten, sondern insbesondere auch die Wechselwirkungen und Abhängigkeiten miteinander kooperierender paralleler Prozesse.

So wird die Modellierung zum einen für die Vorbereitung und Durchführung von Messungen gewinnbringend eingesetzt, zum anderen fließen die Meßergebnisse wieder ins Modell zurück, so daß die Leistungsvorhersage für Implementierungsalternativen sich an realen, gemessenen

Parametern orientieren kann. Darüber hinaus liefert das Modell automatisch generierte Beschreibungen von Meßspuren, die deren systematische Analyse erleichtert.

Grundlage dieser Methode ist die Selektion potentieller Ereignisse durch die Erstellung eines funktionalen Modells (*Monitoringmodell*) des zu bewertenden Programms. In der praktischen Durchführung hat die Ereignisselektion ihr Pendant in der modellgesteuerten Instrumentierung des zu beobachtenden Programms. Dazu wird ausgehend von einem Modell eine Instrumentierungsbeschreibung erstellt, die einem Instrumentierungswerkzeug als Eingabe dient. Erst durch eine solche formale Beschreibung des Ereignisalphabets ist eine werkzeugunterstützte Instrumentierung möglich. Im *Monitoringmodell* ist das zu bewertende Programm auf die für die Programmbewertung essentiellen Aspekte, insbesondere auf die zwischen den Programmaktivitäten existierenden Kausalbeziehungen abstrahiert.

Literatur

[ABC86] M. Ajmone Marsan, G. Balbo, and G. Conte. *Performance Models of Multiprocessor Systems*. MIT Press, 1986.

[BLT90] T. Bemmerl, R. Lindhof, and T. Treml. The Distributed Monitor System of TOPSYS. In H. Burkhart, editor, *CONPAR 90–VAPP IV, Joint International Conference on Vector and Parallel Processing. Proceedings*, pages 756–764, Zürich, Switzerland, September 1990. Springer, Berlin, LNCS 457.

[Dau94] P. Dauphin. Combining Functional and Performance Debugging of Parallel and Distributed Systems based on Model-driven Monitoring. In *2nd EUROMICRO Workshop on "Parallel and Distributed Processing", University of Malaga, Spain*, pages 463–470, Jan. 26.–28. 1994.

[DHK+93] P. Dauphin, F. Hartleb, M. Kienow, V. Mertsiotakis, and A. Quick. PEPP: Performance Evaluation of Parallel Programs — User's Guide - Version 3.3. Technical Report 17/93, Universität Erlangen-Nürnberg, IMMD VII, September 1993.

[DKQ92] P. Dauphin, M. Kienow, and A. Quick. Model-driven Validation of Parallel Programs Based on Event Traces. In Topham, Ibbett, and Bemmerl, editors, *Proceedings of the "Working Conference on Programming Environments for Parallel Computing", Edinburgh 6–8 April*, pages 107–125, 1992.

[ESZ90] O. Endriss, M. Steinbrunn, and M. Zitterbart. NETMON–II a monitoring tool for distributed and multiprocessor systems. In *Proceedings of the 4th International Conference on Data Communication and their Performance, Barcelona*, June 1990.

[FSZ83] D. Ferrari, G. Serazzi, and A. Zeigner. *Measurement and Tuning of Computer Systems*. Prentice Hall, Inc., Englewood Cliffs, 1983.

[Goo94] G. Goos. Programmiertechnik zwischen Wissenschaft und industrieller Praxis. *Informatik Spektrum*, 17(1):11–20, February 1994.

[HC89] A.A. Hough and J.E. Cuny. Initial Experiences with a Pattern-oriented Parallel Debugger. *ACM Sigplan Notices, Workshop on Parallel and Distributed Debugging*, 24(1):195–205, Januar 1989.

[Her89] U. Herzog. Leistungsbewertung und Modellbildung für Parallelrechner. *Informationstechnik (it)*, 31(1):31–38, 1989.

[HKMS93] U. Herzog, U. Klehmet, A. Mitschele-Thiel und R. Speyerer. Kommunikation in der rechnerintegrierten Produktion — Lösungsansätze zur Beherrschung der Komplexität. In K. Feldmann, Hrsg., *Rechnerintegrierte Produktionssysteme*, Kapitel 12. Carl Hanser Verlag, München, 1993.

[HKP91] J. Hillston, P.J.B. King, and R.J. Pooley, editors. *Computer and Telecommunications Performance Engineering, Edinburgh 1991*. Workshop in Computing, Springer, 1991.

[HW86] D. Haban and D. Wybranietz. Hardware Supported Monitoring in Distributed Computer Systems. Technical Report 23/86, Universität Kaiserslautern, Fachbereich Informatik, February 1986.

[JLSU87] J. Joyce, G. Lomow, K. Slind, and B. Unger. Monitoring Distributed Systems. *ACM Transactions on Computer Systems*, 5(2):121–150, 1987.

[KQS92] R. Klar, A. Quick, and F. Sötz. Tools for a Model–driven Instrumentation for Monitoring. In G. Balbo, editor, *Proceedings of the 5th International Conference on Modelling Techniques and Tools for Computer Performance Evaluation*, pages 165–180. Elsevier Science Publisher B.V., 1992.

[Lem94] F. Lemmen. Modellgesteuertes Monitoring von SDL/MSC-spezifizierten Protokollen. Diplomarbeit, Universität Erlangen–Nürnberg, IMMD VII, August 1994.

[LM87] T.J. LeBlanc and J.M. Mellor-Crummey. Debugging Parallel Programs with Instant Replay. *IEEE Transactions on Computers*, C–36(4):471–482, April 1987.

[LP88] B. Lazzerini and C.A. Prete. Event–driven Debugging for Distributed Software. *Microprocessing and Microprogramming*, 12(1):33–39, January/February 1988.

[LR85] R. J. LeBlanc and Arnold D. Robbins. Event-Driven Monitoring of Distributed Programs. In *Int. Conf. on Distributed Computing*, pages 515–522, Denver, 1985.

[Mal90] A.D. Malony. *Performance Observability*. PhD thesis, Dept. of Comp. Science, Univ. of Illinois at Urbana–Champaign, 1990. Report No. UIUCDCS–R–90-1630.

[MCC+94] B.P. Miller, M.D. Callaghan, J.M. Cargille, J.K. Hollingsworth, R.B. Irvin, K.L. Karavanic, K. Kunchithapadam, and T. Newhall. The Paradyn Parallel Performance Measurement Tools. Technical Report, University of Wisconsin-Madison, 1994.

[MCH+90] B.P. Miller, M. Clark, J. Hollingsworth, S. Kierstead, S.-S. Lim, and T. Torzewski. IPS–2: The Second Generation of a Parallel Program Measurement System. *IEEE Transactions on Parallel and Distributed Systems*, 1(2):206–217, April 1990.

[McK88] P. McKerrow. *Performance Measurement of Computer Systems*. Addison Wesley, Sydney, 1988.

[Met90] P. Metzger. Messungsunterstützte Analyse von Kommunikationsprozessen in einem Transputernetzwerk. Diplomarbeit, Universität Erlangen–Nürnberg, IMMD VII, Oktober 1990.

[Mil92] B.P. Miller. What to Draw? When to Draw? An Essay on Parallel Program Visualization. Unpublished note, Comp. Sciences Department, University of Wisconsin, 1992.

[Moh92] B. Mohr. *Ereignisbasierte Rechneranalysesysteme zur Bewertung paralleler und verteilter Systeme*. Dissertation, Universität Erlangen–Nürnberg, 1992. VDI Verlag, Fortschritt-Berichte, Reihe 10, Nr. 221.

[MR91] A.D. Malony and D.A. Reed. Models for Performance Perturbation Analysis. *ACM SIGPLAN Notices*, 26(12):15–25, December 1991. Proc. of the ACM/ONR Workshop on Parallel and Distributed Debugging, May 20–21, 1991, St. Cruz, CA.

[MT93] A. Mitschele-Thiel. The DSPL–Compiler/Optimizer: The Generation of Efficient Parallel Programs from Data–Flow Specifications. Technical Report 1/93, Universität Erlangen–Nürnberg, IMMD VII, 1993.

[Nut75] G.J. Nutt. Tutorial: Computer System Monitors. *IEEE Computer*, 8(11):51–61, November 1975.

[Pap89] G.M. Papadopoulos. Program Development and Performance Monitoring on the Monsoon Dataflow Multiprocessor. In M. Simmons, R. Koskela, and I. Bucher, editors, *Instrumentation for Future Parallel Computing Systems*, chapter 5, pages 91–110. ACM Press, Frontier Series, Addison–Wesley Publishing Company, New York, 1989.

[Qui93] A. Quick. *Der M^2-Zyklus: Modellgesteuertes Monitoring zur Bewertung paralleler Programme*. Dissertation, Universität Erlangen–Nürnberg, November 1993.

[Rei90] M.H. Reilly. *A Performance Monitor for Parallel Programs*. Academic Press, San Diego, CA, 1990.

[Sd91] M. Schroetter und H. de Meer. Tools und Expertensysteme zur Modellierung von Rechensystemen — Ein Überblick. Interner Bericht 1/91, Universität Erlangen–Nürnberg, IMMD IV, 1991.

[Smi90] C.U. Smith. *Performance Engineering of Software Systems*. SEI Series in Software Engineering. Addison–Wesley, Reading, MA, 1990.

[SS92] S. Stöckler und G.-H. Schildt. Analyse des zeitlichen Verhaltens verteilter Echtzeitsysteme. In *Tagungsband der 2. Fachtagung Entwurf komplexer Automatisierungssysteme, Methoden, Anwendungen und Tools auf der Basis von Petri-Netzen, Braunschweig, 5./6. Mai 1992*, Seite 167–180, 1992.

[Tel93] TeleLOGIC. *SDT Version 2.3 Reference Manual, Volume 1 and 2, SDT Users Guide, SDT Technical Presentation*. TeleLOGIC, Malmö, 1993.

[WH90] D. Wybranietz and D. Haban. Monitoring and Measuring Distributed Systems. In M. Simmons and R. Koskela, editors, *Performance Instrumentation and Visualization*, chapter 2, pages 27–45. ACM Press, Frontier Series, Addison-Wesley Publishing Company, New York, 1990.

Index

F

G

N

O

P

Q

R

S

T

Vollmar/Worsch

Modelle der Parallel-verarbeitung

Eine Einführung

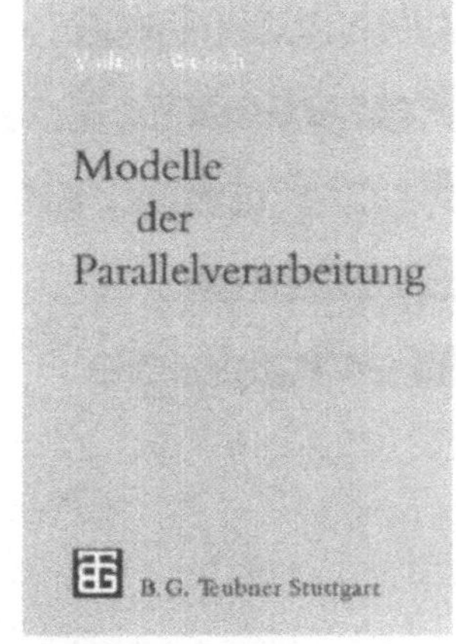

Parallelverarbeitung spielt bei der Bewältigung großer Berechnungsprobleme eine zunehmend wichtige Rolle. Mit der Entwicklung dafür geeigneter Hardware ging die Untersuchung prinzipieller Möglichkeiten und Grenzen anhand einer Reihe unterschiedlich abstrakter Modelle einher. In diesem Buch werden einige von ihnen vorgestellt. Die jeweils erzielbaren Geschwindigkeitssteigerungen werden anhand einfacher Beispiele und mit Hilfe komplexitätstheoretischer Methoden aufgezeigt. Die behandelten Modelle wurden so ausgewählt, daß ihre Verwandtschaft mit verschiedenen Entwürfen und Realisierungen von Parallelrechnern, die im zweiten Teil des Buches skizziert werden, erkennbar ist.

Aus dem Inhalt

Turingmaschinen (Ausgangsmodell und Varianten) – Zellularautomaten – Systeme von Turingautomaten – verschiedene Varianten paralleler Registermaschinen – Schaltkreisfamilien – Pipelineverarbeitung in systolischen und zellularen Automaten – Parallele Berechnungshypothese – Beispiele von SIMD-, MIMD- und Pipeline-Rechnern.

Von Prof. Dr.-Ing.
Roland Vollmar
und Dr.
Thomas Worsch
Universität Karlsruhe

1995. VIII, 215 Seiten
mit 68 Abbildungen und
5 Tabellen.
16,2 x 22,9 cm.
Kart. DM 36,–
ÖS 281,– / SFr 36,–
ISBN 3-519-02138-2

(Leitfäden der Informatik)

Springer Fachmedien Wiesbaden GmbH